Wechselstromschaltungen

Ismail Kasikci

Wechselstromschaltungen

Analyse und Berechnung mit vielen Beispielen

5. Auflage

 Springer Vieweg

Ismail Kasikci
Hochschule Biberach
Biberach, Deutschland

ISBN 978-3-662-70034-1   ISBN 978-3-662-70035-8   (eBook)
https://doi.org/10.1007/978-3-662-70035-8

Die Deutsche Nationalbibliothek verzeichnet diese Publikation in der Deutschen Nationalbibliografie; detaillierte bibliografische Daten sind im Internet über https://portal.dnb.de abrufbar.

Planung/Lektorat: Michael Kottusch
Springer Vieweg ist ein Imprint der eingetragenen Gesellschaft Springer-Verlag GmbH, DE und ist ein Teil von Springer Nature.
Die Anschrift der Gesellschaft ist: Heidelberger Platz 3, 14197 Berlin, Germany

Vorwort zur fünften Auflage

Elektrische Verbraucher werden heute durch Wechselstrom mit elektrischer Energie versorgt. Die elektrische Anlagen und nachrichtentechnischen elektronischen Geräte enthalten Wechselstromkreise. Die Berechnung von Wechselstromschaltungen stellt daher eine wichtige Aufgabe innerhalb der Elektrotechnik dar. Sie wird meist im Fach „Grundlagen der Elektrotechnik" gelehrt.

Hier werden zunächst die Kennzeichen sinusförmiger Wechselgrößen herausgearbeitet und ihre Behandlung in Zeit-und Zeigerdiagrammen sowie mit der komplexen Rechnung dargestellt. Das Verhalten der Grund-Zweipole Wirkwiderstand, Induktivität und Kapazität wird ausführlich betrachtet. Mit ihnen werden Parallel-und Reihenschaltungen aufgebaut sowie Ersatzschaltungen abgeleitet.

Die allgemeine Behandlung von Wechselstrom-Netzwerken gibt Gelegenheit, die vom Gleichstrom bekannten Behandlungsverfahren, wie Spannungs-und Stromteilerregel, Netzumformung, Überlagerungsgesetz, Ersatzquellen sowie Maschenstrom-und Knotenpunktpotential-Verfahren auf den Wechselstrom anzuwenden.

Hierbei kann gezeigt werden, wann Zeigerdiagramm oder komplexe Rechnung Vorteile haben. Auch wird die Darstellung des Verhaltens in Ortskurven und Frequenzgängen eingehend behandelt.

Bei den Schwingkreisen werden zunächst die idealisierten verlustlosen Schaltungen und ihre Resonanzstellen betrachtet und anschließend das Verhalten der verlustbehafteten Schaltungen mit Güte, Bandbreite und Resonanzüberhöhung untersucht. Seine Anwendung findet dies bei Leistungsanpassung und Widerstanstransformation. Die Betrachtung sinusförmiger Vorgänge mit fester Frequenz wird auf veränderbare Frequenzen ausgeweitet. Ebenso werden schon bei den einfachen Wechselstrom-Zweipolen Ortskurven behandelt.

Komplexe Rechnung und Ortskurventheorie werden als mathematische Verfahren vorausgesetzt; die wichtigsten Zusammenhänge sind allerdings im Anhang nochmals zusammengestellt. Dort findet man auch weiterführende Literatur.

In den Themen sind viele Beispiele mit ausführlicher Erklärung und Lösungswege aufgezeigt. Für weitere Übungsaufgaben werden die Lösungen im Anhang mitgeteilt. Auf Beweise und Ableitungen wird nur eingegangen, wenn diese ein tieferes Verständnis und Hinweise zur Anwendung der dargetstellten Verfahren vermitteln.

Auf diese Weise sollen die Größenordnunegn der betrachteten Begriffe verdeutlicht und es soll das Verständnis der physikalischen Zusammenhänge gefördert werden. Der Anfänger hat mit der Wechselstromlehre zuerst meist große Schwierigkeiten; er muss daher die Anwendung ihrer Verfahren in vielen Beispielen üben.

Die Normen werden beachtet, soweit sie einander nicht wiedersprechen. Für konstante Größen und die Beträge der Wechselstromgrößen werden große Buchstaben (z. B. U, I, P, S) für zeitabhängige Größen dagegen Kleinbuchstaben (z. B. u, i) oder der Index t (z. B. $S - t$) verwendet.

Das Formelzeichen der komplexen Größen sind unterstrichen (z. B. $\underline{U}, \underline{I}, \underline{S}, \underline{Y}, \underline{Z}$). Es wird überall das **Verbraucher-Zählpfeil-System** benutzt und nur mit Größengleichungen und den gesetzlichen SI-Einheiten gearbeitet.

Die Darstellungen werden den neueren Normen angeglichen, insbesondere beim Phasenwinkel. Die Bilder sind neu gezeichnet. Ferner wurden Hinweise auf Taschenrechner ergängzt.

Dank gebührt dem Springer Verlag und insbesondere Herrn Kottusch und Frau Turck für die Unterstützung bei der Veröffentlichung des Buches.

Beim Verfassen eines Buches lassen sich an der einen oder anderen Stelle Schreibfehler nicht vermeiden, wofür ich Sie um Nachsicht bitte.

Bei Fragen, Wünschen und Anregungen wenden Sie sich bitte gern an mich.

Weinheim   Ismail Kasikci
im Sommer 2024

Was ist Elektrotechnik?

Elektrotechnik ist die Wissenschaft von der technischen Anwendung der Elektrizität, die wiederum alle Erscheinungen der elektrischen und magnetischen Grundgrößen beinhalten, die von elektrischen Ladungen und Strömen und damit verbundenen Feldern hervorgerufen werden. Die Wirkungen der Elektrizität sind nicht sichtbar, aber sehr gefährlich. Die Wirtschaft und das Leben ist heute ohne Elektrotechnik nicht denkbar.

Die Entwicklung, der kontinuierliche Fortschritt und die Innovationen in der Elektrotechnik geht weiter. Die Grundlagen dieses Faches, die wir in in drei Bändern erklärt und beschrieben haben, ist ein wichtiger Beitrag zu diesem Thema.

Die Grundlagen der Elektrotechnik sind in vielen Büchern in Theorie und Praxis behandelt. Für tieferes Verständnis sind im Literaturverzeichnis weitere Quellen aufgeführt.

Zu diesem Buch

Dieses Buch behandelt den zweiten Teil des Faches „Allgemeine Elektrotechnik". Es setzt sich mathematische Grundkenntnisse und die Grundlagen des elektrischen und magnetischen Felder vorraus. Es wiederholt im Anhang die komplexe Rechnung, die Ortskurventheorie und die Verfahren zur Lösung lineare Gleichungssysteme.

Dieses Buch ist zum Selbsstudium mit vielen Beispielen und Übungsaufgaben sehr gut geeignet, und wendet sich an die Studenten der Hochschulen und Universitäten sowie an Interesenten, die ihre Kenntnisse über die Berechnung von Wechselstromschaltungen erweitern wollen. Es behandelt die heute wichtigsten Berechnungsverfahren, die zur Analyse von Schaltungen benutzt werden.

Naturkonstanten in der Elektrotechnik

Naturkonstanten in der Elektrotechnik beziehen sich auf allgemeine Eigenschaften von Raum, Zeit und physikalischen Vorgängen und nicht aus physikalischen Theorien und/oder anderen Konstanten abgeleitet werden können [1].

c_0 $\approx 299\,792\,458$ m/s Lichtgeschwindigkeit im leeren Raum

μ_0 $= 4\pi \cdot 10^{-7}$ H/m $\approx 1{,}25663706212$ μH/m magnetische Feldkonstante

e_0 $= 1/(\mu_0\,c_0^2) \approx 8{,}8541878128 \cdot 10^{-12}$ As/(Vm) elektrische Feldkonstante

e $= 1{,}602176634 \cdot 10^{-19}$ C (exakt) Elementarladung

F $= 96.485{,}33212$ Cmol^{-1} (exakt) Faraday-Konstante

m_e $\approx 9{,}1093837015(28) \cdot 10^{-31}$ kg Ruhemasse des Elektrons

m_p $\approx 1{,}67262192369(51) \cdot 10^{-27}$ kg Ruhemasse des Protons

G $\approx 6{,}67430(15) \cdot 10^{-11}$ m^3/(kg s^2) Gravitationskonstante

N_A $= 6{,}02214076 \cdot 10^{23}$ mol^{-1} (exakt) Avogadro-Konstante, Loschmidt-Zahl

h $= 6{,}62607015 \cdot 10^{-34}$ Js (exakt) Plancksches Wirkungsquantum

k $= 1{,}380649 \cdot 10^{-23}$ J/K (exakt) Boltzmann-Konstante

Dezimale Vielfache und Umrechnungsformeln

Faktor	Präfix	Symbol	Faktor	Präfix	Symbol
10^{18}	Exa	E	10^{-1}	dezi	d
10^{15}	Peta	P	10^{-2}	centi	c
10^{12}	Tera	T	10^{-3}	milli	m
10^{9}	Giga	G	10^{-6}	mikro	μ
10^{6}	Mega	M	10^{-9}	nano	n
10^{3}	kilo	k	10^{-12}	piko	p
10^{2}	hekto	h	10^{-15}	femto	f
10^{1}	deka	da	10^{-18}	atto	a

Formelzeichen

Die Zeitwerte der Wechselstromgrößen sind entweder durch kleine Buchstaben (u, i) oder durch den Index t (z. B. bei S_t), die Effektivwerte durch große Buchstaben (z. B. U, I), die linearen Mittelwerte wie in $\overline{i}$, $\overline{u}$ und die Gleichrichtwerte wie in $\overline{|i|}$, $\overline{|u|}$ gekennzeichnet. Die Formelzeichen komplexer Größen und Zeiger sind unterstrichen (z. B.) $\underline{r}$, $\underline{I}$, $\underline{S}$, $\underline{U}$, $\underline{r}$, $\underline{Y}$, $\underline{Z}$.

Konjugiert komplexe Größen sind durch * hervorgehoben (z. B. $\underline{U}^*$). Fortlaufende Zahlen als Indizes dienen im allgemeinen der Unterscheidung bzw. Numerierung (z. B. u_1, u_2, u_3).

Die zunächst zusammengestellten Indizes kennzeichnen im Allgemeinen unmissverständlich die angegebene Zuordnung. Die mit diesen Indizes versehenen Formelzeichen werden daher nur für Ausnahmen in der folgenden Formelzeichenliste aufgeführt. Auch sind die nur auf wenigen zusammenhängenden Seiten benutzten Formelzeichen hier nicht angegeben.

Inhaltsverzeichnis

Abkürzungsverzeichnis[1]

a	Ausgang
a	Realteil
a	Streuung
b	Blindkomponente
B	Blindleitwert
b	Imaginärteil
b_f, b_ω	Bandbreite
C	kapazitiv
C	Kapazität
D	Differenz
D	Determinante
d	Dämpfung
Dr	Drossel
e	Eingang

---

[1] **Maßeinheiten:** $[\Phi] = 1\text{V s} = 1$ Wb (Weber) **Abgeleitete SI-Maßeinheiten:**
1) Elektrische Spannung

- Name: Volt, Zeichen:
- Durch andere SI-Einheiten gezeigt: $1\text{ V} = \frac{1\text{W}}{1\text{A}} = \frac{1\text{kg}\cdot\text{m}^2}{\text{A}\cdot\text{s}^3}$

2) Zahlenwert und Einheit

- **Falsch:** 20 x 20 m, die Entfernung beträgt fünf km, m/s/s, qm, 230 Vmax, U in [V]
- **Richtig:** 20 m x 20 m, die Entfernung beträgt fünf Kilometer, m/s², m², $U_{\text{max}} = 230$V, U in V
- Beschriftung der Diagramme: nicht in I [A], sondern Strom I → in A.

e	= 2,718
$\underline{F}$	normierter Frequenzgang
f	Frequenz
G	Wirkleitwert
I	Strom
i	innen
I_{qi}	ideeller Quellenstrom
I_m	Imaginärteil
k	Anzahl der Knotenpunkte
K	Kennwert
k	Kurzschluss
L	induktiv
L	Induktivität
l	Leerlauf
m	Scheitelwert
M	Kreismittelpunkt
m	Yii Anzahl der Maschengleichungen
max	Größtwert
min	Kleinstwert
mu	allgemeine Durchnumerierung
n	ganze Zahlen
N	Nennwert
N	Nenner
N	Windungszahl
p	Parallelschaltung
p	Parameter
p	Resonanz
P	Wirkleistung
Q	Blindleistung
Q	Güte
Q	Ladung
q	Quelle
r	Anzahl der Knotenpunktgleichungen
r	Reihenschaltung
R	Wirkwiderstand
R	Wirkwiderstand
$\underline{r_p}$	–Ortskurve
$\underline{r}$	allgemeine komplexe Zahl
R_m	magnetischer Widerstand
R_e	Realteil
S	Scheinleistung

s	Schlupf
s	Summe
Str	Strang
T	Periodendauer
t	Zeit
t	Zeitwert
$\underline{U}_{qi}$	ideelle Quellenspannung
U	Spannung
u	Spannung
ü	Resonanzüberhöhung
v	Verstimmung
v_r	-, normierte
w	Wirkkomponente
o	Kennwert
W	VEnergie, Arbeit
W_e	-, elektrische
W_m	-, magnetische
X	Blindwiderstand
X_h	Hauptblindwiderstand
Y	Scheinleitwert
Y_{ii}	ideeller Innenleitwert
Z	Scheinwiderstand
Z_{ii}	ideeller Innenwiderstand
z	Anzahl der Zweige
α	Winkel
δ	Verlustwinkel
η	Wirkungsgrad
ϑ	Dämpfungsgrad
ξ	Scheitelfaktor
π	$= 3,14$
σ	Gesamtstreufaktor
Φ	magnetischer Fluss
φ	Phasenwinkel
φ_B	- des Blindleitwerts
φ_X	- des Blindwiderstands
φ_Y	- des Leitwerts
Ω	relative Frequenz
ω	Kreisfrequenz
ω_E	Eckkreisfrequenz
φ_{45}	Kreisfrequenz für 45°

Abbildungsverzeichnis

Tabellenverzeichnis

Darstellung sinusförmiger Wechselgrößen   1

Gegenüber der elektrischen Energieversorgung oder elektrischen Informations-technik mit Gleichstrom hat der Wechselstrom wesentliche Vorteile: Er kann in seiner Größe transformiert und Wechselstromenergie werden; mit elektromagneti-schen Wellen kann man Informationen drahtlos übertragen. Mehrphasen-Wechsel-Stromsysteme ermöglichen außerdem einen geringen Leitungsaufwand und Moto-ren einfachster Bauart [1]. Daher wird fast die gesamte elektrische Energie in Dreiphasen-Wechselstromgeneratoren gewonnen.

Sinusförmiger Wechselstrom hat noch besondere Vorzüge: Sinusförmige Wech-selspannungen u sind in allen linearen Schaltungselementen, wie Wirkwiderstand R, Induktivität L, Kapazität C, auch mit sinusförmigen Strömen i verbunden und die Leistung S_t verläuft dann ebenfalls sinusförmig. Generatoren und Transformatoren mit sinusförmiger Spannung dürfen parallelgeschaltet werden, ohne dass unzuläs-sige Ausgleichsströme fließen. Allerdings bedarf es einiger Maßnahmen, um in Wechselstromgenerator eine ausreichend sinusförmige Spannung zu erzeugen [1]. Außerdem ist die Sinusschwingung einfach in einer mathematischen Funktion zu erfassen, wobei ihre Ableitung wieder Sinusfunktionen sind. Hieraus ergebene sich auch besonders einfache Behandlungsmethoden.

Wir wollen nun zunächst die Kenngrößen sinusförmiger Wechselgrößen und ihre Beschreibung durch mathematische Funktionen, Zeit- und Zeigerdiagramme und ihre Behandlung mit komplexen Rechnungen kennenlernen.

1
I. Kasikci, *Wechselstromschaltungen*,
https://doi.org/10.1007/978-3-662-70035-8_1

1.1 Zeitfunktion und Zeitdiagramm

Während stationäre Gleichströme allgemein mit dem großen Buchstaben I als Formelzeichen versehen werden, wendet man für die **Zeitwerte** von Wechselgrößen kleine Buchstaben bei Spannungen u und Strom i an oder kennzeichnet die Zeitwerte durch den Index t, z. B. bei der Leistung S_t oder der Ladung Q_t. Veränderbare Zeiten bezeichnen wir hier entsprechend mit dem Formelzeichen t, feste Zeiten mit T.

Wir wollen nun die Kennzeichen von allgemeinen und sinusförmigen Wechselgrößen herausstellen und ihre Darstellung im Zeitdiagramm betrachten.

1.1.1 Kennzeichen von Wechselgrößen

Beim **Wechselstrom** i nach Abb. 1.1 ändern sich Größe und Richtung periodisch mit der Zeit t; d. h., nach Ablauf der Periodendauer T wiederholt sich der Verlauf der zeitlichen Änderung. Für eine periodische Funktion gilt daher mit n = 1,2,3,..., ∞ ganz allgemein

$$f(t) = f(t + nT) \tag{1.1}$$

und der (hier durch einen Überstrich bezeichnete) **lineare Mittelwert** verschwindet. Die schraffierten positiven Flächen in Abb. 1.1 sind also ebenso groß wie die schraffierten negativen.

$$\bar{f} = \frac{1}{T} \int_0^T f(t)dt = 0 \tag{1.2}$$

Jeder periodische Funktion kann in eine Fourier-Reihe, also eine Reihe von Sinusschwingungen, zerlegt werden [3]. Daher werden wir uns in diesem Skriptum auf

Abb. 1.1 Wechselstrom i

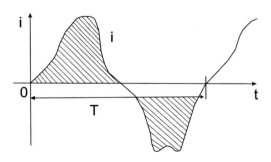

das Verhalten linearer Bauglieder an einer reiner Sinusspannung bzw. bei reinen Sinusströmen beschränken. Für das Verhalten nichtsinusförmiger Wechselgrößen und nichtlinearer Bauelemente [2, 5, 7, 11, 13].

1.1.2 Kenngrößen von Sinusgrößen

Ganz allgemein kann man einen sinusförmigen Wechselstrom nach Abb. 1.2 durch die Zeitfunktion

$$i = i_m \sin\left[(2\pi t/T) + \varphi_I\right] = i_m \sin(\omega t + \varphi_I) \tag{1.3}$$

mathematisch beschreiben, wobei i also den Zeitwert und i_m den Scheitelwert bezeichnen. Mit der Periodendauer T erhält man auch die Frequenz

$$f = 1/T \tag{1.4}$$

die in Herz (1 Hz = 1 s^{-1}) gemessen wird, und die Kreisfrequenz

$$\omega = 2\pi f = 2\pi/T \tag{1.5}$$

die jedoch stets in s^{-1} angegeben wird.

Der Sinusstrom hat also zur Zeit t = 0 den Zeitwert $i_0 = i_m \sin\varphi_I$, so dass man den Winkel φ_I Nullphasenwinkel des Stromes (Index I) nennt. Entsprechend wird eine sinusförmige Spannung allgemein durch $u = u_m \sin(\omega t + \varphi_U)$ beschrieben.

Der Nullphasenwinkel wird im Zeitdiagramm auf der Zeitachse vom positiven Nulldurchgang (also dem nächsten Nulldurchgang mit positiver Steigung) zum Koordinaten-Nullpunkt gemessen. In Abb. 1.2 hat daher der Nullphasenwinkel φ_I

Abb. 1.2 Sinusförmige Wechselgrößen Strom i und Spannung u

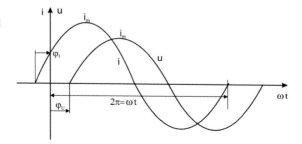

des Stromes i einen positiven Wert, der Nullphasenwinkel φ_U der Spannung u jedoch einen negativen.

Mit den drei Kenngrößen Scheitelwert i_m, Kreisfrequenz ω und Nullphasenwinkel φ_I ist ein sinusförmiger Wechselstrom i eindeutig festgelegt. Der Scheitelwert u_m einer Wechselspannung gibt auch die größte elektrische Feldstärke an und legt somit in wesentlichen die elektrische Festigkeit fest. Er ist auch (s. Abschn. 2.1.3) für die in einer Kapazität maximal gespeicherte elektrische Energie maßgebend. Er wird in der Nachrichtentechnik häufig als Kennwert einer Wechselgröße benutzt.

Der Kurvenverlauf einer Wechselspannung oder eines Wechselstroms kann z. B. mit einem Kathodenstrahl-Oszillographen sichtbar gemacht werden. Hiermit kann man auch grundsätzlich den Scheitelwert messen und die Periodendauer bzw. die Frequenz und den Phasenwinkel bestimmen. Meist benutzt man für genaue Messungen jedoch andere Verfahren und Geräte.

Effektivwert: Für die meisten Wirkungen des elektrischen Stromes ist, hier zunächst angegeben für Gleichstromgrößen, die auf den Verbraucher übertragene elektrische Arbeit $W = U\,I\,t$ und daher die Leistung $P = W/t = U\,I = I^2\,R = U^2/R$ von Bedeutung. Die Leistung eines Widerstandes R, die auch die Wärmewirkung bestimmt, ist also quadratisch von Strom I bzw. Spannung U abhängig. Bei Wechselstrom sind Wärmewirkungen und Kraftwirkungen vom Strom i durchflossenen Leitern dem in Abb. 1.3 eingetragenen Quadrat des Stromes $i^2 = i_m^2\,\sin^2(\omega\,t)$ proportional.

Wenn im Mittelwert Gleichstrom I und Wechselstrom I die gleichen Wirkungen erzielen sollen, können wir für den Mittelwert der Quadratkurve in Abb. 1.3

Abb. 1.3 Effektivwert I als quadratischer Mittelwert

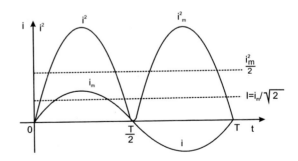

$$I^2 = \frac{1}{T} \int_0^T i^2 dt = \frac{i_m^2}{T} \int_0^T \sin^2(\omega t) dt =$$
$$= \frac{i_m^2}{\omega T} \int_0^T \sin^2(\omega t) d(\omega t) = \frac{i_m^2}{2} \quad (1.6)$$

angeben. Er ist also halb so groß wie das Quadrat i_m^2 des Scheitelwerts. Mann nennt diesen Wert des Wechselstroms ganz allgemein Effektivwert

$$I = \sqrt{\frac{1}{T} \int_0^T i^2 dt} \quad (1.7)$$

Er bezeichnet den Wechselstrom, der die gleichen Wärmewirkungen wie ein Gleichstrom I hervorruft.

Beisinusförmigen Wechselgrößen gilt nach Gl. (1.6) für das Verhältnis der Effektivwerte I bzw. U zu den Scheitelwerten i_m bzw. u_m

$$\frac{I}{i_m} = \frac{U}{u_m} = \sqrt{\frac{1}{T} \int_0^T \sin^2(\omega t) d(\omega t)} = \frac{1}{\sqrt{2}} = 0{,}707 \quad (1.8)$$

und entsprechend für das reziproke Verhältnis, das man Scheitelfaktor

$$\xi = i_m / I = u_m / U = \sqrt{2} = 1{,}414 \quad (1.9)$$

nennt. Für den nichtsinusförmiger Wechselgrößen [1].

Wenn eine Wechselspannung einfach mit z. B. 230 V oder ein Wechselstrom z. B. 10 A angegeben wird, ist stets der Effektivwert gemeint. Gemessen wird er heute mit Dreheisenmesswerken oder mit Drehspulmesswerken und vorgeschaltetem Thermoumformer.

Gleichrichtwert: Da der lineare Mittelwert $\bar{i}$ eines Wechselstroms Null ist, kann dieser über einen längeren Zeitraum keine Ladung transportieren, also z. B. keine dauerhaften chemischen Wirkungen ausüben /16/. Hierzu muss man vielmehr, z. B. mit der Schaltung in Abb. 1.4a den Wechselstrom gleichrichten.

Der dann wirksame lineare Mittelwert ergibt sich aus dem Integral der Strombeträge $|i|$ und wird Gleichrichtwert

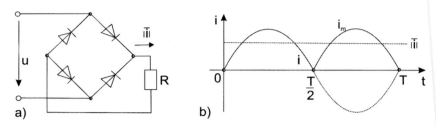

Abb. 1.4 Gleichrichter-Brückenschaltung (a) mit Stromverlauf (b)

$$|\bar{i}| = \frac{1}{T} \int_0^T |i| \, dt \qquad (1.10)$$

genannt. Für die **rein sinusförmigen Wechselgrößen** $i = i_m \sin(\omega t)$ bzw. $u = u_m \sin(\omega t)$ erhält man das Verhältnis

$$\frac{|\bar{i}|}{i_m} = \frac{|\bar{u}|}{u_m} = \frac{1}{\pi} \int_0^\pi |\sin(\omega t)| \, d(\omega t) = \frac{2}{\pi} = 0{,}637 \qquad (1.11)$$

Meist arbeitet man jedoch mit dem Formfaktor

$$F = I/|\bar{i}| = U/|\bar{u}| \qquad (1.12)$$

der also das Verhältnis von Effektivwert zu Gleichrichtwert darstellt. Er beträgt nach Gl. 1.9 und 1.11 für sinusförmige Wechselgrößen

$$F = I/|\bar{i}| = (i_m/\sqrt{2})/(2\,i_m/\pi) = \pi/(2\sqrt{2}) = 1{,}11 \qquad (1.13)$$

für Gleich- und Wechselstrom erhalten meist ein Drehspulmesswerken, mit dem der Gleichstrom unmittelbar gemessen werden kann, während für Wechselstrommessungen ein Gleichrichter vorgeschaltet wird, so dass tatsächlich der Gleichrichtwert bestimmt wird. Da meist der Effektivwert gemessen werden soll, wird der Formfaktor F = 1,11 entweder in einer eigenen Skala oder durch eine Widerstandsschaltung berücksichtigt. Man beachte jedoch, dass daher beim nichtsinusförmigen Größen erhebliche Messfehler auftreten können. Für die Formfaktoren nichtsinusförmiger Funktionen [1].

Beispiel 1 Man gebe für die Sinusspanung u = 150 V sin(1570 s^{-1} t − 52°) den Scheitelwert u_m, den Effektivwert U, den Gleichrichtwert $\overline{|u|}$, die Kreisfrequenz ω, die Frequenz f, die Periodendauer T und den Nullphasenwinkel φ_U an.
Die angegebene Spannungsfunktion hat nach Gl. (1.3) den Scheitelwert u_m = 150 V, nach Gl. (1.8) den Effektivwert $U = u_m/\sqrt{2} = 150\ V/\sqrt{2} = 106\ V$, nach Gl. (1.11) den Gleichrichtwert $\overline{|u|} = 0{,}637\ u_m = 0{,}637 \cdot 150\ V = 95{,}5\ V$, nach Gl. (1.3) die Kreisfrequenz $\omega = 1570\ s^{-1}$, nach Gl. (1.5) die Frequenz $f = \omega/2\pi = 1570\ s^{-1}/2\pi = 250\ Hz$, nach Gl. (1.4) die Periodendauer $T = 1/f = 1/(250\ Hz) = 4\ ms$ und nach Gl. (1.3) den Nullphasenwinkel $\varphi_U = -52°$.

Beispiel 2 Für den Sinusstrom I = 10 mA der Frequenz f = 500 Hz, der zur Zeit t = 0 den Wert i = 5 mA hat, soll die Zeitfunktion aufgestellt werden.
Der Sinusstrom hat nach Gl. (1.9) den Scheitelwert $i_m = \sqrt{2}\ I = \sqrt{2} \cdot 10\ mA = 14{,}14\ mA$ und nach Gl. (1.5) die Winkelgeschwindigkeit $\omega = 2\pi f = 2\pi \cdot 500\ Hz = 3140\ s^{-1}$. Zur Zeit t = 0 gilt nach Gl. (1.3) $i = 5\ mA = 14{,}14\ mA\ \sin\varphi_I$, und es ist $\sin\varphi_I = 5\ mA/14{,}14\ mA = 0{,}354$. Hierzu gehören die Phasenwinkel $\varphi_{I1} = 20{,}7°$ und $\varphi_{I2} = 159{,}3°$, so dass die angegebenen Bedingungen von den beiden Funktionen $i_1 = 14{,}14\ mA\ \sin(3140\ s^{-1}\ t + 20{,}7\text{o})$ und $i_2 = 14{,}14\ mA\ \sin(3140\ s^{-1}\ t + 159{,}3°)$ erfüllt werden.

Übungsaufgaben zu Abschn. 1.1. (Lösungen im Anhang):

Beispiel 3 Welchen Zeitwert u hat eine sinusförmige Wechselspannung mit dem Effektivwert U = 100 V und dem Nullphasenwinkel $\varphi_U = 20°$ bei der Frequenz f = 150 Hz zur Zeit t = 11,5 ms?

Beispiel 4 Für welchen größten Spannungswert muss ein Höchstspannungsnetz von 380 kV isoliert werden?

Beispiel 5 Man bilde mit den Strömen $i_1 = 4\ A\ \sin(314\ s^{-1}\ t + 30°)$ und $i_2 = 6\ A\ \sin(314\ s^{-1}\ t - 45°)$ durch punktweise Addition den Stromverlauf $i = i_m\ sin(\omega t + \varphi_I) = i_1 + i_2$. Wie groß sind Scheitelwert i_m und Nullphasenwinkel φ_I?

1.2   Zeigerdiagramme

Sinusförmige Zeitfunktionen können grundsätzlich mit den in Abb. 1.2 eingeführten Zeitdiagramm oder der mathematischen Funktion von Gl. (1.3) behandelt werden. Dies ist aber recht umständlich, insbesondere wenn, wie in Beispiel 5, Sinuslinie punktweise addiert oder unter Anwendung der Additionstheoreme beliebig Rechenoperationen unterworfen werden sollen. Wir wollen daher jetzt sehen, wie man sinusförmig zeitabhängige Wechselgrößen mit **Zeigern symbolisch** darstellen und mit diesen Zeigern Wechselstromaufgaben lösen kann.

1.2.1   Zeiger

In Abb. 1.5a sind zwei Drehzeiger **u** und **i** dargestellt, die sich mit der festen Winkelgeschwindigkeit ω drehen sollen. Diese Winkelgeschwindigkeit entspricht also der Kreisfrequenz ω, und die Länge des Zeigers soll ein Maß für den Scheitelwert u_m bzw. i_m der zu betrachtenden Wechselgröße sein. Das Formelzeichen **u** und **i** weist darauf hin, dass sie nicht nur die zu betrachtenden physikalischen Größen Spannung u bzw. Strom i, sondern auch die besonderen Zeigereigenschaften symbolisieren.

In Abb. 1.5a ist noch eine **Zeitlinie Z** eingetragen und die **Projektionen** der Zeiger **u** und **i** auf diese Linie stellen die **Zeitwerte** u und i der Sinusfunktionen von Abb. 1.5b dar. In beiden Diagrammen treten die gleichen Nullphasenwinkel φ_U und φ_I (im Zeigerdiagramm von der waagerechten Achse aus gemessen) und zwischen Strom i und Spannung u bzw. Stromzeiger **i** und Spannungszeiger **u** der Phasenwinkel $\varphi = \varphi_U - \varphi_I$ auf. Zeigerdiagramm von Abb. 1.5a und Zeitdiagramm in Abb. 1.5b haben daher die **gleichen drei Bestimmungsstücke**, nämlich **Schei-**

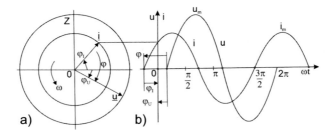

Abb. 1.5 Zeigerdiagramm (a) und Zeitdiagramm (b) für Spannung u und Strom i

telwerte u_m bzw. i_m, im **Phasenwinkel** φ_U, φ_I und φ und **Kreisfrequenz** ω bzw. **Frequenz** f.

In Abb. 1.5 werden mit der festen Winkelgeschwindigkeit ω umlaufende Drehzeiger **i** und **u** betrachtet. Nur die Projektion solcher Drehzeiger auf die Zeitlinie Z liefert die Zeitwerte der Sinusschwingungen u und i. Für andere Rechenoperationen, wie Addition und Subtraktion, dürfen wir dieses dauernde Drehen jedoch vergessen und wie in Abb. 1.6 mit **Festzeigern** arbeiten.

Hierbei dürfen wir die **Zeigerlänge,** wie in den Zeigern $\mathbf{u}_m$ und $\mathbf{i}_m$ entsprechend den **Scheitelwerten** u_m oder i_m wählen oder auch wegen Gl. (1.8) in den Zeigern **U** und **I** um den Faktor $1/\sqrt{2} = 0{,}707$ kleiner entsprechend den **Effektivwert** U und I. Den Phasenwinkel misst man stet vom Strom i, also von den Zeigern **I** bzw. $\mathbf{i}_m$ als Bezugszeiger, aus. Der Phasenwinkel φ ist somit auch der Phasenwinkel des zugehörigen komplexen Widerstands **Z** (s. Abschn. 1.3.2).

1.2.2 Zählpfeile

Zeiger werden als **Einfachpfeile** dargestellt; sie sind jedoch streng zu unterscheiden von den **Zählerpfeilen,** die ebenfalls Einfachpfeile sind [1]. So können die in Abb. 1.7 eingetragenen Pfeile nicht die Richtung vom Strom i oder Spannung u angeben, da diese nach 1.5b ja periodisch Richtung und Größe wechseln. Sie sind auch keine Zeiger im Sinne von Abb. 1.6, da z. B. die Bestimmungsgröße Phasenwinkel φ fehlt. Die in Abb. 1.7 eingetragenen Zählpfeile sollen vielmehr nur angeben, in welcher Richtung Strom i und Spannung u **positiv gezählt werden,** was für die Anwendung der Kirchhoffschen Gesetze nötig wird. Auch ist ein Zeigerdiagramm

Abb. 1.6 Festzeiger

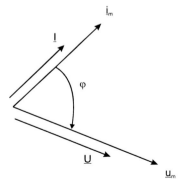

Abb. 1.7 Schaltung von
Wechselstrom-Zweipolen
mit Zählpfeilen

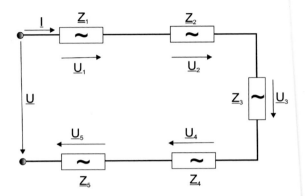

ohne das zugehörige Schaltbild mit Zählpfeilen zweideutig, da ja z. B. in einem zu
Abb. 1.8 gehörenden Schaltbild die Zählpfeile für Strom i und Spannung u auch
umgekehrt gerichtet sein können.

Wir werden hier allerdings stets das **Verbraucher-Zählerpfeilsystem** [1], bei
dem die Zählpfeile für Strom und Spannung die **gleiche Richtung** haben, benutzen.
Dann kann man jeweils auch einen der beiden Zählpfeile fortlassen. An die Spitze
der Zählpfeile setzen wir entweder, wie in Abb. 1.8a, die Formelzeichen der Zeitwerte u und i und geben hiermit an, dass diese Zählweise für beliebige Strom- und
Spannungsverläufe gelten soll, oder wir bezeichnen sie, wie in Abb. 1.7, mit U bzw.
I und legen hiermit fest, dass sinusförmige Wechselgrößen betrachtet werden.

Abb. 1.8 Wechsel-
strom-Zweipol (**a**) mit
Zeigerdiagramm (b)

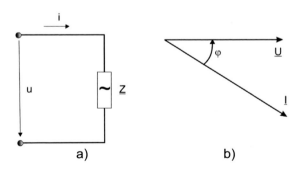

1.2.3 Anwendung

In Abb. 1.9a sind zwei Sinusstrom-Zweipole in Reihe geschaltet, und es soll die Spannungssumme

$$u_S = u_{Sm}\ \sin(\omega\,t + \varphi_S) = u_{1m}\ \sin(\omega\,t + \varphi_1) + u_{2m}\ \sin(\omega\,t + \varphi_2) \quad (1.14)$$

gebildet werden. Durch Anwendungen der Additionstheoreme [1, 3, 6, 10] findet man

$$
\begin{aligned}
u_S &= u_{1m}[\sin(\omega t)\ \cos(\varphi_1) + \cos(\omega t)\ \sin(\varphi_1)] \\
&+ u_{2m}[\sin(\omega t)\ \cos(\varphi_2) + \cos(\omega t)\ \sin(\varphi_2)] \\
&= (u_{1m}\cos(\varphi_1) + u_{2m}\cos(\varphi_2))\sin(\omega t) \\
&+ (u_{1m}\sin(\varphi_1) + u_{2m}\sin(\varphi_2))\cos(\omega t) \\
&= u_{Sm}[\cos(\varphi_S)\sin(\omega t) + \sin(\varphi_S)\cos(\omega t)]
\end{aligned}
$$

Daher ist

$$u_{Sm}\sin(\varphi_S) = u_{1m}\sin(\varphi_1) + u_{2m}\sin(\varphi_2) \quad (1.15)$$

$$u_{Sm}\cos(\varphi_S) = u_{1m}\cos(\varphi_1) + u_{2m}\cos(\varphi_2) \quad (1.16)$$

und man erhält wegen $\tan(\varphi_S) = \sin(\varphi_S)/\cos(\varphi_S)$ den **Phasenwinkel**

$$\varphi_S = \arctan\left(\frac{u_{1m}\sin(\varphi_1) + u_{2m}\sin(\varphi_2)}{u_{1m}\cos(\varphi_1) + u_{2m}\cos(\varphi_2)}\right) \quad (1.17)$$

Wir quadrieren und addieren Gl. (1.15) und (1.16) und finden

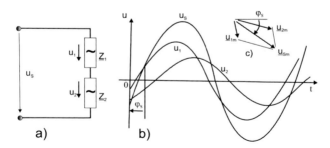

Abb. 1.9 Schaltung (**a**) mit Summierung von zwei Sinusspannungen im Zeit- (**b**) und Zeigerdiagramm (**c**)

$$u_{Sm}^2 = u_{Sm}^2 (\sin^2(\varphi_S) + \cos^2(\varphi_S))$$
$$= (u_{1m} \sin(\varphi_1) + u_{2m} \sin(\varphi_2))^2 + (u_{1m} \cos(\varphi_1) + u_{2m} \cos(\varphi_2))^2$$
$$= u_{1m}^2 + u_{2m}^2 + 2u_{1m} u_{2m} (\cos(\varphi_1) \cos(\varphi_2) + \sin(\varphi_1) \sin(\varphi_2))$$

sowie wegen $\cos(\varphi_1) \cos(\varphi_2) + \sin(\varphi_1) \sin(\varphi_2) = \cos(\varphi_1 - \varphi_2)$ schließlich den **Scheitelwert der Summenspannung**

$$u_{Sm} = \sqrt{u_{1m}^2 + u_{2m}^2 + 2u_{1m} u_{2m} \cos(\varphi_1 - \varphi_2)} \qquad (1.18)$$

Die **geometrische Addition** der Zeiger $\mathbf{u}_{1m}$ und $\mathbf{u}_{2m}$ in Abb. 1.9c liefert den Summenzeiger $\mathbf{u}_{Sm}$ und bei Anwendung des Kosinussatzes auch wieder Gl. (1.18) und (1.19). Daher darf die umständliche punktweise Addition der Sinuslinien in Abb. 1.9b durch die viel einfachere geometrische Addition in Abb. 1.9c ersetzt werden.

Analog erhält man für die **Differenz** $u_D = u_{Dm} \sin(\omega t + \varphi_D) = u_{1m} \sin(\omega t + \varphi_1) - u_{2m} \sin(\omega t + \varphi_2)$ den **Scheitelwert**

$$u_{Dm} = \sqrt{u_{1m}^2 + u_{2m}^2 + 2u_{1m} u_{2m} \cos(\varphi_1 - \varphi_2)} \qquad (1.19)$$

und den **Phasenwinkel der Differenzspannung**

$$\varphi_D = \arctan\left(\frac{u_{1m} \sin(\varphi_1) + u_{2m} \sin(\varphi_2)}{u_{1m} \cos(\varphi_1) + u_{2m} \cos(\varphi_2)}\right) \qquad (1.20)$$

Meist arbeitet man mit dem Effektivwerten, und es interessiert nur der Betrag. Hierfür kann man Gl. (1.18) und (1.19) für beliebige Summen und Differenzen $U = U_1 \pm U_2 \pm U_3 \cdots$ erweitern auf

$$U^2 = \left| \underline{U}_1 \pm \underline{U}_2 \pm \underline{U}_3 \cdots \right|^2$$
$$= U_1^2 + U_2^2 + U_3^2 + \cdots \pm 2\, U_1 U_2 \cos(\varphi_1 - \varphi_2)$$
$$\pm 2\, U_2 U_3 \cos(\varphi_2 - \varphi_3) \qquad (1.21)$$
$$\pm 2\, U_3 U_1 \cos(\varphi_3 - \varphi_1)$$

Man kann für Zeiger auch geometrische Verfahren zur Multiplikation und Division angeben [3, 10]. Da sie aber nur eine geringe praktische Bedeutung haben, verzichten wir hier auf ihre Behandlung.

Beispiel 6 Beispiel 5 soll jetzt mit einem Zeigerdiagramm in Abb. 1.10a gelöst werden.

Wir zeichnen nach Wahl des Strommaßstabs in Abb. 1.10c mit $i_{1m} = 4\ A$ bei $\varphi_1 = 30°$ und $i_{2m} = 6\ A$ bei $\varphi_2 = -45°$ die Zeiger $\mathbf{i}_{1m}$ und $\mathbf{i}_{2m}$ in Abb. 1.10b und bilden die Zeigersumme $\underline{i}_m = \underline{i}_{1m} + \underline{i}_{2m}$. Für den Summenzeiger lesen wir in Abb. 1.10b ab $i_m = 8{,}0\ A$ und $\varphi = -16°$.

Beispiel 7 Die Lösung von Beispiel 5 soll mit Gl. (1.17) und (1.18) gefunden werden.

Nach Gl. (1.17) ist der Phasenwinkel

$$\varphi = \arctan(\frac{4\ A\ \sin(30°) + 6\ A\ \sin(-45°)}{4\ A\ \cos(30°) + 6\ A\ \cos(-45°)}) = 16{,}22°$$

sowie nach Gl. (1.18) das Quadrat des Scheitelwertes des Stromes

$$i_m^2 = i_{1m}^2 + i_{2m}^2 + 2\ i_{1m}\ i_{2m}\ \cos(\varphi_1 - \varphi_2)$$
$$= 4^2\ A^2 + 6^2\ A^2 + 2 \cdot 4A \cdot 6\ A\ \cos(30° + 45°) = 64{,}4\ A^2$$

also den Strom $i_m = \sqrt{64{,}4}\ A = 8{,}04\ A$. Die geometrische Addition von Beispiel 6 liefert daher ebenfalls ein meist ausreichendes Ergebnis.

Beispiel 8 Drei Wechselspannungsquellen mit den Quellenspannungen $u_1 = \sqrt{2} \cdot 150\ V\ \sin(\omega t + 90°)$, $u_2 = \sqrt{2} \cdot 300\ V\ \sin(\omega t)$, $u_3 = 300\ V\ \sin(\omega t - 45°)$ sind nach Abb. 1.11a in Reihe geschaltet. Die resultierende Spannung U soll bestimmt werden.

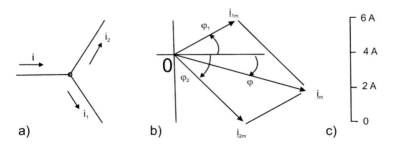

Abb. 1.10 Stromverzweigung (**a**) mit **Zeigerdiagramm (b) und Strommaßstab (c)**

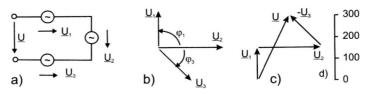

Abb. 1.11 Reihenschaltung **(a) von drei Spannungsquellen mit Zeigerdiagramm der** Quellenspannung **(b) und Bildung der Summenspannung (c)**

Die drei Teilspannungen haben die Effektivwerte $U_1 = 150\ V$, $U_2 = 300\ V$ und $U_3 = 300\ V/\sqrt{2} = 212\ V$, so dass wir die Zeiger $\underline{U}_1$, $\underline{U}_2$, und $\underline{U}_3$ in Abb. 1.11b darstellen können. Mit den Zählpfeilen in Abb. 1.11a gilt für die resultierende Spannung $u = u_1 + u_2 - u_3$ und daher für den Spannungszeiger U Abb. 1.11c sowie nach Gl. (1.21) für sein Effektivwert

$$
\begin{aligned}
U^2 &= U_1^2 + U_2^2 + U_3^2 + 2\,U_1\,U_2\,\cos(\varphi_1 - \varphi_2) \\
&\quad - 2\,U_2\,U_3\,\cos(\varphi_2 - \varphi_3) - 2\,U_3\,U_1\,\cos(\varphi_3 - \varphi_1) \\
&= 150^2\ V^2 + 300^2\ V^2 + 212^2\ V^2 + 2 \cdot 150\ V \cdot 300\ V \cdot \cos(90°) \\
&\quad - 2 \cdot 300\ V \cdot 212\ V\ \cos(45°) - 2 \cdot 212\ V \cdot 150\ V\ \cos(-45° - 90°) = 112\,600\ V^2
\end{aligned}
$$

also $U = \sqrt{112\,600}\ V = 336\ V$. Es wird dringend empfohlen, eine solche Berechnung durch ein Zeigerdiagramm wie in Abb. 1.11c zu überprüfen, da man bei den Winkeln ja streng auf die Vorzeichen achten muss und hierbei leicht Fehler machen kann.

Übungsaufgaben zu Abschn. 1.2 (Lösungen im Anhang):

Beispiel 9   Für welche Phasenwinkel φ_1 und φ_3 hat die Schaltung in Abb. 1.11 den größten Effektivwert U_{max} und den kleinsten Spannungswert U_{min}?

Beispiel 10   Man bilde mit den Werten von Beispiel 5 die Stromdifferenzen $i_3 = i_1 - i_2$ und $i_4 = i_2 - i_1$ und ermittle die Scheitelwerte i_{3m}, i_{4m}, die Effektivwerte I_3, I_4 und die Phasenwinkel φ_3 und φ_4.

1.3 Komplexe Sinusgrößen

In Abschn. 1.2 haben wir den mit fester Winkelgeschwindigkeit umlaufenden Drehzeiger, dessen Projektion auf die Zeitlinie eine Sinusfunktion ergibt, und den hieraus abgeleiteten Festzeiger, der durch **Betrag** u_m bzw. U oder i_m bzw. I **und Phasenwinkel** φ_U bzw. φ_I in der Ebene festgelegt wird, kennengelernt mit ihnen in Zeigerdiagrammen gearbeitet. Wir wollen nun diese geometrischen Verfahren auf die komplexe Berechnung übertragen.

1.3.1 Komplexer Drehzeiger

Die Rechenregeln der komplexen Rechnung sind im Anhang zusammengestellt. Hiernach kann ein Punkt A_t (Abb. 1.12) in der komplexen, in Polarkoordinaten vermessenen Zahlenebene, der vom Koordinaten-Nullpunkt den Abstand i_m (=Scheitelwert des Stromes i) hat und zur Zeit t = 0 den Winkel φ_I (=Nullphasenwinkel des Stromes i) aufweist sowie mit der Winkelgeschwindigkeit ω (= Kreisfrequenz des Stromes i) um den Nullpunkt dreht, mathematisch durch den Ausdruck

$$\underline{i} = i_m e^{j(\omega t + \varphi_I)} = i_m \angle \omega t + \varphi_I \qquad (1.22)$$

[1]beschrieben und als **Drehzeiger** aufgefasst werden. Er entspricht exakt dem Drehzeiger $\underline{i}$ in Abb. 1.5a. Da nach Gl. (A.14) der Imaginärteil

$$Im\,(\underline{i}) = i_m \sin(\omega t + \varphi_I) = i \qquad (1.23)$$

den Zeitwert des Stromes i darstellt, wird i in Gl. (1.22) auch der komplexer Zeitwert des Stromes i genannt. Man kann daher aus Gl. (1.22) sofort den Zeitwert i des Stromes - oder aus dem komplexen Zeitwert der Spannung

$$\underline{u} = u_m \angle \omega t + \varphi_U$$

den Zeitwert u der Spannung – bestimmen.

---

[1] Zur Anwendung und Benennung des Versorzeichens s. Anhang.

Abb. 1.12 Strom-
Drehzeiger i

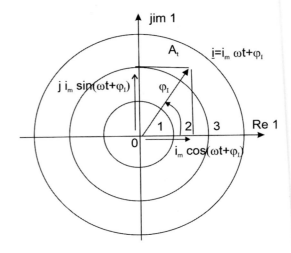

1.3.2 Komplexer Festzeiger

Nach Abschn. 1.2.1 benötigt man die konstante Drehung der Drehzeiger mit der Winkelgeschwindigkeit ω nur zur (seltenen) Bestimmung der Zeitwerte, kann also für die meisten Betrachtungen auf den Drehfaktor

$$e^{j\omega t} = \angle\omega t = \cos(\omega t) + j\,\sin(\omega t) \tag{1.24}$$

verzichten. Wenn wir aus dem komplexen Zeitwert des Stromes

$$\underline{i} = i_m\,e^{j\omega t}\,e^{j\varphi_I} = \underline{i}_m\,e^{j\omega t} \tag{1.25}$$

diesen Drehfaktor eliminieren, bleibt ein Festzeiger, der komplexe Scheitelwert des Stromes

$$\underline{i}_m = i_m\,e^{j\varphi_U} = \underline{i}_m\angle\varphi_I \tag{1.26}$$

übrig. Dies entspricht also dem Zeiger zur Zeit t = 0, wobei φ_I der Nullphasenwinkel ist. Mit Gl. (1.8) dürfen wir auch ebenso mit dem komplexen Effektivwert des Stromes oder (noch einfacher) mit dem komplexen Strom

$$\underline{I} = I\,e^{j\varphi_I} = I\angle\varphi_I \tag{1.27}$$

oder analog mit der komplexen Spannung

$$\underline{U} = U \, e^{j\varphi_U} = U \angle \varphi_U \qquad (1.28)$$

arbeiten. Hierbei wird wie in Abb. 1.13, der Stromzeiger I meist als Bezugszeiger in die positive reelle Achse gelegt, und die Spannung

$$\underline{U} = U \angle \varphi_U = U_w + j \, U_b \qquad (1.29)$$

kann in ein Realteil, die **Wirkkomponente,** U_w und einen Imaginärteil, die **Blindkomponente** U_b, zerlegt werden (s. Abschn. 2.4.1).

Die Anwendung eines allgemeinen **Ohmschen Gesetzes** auf die komplexen Zeitwerte von Strom und Spannung liefert ebenfalls komplexe Größen, nämlich den **komplexen Widerstand.**

$$\underline{Z} = \frac{\underline{u}}{\underline{i}} = \frac{u_m \, e^{j\omega t} \, e^{j\varphi_U}}{i_m \, e^{j\omega t} \, e^{j\varphi_I}} = \frac{u_m}{i_m} \angle \varphi_U - \varphi_I = \underline{Z} \angle \varphi \qquad (1.30)$$

und den **komplexen Leitwert**

$$\underline{Y} = \frac{\underline{i}}{\underline{u}} = \frac{i_m \, e^{j\omega t} \, e^{j\varphi_I}}{u_m \, e^{j\omega t} \, e^{j\varphi_U}} = \frac{i_m}{u_m} \angle \varphi_I - \varphi_U = \frac{1}{\underline{Z}} = \frac{1}{Z} \angle - \varphi \qquad (1.31)$$

Die Festzeiger werden in Abschn. 2.1 ausführlich behandelt. In Abschn. 2.1.4 wird außerdem eine **komplexe Leistung**

Abb. 1.13 Zerlegung des Zeigers I in Wirk- und Blindkomponente

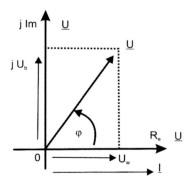

$$\underline{S} = S\,e^{j\varphi} = S\angle\varphi \qquad (1.32)$$

also wieder ein Festzeiger definiert.

Während die Leistungen $S_t = u\,i$ im allgemeinen Fall ebenfalls sinusförmig schwingt, also die komplexe Leistung auch eine sinusförmige Wechselgröße symbolisieren soll, sind Widerstände und Leitwerte üblicherweise natürlich feste Werte. Ihre komplexen Werte wurden früher Widerstands- bzw. Leitwertoperatoren genannt, obwohl der Begriff Operator umfassender ist. Komplexe Größen symbolisieren also nicht nur Sinusgrößen. Die Rechenregeln der komplexen Rechnung (einschließlich der Behandlung komplexer Funktionen und Gleichungssysteme sowie der Ortskurven) sind im Anhang zusammengestellt.

Beispiel 11 Man bilde in der komplexen Zahlenebene in Abb. 1.14 mit den beiden komplexen Strömen $\underline{I}_1 = (2 + j\,5)$ A und $\underline{I}_2 = 6\,A\angle - 30°$ Summenstrom $\underline{I}_S = \underline{I}_1 + \underline{I}_2$ und Differenzstrom $\underline{I}_D = \underline{I}_2 - \underline{I}_1$.
    Wir formen zunächst die Exponentialform $\underline{I}_2 = 6\,A\angle - 30°$ mit Gl. (A.5) in die Komponentenform

$$\begin{aligned}\underline{I}_2 &= I_2\,\cos(\varphi) + j\,I_2\,\sin(\varphi)\\ &= 6\,A\,\cos(-30°)\\ &\quad + j\,6\,A\,\sin(-30°)\\ &= (5{,}2 - j3{,}0)\,A\end{aligned}$$

Abb. 1.14 Summe und Differenz von zwei komplexen Strömen

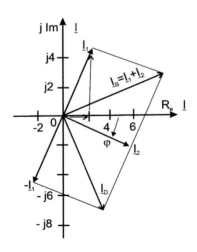

um und berechnen dann die Summe

$$\underline{I}_S = (2{,}5 + 5{,}2)\,A + j(5 - 3)\,A$$
$$= (7{,}2 + j2)\,A$$

mit dem Betrag nach Gl. (A.8)

$$\underline{I}_S = \sqrt{7{,}2^2 + 2^2}\,A = 7{,}47\,A$$

und den Phasenwinkel nach Gl. (A.9)

$$\varphi = \arctan(2\,A/7{,}2\,A) = 15{,}5°$$

Es ist also $\underline{I}_S = 7{,}47\,A\angle 15{,}5°$.

In ähnlicher Weise erhalten wir für die Differenz $\underline{I}_D = \underline{I}_2 - \underline{I}_1 = (5{,}2 - 2)\,A + j(-3 - 5)\,A = (3{,}2 - j8)\,A = 8{,}64\,A\,\angle - 68{,}6°$. Es wird empfohlen, die Umrechnung von der Komponenten- und Exponentialform mit dem im Anhang erläuterten Verfahren vorzunehmen - oder hierfür einen Taschenrechner zu benutzen [13].

Beispiel 12   Abb. 1.15a zeigt die (Stern-) Schaltung eine Dreiphasengenerators. Die drei in ihm erzeugten Strangspannungen sollen entsprechend in Abb. 1.15b jeweils um $120° = 2\pi/3$ gegeneinander phasenverschoben sein und $U_{Str} = 230V$ betragen. Es sollen die drei Klemmenspannungen $\underline{U}_{UV}$, $\underline{U}_{VW}$, $\underline{U}_{WU}$ in Exponential- und Komponentenform bestimmt werden.

Nach Abb. 1.15a gilt z. B. für die Klemmenspannung $\underline{U}_{WU} = \underline{U}_U - \underline{U}_W$. Wir bilden daher mit Abb. 1.15b und Umwandlungen der Exponential- in Komponentenform (zum Schluss umgekehrt)

$$\underline{U}_U = 230\,V\,\angle 0° = (230 + j0)\,V$$
$$-\underline{U}_W = -230\,V\,\angle 120° = (110 - j190{,}5)\,V$$
$$\underline{U}_{WU} = \underline{U}_U - \underline{U}_W = 340\,V\angle - 30° = (346{,}41 - j200)\,V$$

so dass aus Symmetriegründen sein muss

$$\underline{U}_{UV} = \underline{U}_V - \underline{U}_U = 400\,V\angle - 150° = (-329 - j190)\,V$$
$$\underline{U}_{VW} = \underline{U}_W - \underline{U}_V = 400\,V\angle 90° = j\,380\,V$$

was auch unmittelbar Abb. 1.15b zu entnehmen ist.

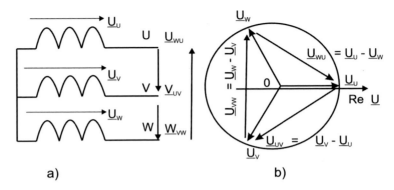

Abb. 1.15 Schaltung eines Dreiphasengenerators **(a) und erzeugte Spannung (b)**

Für weitere Übungen in der komplexen Rechnung wird auf die Beispiele im Anhang und in [7] sowie für die komplexe Rechnerprogramme auf [13] verwiesen.

1.4   Zusammenfassung

In diesem Kapitel werden die Kenngrößen sinusförmiger Wechselgrößen und ihre Beschreibung durch mathematische Funktionen, Zeit- und Zeigerdiagramme und ihre Behandlung mit komplexen Rechnungen beschrieben.

Die Zeigerdiagramme werden zur Darstellung von Stromstärken und Spannungen genutzt. Das wichtigste Merkmal ist der Zeiger mit einer Amplitude und der Winkelgeschwindigkeit gegen den Uhrzeigersinn. Das Zeigerdiagramm kann man besser zeichnerisch darstellen.

Diese sinusförmige Wechselgrößen (harmonische Funktionen) werden mit einem Realteil und einem Imaginärteil dargestellt. Der Zeiger rotiert in der komplexen Ebene mit der Kreisfrequenz im mathematisch-positiven Sinn.

In diesem Teil des Buches sind viele Beispiele, die Fragestellungen, die Lösungen und die Berechnungsmethodik für das Selbststudium aufgezeigt und zusammengestellt. Die Aufgaben sollten zuerst selbstständig gelöst werden. Nur bei Schwierigkeiten ist der Lösungsweg heranzuziehen.

Literatur

1. Moeller, F.; Fricke, H.; Frohne, H.; Vaske, P.: Grundlagen der Elektrotechnik, ISBN 978-3834808981 Stuttgart 2011
2. M. Marinescu, Elektrische und magnetische Felder, Springer Vieweg Verlag, 2012
3. A. Fuhrer, K. Heidemann, W. Nerreter, Grundgebiete der Elektrotechnik, Band 3 (Aufgaben), Carl Hanser Verlag, 2008
4. Bosse, G.: Grundlagen der Elektrotechnik, Bände 1–4, 1997
5. Nelles, Dieter; Nelles Oliver: Grundlagen der Elektrotechnik zum Selbststudium (Set), Set bestehend aus: Band 1: Gleichstromkreise, 2., neu bearbeitete Auflage 2022, 280 Seiten, Din A5, Festeinband ISBN 978-3-8007-5640-7, E-Book: ISBN 978-3-8007-5641-4, Band 2: Elektrische Felder, 2., neu bearbeitete Auflage 2022, 299 Seiten, Din A5, Festeinband ISBN 978-3-8007-5799-2, E-Book: ISBN 978-3-8007-5800-5, Band 3: Magnetische Felder, 2., neu bearbeitete Auflage 2023, 329 Seiten, Din A5, Festeinband, ISBN 978-3-8007-5802-9, E-Book: ISBN 978-3-8007-5803-6 und Band 4: Wechselstromkreise, 2., neu bearbeitete Auflage 2023, 341 Seiten, Din A5, Festeinband, ISBN 978-3-8007-5805-0, E-Book: ISBN 978-3-8007-5806-7, 2023, 4 Bände
6. W. Weißgerber: Elektrotechnik für Ingenieure, Band 1, Vieweg+Teubner Verlag, 2009
7. W. Nerreter, K. Heidemann, A. Fuhrer: Grundgebiete der Elektrotechnik, Band 1, Carl Hanser Verlag, 2011
8. H. Frohne, K.-H. Löcherer, H. Müller, T. Harriehausen, D. Schwarzenau, Moeller Grundlagen der Elektrotechnik, Vieweg+Teubner Verlag, 2011
9. D. Zastrow, Elektrotechnik, Ein Grundlagen Lehrbuch, Vieweg+Teubner Verlag 2012
10. M. Albach, Elektrotechnik, Pearson Studium, 2011
11. M. Vömel, D. Zastrow, Aufgabensammlung Elektrotechnik 1, Vieweg+Teubner Verlag 2010
12. W. Weißgerber, Elektrotechnik für Ingenieure – Klausurenrechnen, Vieweg+Teubner Verlag, 2008 ISBN 3-8022-0650-9, 2001
13. Vaske, P.: Elektrotechnik mit BASIC-Rechnern (SHARP), Stuttgart 1984
14. I. Kasikci, Gleichstromschaltungen, Analyse und Berechnung mit vielen Beispielen 6. Auflage, 2025, ISBN 978-3-662-70036-5

Grundgesetze bei Sinusstrom

2

Während sich bei Gleichstrom im stationären Zustand die durch den elektrischen Strom bzw. die Spannung verursachten magnetischen und elektrischen Felder auf die Strom- und Spannungsverteilung und die Leistung nicht auswirken, sondern allein die Wirkungen des Strömungsfeldes zu beachten sind, müssen bei Wechselstrom die in den Feldern gespeicherten Energien berücksichtigt werden. Da jeder Wechselstrom mit magnetischen und elektrischen Feldern verbunden ist, wird eine sofortige vollständige Behandlung schwierig. Wir werden daher zunächst idealisierte Zweipole betrachten, die auftretenden Wirkungen konzentriert zeigen, und anschließend die gewonnen Erkenntnisse verallgemeinern.

Auf diese Weise können wir die bei Gleichstrom eingeführte Behandlung von Stromkreisen mit Ohmschen Gesetz und Kirchhoffschen Gesetzten auf den Wechselstrom übertragen und einfache Wechselstromschaltungen berechnen. Wir werden hierfür die in Kap. 1 eingeführten Zeiger und komplexen Sinusgrößen benutzen.

2.1 Verhalten der Grund-Zweipole

In der Elektrotechnik bezeichnet man alle Bauglieder mit nur zwei Anschlussklemmen, wenn sie keine elektrische Energie erzeugen, als **passivie Zweipole**. In Gleichstromschaltungen ist z. B. der Widerstand R ein solcher passiver Zweipol. In der Wechselstromtechnik ist der **Wirkwiderstand** R ein Bauglied, das nur elektrische Energie in **Wärmeenergie**, mechanische oder chemische Energie, chemische Energie umwandelt, also nur die Wirkungen des Strömungsfeldes bzw. Spannungen, die dem Strom i stets proportional sind, und keine Wirkungen seiner elektrischen und

I. Kasikci, *Wechselstromschaltungen*,
https://doi.org/10.1007/978-3-662-70035-8_2

magnetischen Felder zeigt. Ausgeführte Bauelemente haben ein solches idealisiertes Verhalten natürlich nur angenähert.

In einer **Induktivität** L, die ebenfalls in der Technik nur angenähert in reiner Form verwirklicht werden kann, erzeugt ein Wechselstrom i mit seinem **magnetischen Feld** bzw. seiner zeitlichen **Stromänderung** di/dt entsprechend dem Induktionsgesetz die **induktive Spannung** $u_L = L\,di/dt$ und die **magnetische Energie** $W_m = L\,i^2/2$.

Daneben ist jede Wechselspannung u mit einem **elektrischen Verschiebungsfeld** verbunden. Die zeitliche **Spannugnsänderung** du/dt führt an einer Kapazität C, die ebenfalls nur mit Annäherung rein verwirklicht werden kann, zu einer Änderung der Ladung $Q_t = C\,u$ und daher zu einem **Ladestrom** $i = C\,du/dt$, bzw. das **Stromintegral** $\int i\,dt$ verursacht die Spannung $u = \int i\,dt$ mit der **elektirschen Energie** $W_e = C\,u^2/2$.

Wir wollen daher zunächst das Verhalten dieser idealisierten Zweipole Wirkwiderstand R, Induktivität L und Kapazität C jeweils für sich betrachten und ihre Unterschiede herausarbeiten. Hieraus werden wir anschließend auf das Verhalten eine allgemeinen Sinusstrom-Zweipols, der die Wirkungen von Strömungsfeld, magnetischem und elektrostatischem Feld gleichzeitig aufweisen kann, schließen können.

2.1.1 Wirkwiderstand

Ein Bauglied, das elektrische Energie bleibend in eine andere Energieform überführt, nennen wir in der idealisierten Form **Wirkwiderstand** R. Er ist beispielsweise in Heizwiderständen, Glühlampen u.ä. relativ rein verwirklicht.

Wenn ein Wirkwiderstand R oder ein **Wirkleitwert** $G = 1/R$ entsprechen Abb. 2.1a an der **Sinusspannung** $u = u_m\,\sin(\omega t)$ liegt, fließt nach dem **Ohmschen Gesetz,** das hier auf die Zweitwerte angewendet werden darf, der Zeitwert des Stromes

$$i = G\,u = u/R = (u_m/R)\,\sin(\omega t) = i_m\,\sin(\omega t) \qquad (2.1)$$

Die Zeitwerte von Strom i und Spannung u sind also bei festem Wirkwiderstand R, wie in Abb. 2.1b, in jedem Augenblick einander proportional. Sie haben die gleiche Phasenlage, und der Phasenwinkel beträgt $\varphi = 0°$.

dann gilt auch für die Scheitelwerte

$$i_m = G\,u_m = u_m/R \qquad (2.2)$$

und die **Effektivwerte**

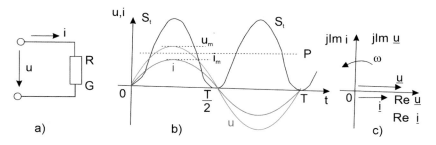

Abb. 2.1 Wirkwiderstand R an Sinusspannung u (**a**), Zeitdiagramm (**b**) von Spannung u, Strom i und Leistung S_t und zugehöriges Drehzeigerdiagramm (**c**)

$$I = G\,U = U/R \qquad (2.3)$$

In gleicher Weise erhält man mit der komplexen Spannung $\underline{U}$ den komplexen Strom

$$\underline{I} = G\,\underline{U} = \underline{U}/R \qquad (2.4)$$

während Abb. 2.1c dies für die komplexen Scheitelwerte zeigt.
Für den **Zeitwert der Leistung**

$$S_t = u\,i = R\,i^2 = G\,u^2 \qquad (2.5)$$

darf man wieder die Gleichstromgesetze auf Sinusstrom übertragen. Die Leistung schwingt daher nach Abb. 2.1b mit der doppelten Frequenz 2 f von Spannung und Strom und bleibt positiv, da Spannung u und Strom i am Wirkwiderstand R stets gleichzeitig positiv oder negativ sind. Der Wirkwiderstand R nimmt daher immer Leistung auf.

Analog zum Effektivwert in Abschn. 1.1.2 ist hier wieder sinnvoll, mit einer mittleren und daher der Gleichstromleistung vergleichbaren Leistung, der **Wirkleistung**

$$P = \frac{1}{T}\int_0^T u\,i\,dt = \frac{u_m\,i_m}{2} = U\,I = R\,I^2 = G\,U_2 \qquad (2.6)$$

zu arbeiten. ie ist in Abb. 2.1b eingetragen und lässt sich daher beim Wirkwiderstand R = 1/G mit den Effektivwerten von Spannung U und Strom I ebenso berechnen wie bei Gleichstrom.

Der Wechselstrom wird ebenfalls in der Einheit Ampere (A), die Wechselspannung in der Einheit Volt (V) und die Wirkleistung wieder in der Einheit Watt (W) sowie die **Arbeit**

$$W = P\,t \tag{2.7}$$

in den Einheiten Joule (1 J = 1 Ws) oder kWh (1 kWh = 3,6 MJ) angegeben wird.

Beispiel 13   Ein Bügeleisen nimmt bei der Gleichspannung U = 230 V die Leistung P = 1200 W auf. Welchen Wirkwiderstand R weist es auf? Welchen Scheitelwert u_m einer sinusförmigen Wechselspannung muss man anlegen, damit es die gleiche Wirkleistung P erhält? Wie groß sind dann Effektivwert I und Scheitelwert i_m des Stromes?

Das Bügeleisen benötigt auch bei Gleichspannung den Effektivwert der Spannung U = 230 V, zu dem nach Gl. (1.8) der Scheitelwert $u_m = \sqrt{2}\,U = \sqrt{2} \cdot 230\,V = 325,27\,V$ gehört. Es fließt dann nach Gl. (2.6) der Strom $I = P/U = 1200\,W/230\,V = 5,21\,A$ mit dem Scheitelwert $i_m = \sqrt{2}\,I = \sqrt{2} \cdot 5,21\,A = 7,36\,A$, und nach Gl. (2.3) hat das Bügeleisen den Wirkwiderstand $R = U/I = 230\,V/5,45\,A = 44,14\,\Omega$.

2.1.2 Induktivität

Die Induktivität in Abb. 2.2

$$L = \Psi_t/i = N\,\phi_t/i = N^2/R_m \tag{2.8}$$

ist als Verhältnis des durch den Strom i aufgebauten Spulenflusses Ψ_t zum erzeugenden Strom i definiert [8]. Ihre **Einheit** ist das Henry (1 H = 1 Ωs). Meist setzt man voraus dass jede der N Windungen mit dem magnetischen Widerstand R_m für den Fluss $\Phi_t = i\,N/R_m$, so dass die Induktivität dem Quadrat der Windungszahl N und reziprok dem magnetischen Widerstand R_m proportional ist. Man kann daher mit einer Spule großer Windungszahl N, wenn der magnetische Fluss sich über Eisen schließt, also einen geringen magnetischen Widerstand R_m vorfindet, eine große Induktivität L erzielen, gegenüber der Wirkungen des Wirkwiderstand R vernachlässigt werden dürfen. Solche Geräte nennt man **Drosseln.**
Eine Betrachtung des **Induktionsgesetzes** [1, 8]

$$u = N\,d\phi_t/dt = L\,di/dt \tag{2.9}$$

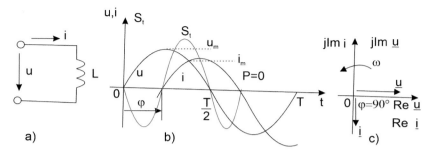

Abb. 2.2 Induktivität L an Wechselspannung u (a), Zeitdiagramm (b) von Spannung u, Strom i und Leistung S_t und zugehöriges Drehzeigerdiagramm (c)

zeigt, dass mit der 2. Form die Spannungserzeugung auf die Stromänderung di/dt zurückgeführt werden kann und die Induktivität L das magnetische Feld vertritt.

Wenn wir nun den Stromverlauf $i = -i_m \cos(\omega t) = i_m \sin(\omega t - 90°)$ voraussetzen[1], erhalten wir nach Gl. (2.9) den Spannungsverlauf

$$u = L\frac{di}{dt} = -L\, i_m\, \frac{d(\cos(\omega t))}{dt} = \omega\, L\, i_m\, \sin(\omega t)$$
$$= u_m \sin(\omega t) \tag{2.10}$$

In entsprechender Weise ergibt die Differentiation des komplexen Drehzeigers $\underline{i} = i_m \angle \omega t$ den komplexen Drehzeiger der Spannung

$$\underline{u} = L\, d\,\underline{i}/dt = L\, i_m\, d(\angle \omega t)/dt = j\, \omega\, L\, i_m \angle \omega t$$
$$= j\, \omega\, L\, \underline{i} \tag{2.11}$$

Strom i und Spannung u sind daher nicht mehr für alle Zeitpunkte einander proportional, sondern zeigen die **Phasenverschiebung** $\varphi = 90°$, um die die **Spannung** u gegenüber dem Strom i nacheilt. Dies zeigt sowohl das Zeigerdiagramm in Abb. 2.2b als auch das Zeigerdiagramm in Abb. 2.2c.

Induktive Blindleistung. In Abb. 2.2b ist auch der Zeitwert der Leistung

---

[1] Dies ist ein mathematischer Ansatz, der zu einem in Abb. 2.1, 2.2 und 2.4 übereinstimmenden Spannungsverlauf führt und daher einfache Vergleiche ermöglicht. Man beachte jedoch, dass hierbei Übergangsvorgänge beim Einschalten vernachlässigt sind und der Strom i zur Zeit t=0 nicht auf den Wert $i = -i_m$ springen kann. Ein physikalisch besserer Ansatz wäre z. B. $i = i_m \sin(\omega t)$ gewesen.

$$S_t = u\,i = u_m\,i_m\,\sin(\omega t)\,\sin(\omega t - 90°)$$
$$= \frac{u_m\,i_m}{2}\,\sin(\omega t) \tag{2.12}$$

eingetragen. In der jeweils positiven Leistungs-Halbperiode wird das magnetische Feld aufgebaut, und es erreicht beim Scheitelwert des Stromes i_m den Höchstwert der **magnetischen Energie**

$$W_m = L\,i_m^2/2 \tag{2.13}$$

In der negativen Leistungs-Halbperiode wird das magnetisch Feld wieder aufgebaut und die magnetische Energie zurückgeliefert.

Daher verschwindet auch der Mittelwert der Leistung, die **Wirkleistung**

$$P = \frac{1}{T}\,\int_0^T u\,i\,dt = 0 \tag{2.14}$$

Die Leistung S_t schwingt mit der Amplitude

$$S_m = -U\,I = Q = -u_m\,i_m/2 \tag{2.15}$$

die wir als **Blindleistung** Q bezeichnen, da sie nur hin- und herschwingt und keine Energie in Wärme oder mechanische bzw. chemische Arbeit umgewandelt wird.

Die **Einheit** der Blindleistung wäre an sich das Watt (W). Um aber auch bei Leistungsangaben ohne Formelzeichen deutlich zu machen, dass es sich hierbei nicht um eine mit der Gleichstromleistung vergleichbare Leistung handelt, gibt man die Blindleistung Q in var an. (Für die Verrechnung von „Blindarbeit" benutzt man auch die Einheit kvar).

Induktiver Blindwiderstand. Nach Gl. (2.10) gilt für den Scheitelwert der Spannung

$$u_m = \omega\,L\,i_m = X_L\,i_m \tag{2.16}$$

wobei man in formaler Anwendung des Ohmschen Gesetzes den Faktor

$$X_L = \omega\,L = u_m/i_m = U/I \tag{2.17}$$

als Widerstand, u.zw. hier als **induktiven Blindwiderstand,** deuten darf.

Gl. (2.11) führt zu dem komplexen Verhältnis

$$\underline{\frac{i}{u}} = \frac{\underline{i}_m}{\underline{u}_m} = \frac{\underline{I}}{\underline{U}} = \frac{1}{j\,\omega\,L} = \frac{1}{j\,X_L} = j\,B_L \tag{2.18}$$

muss daher negative Werte annehmen.

Nach Gl. (2.18) können wir auch den komplexen Blindwiderstand $j\, X_L$ den komplexen Blindleitwert $j\, B_L$ definieren und beide dann wie in Abb. 2.3a bzw. d in der **komplexen Widerstands-** bzw. **Leitwert-Ebene** darstellen. Wenn wir hierbei die Abhängigkeit von der Kreisfrequenz ω berücksichtigen, ist dies schon eine **Ortskurve** (s.anhang), die für den induktiven Blindwiderstand $j\, X_L$ mit der positiven Imaginärachse übereinstimmt und linear nach der Kreisfrequenz ω beziffert werden kann. Die Ortsgerade für den induktiven Blindleitwert $j\, B_L$ liegt in der negativen Imaginärachse und hat eine **reziproke Unterteilung** zu den Ortskurven s. Anhang und [7].

Die Diagramme in Abb. 2.3b, c, e, f nennt man **Frequenzgang,** wobei die Darstellung der Beträge in Abb. 2.3b und e als **Amplitudengang** und die Darstellung des Phasenwinkels in Abb. 2.3c und f als **Phasengang** bezeichnet werden. Bei kleinen Frequenzen verursacht daher eine Induktivität L nur kleine Blindwiderstände bzw. große Blindleitwerte, bei großen Frequenzen dagegen große induktive Spannungen. Der Phasenwinkel beträgt unabhängig von der Frequenz $\varphi_X = -\varphi_B = 90°$.

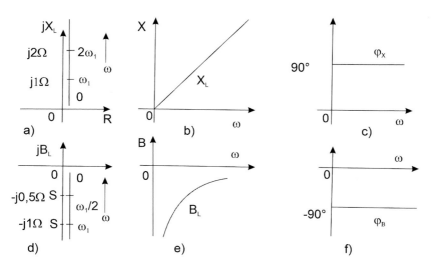

Abb. 2.3 Ortskurven (a, d), Amplitudengänge (b, e) und Phasengänge (c, f) des induktiven Blindwiderstands (a,b,c) und des induktiven Blindleitwerts (d,e,f)

Beispiel 14 Eine Spule hat die Induktivität L = 0,4 mH und liegt bei der Frequenz
f = 4,5 kHz an der Sinusspannung U = 800 mV. Es sind induktiver Blindwiderstand
X_L und Strom I zu berechnen.

Wir bestimmen zunächst die Kreisfrequenz $\omega = 2\pi\ f = 2\pi \cdot 4{,}5\,kHz =$
$28250\,s^{-1}$ und erhalten daher nach Gl. (2.17) den Blindwiderstand $X_L = \omega\ L =$
$28250\,s^{-1}{\cdot}0{,}4\,mH = 11{,}31\,\Omega$. Daher fließt nach Gl. (2.17) der Strom $I = U/X_L =$
$800\,mV/11{,}31\,\Omega = 70{,}7\,mA$.

Beispiel 15 Eine Drossel mit vernachlässigbar kleinem Wirkwiderstand R und der
Induktivität L = 30 mH führt an der Sinusspannung U = 110 V den Strom I = 1,5 A.
Welche Frequenz haben die Sinusgrößen? Wie groß ist hierbei die in der Induktivität
maximal gespeicherte Energie?

Mit der Gl. (1.5) und (2.17) erhält man für die Frequenz

$$f = \frac{U}{2\,\pi\,L\,I} = \frac{110\,V}{2\,\pi\,30\,mH\,1{,}5\,A} = 389\,Hz$$

Mit dem Scheitelwert des Stromes $i_m = \sqrt{2}\ I = \sqrt{2}\ 1{,}5\,A = 2{,}12\,A$ tritt
nach Gl. (2.13) der Höchstwert der magnetischen Energie $W_m = L\ i_m^2/2 =$
$30\,mH \cdot 2{,}12^2\,A^2/2 = 0{,}0675\,Ws$ auf.

2.1.3 Kapazität

Da die Kapazität C das Fassungsvermögen eines **Kondensators** für die Elektrizi-
tätsmenge Q_t bei der Spannung u festlegt, kann man bei der Dielektrizitätszahl ε
des verwendeten Isolierstoffs, dem Abstand a und der Fläche A der Beläge für die
Kapazität eines Plattenkondensators oder eines handelsüblichen, mit Papierzwi-
schenlagen versehenen Kondensatorwickels angegeben [8]

$$C = Q_t/u = \varepsilon\ A/a \tag{2.19}$$

Durch geeignete Wahl der Abmessungen A und a bzw. Dielektrikums kann man
sicherstellen, dass die Wirkungen des elektrostatischen Feldes gegenüber den übrigen Wirkungen bei Wechselstrom hervorstechen. Die Einheit der Kapazität ist Farad
(1 F = 1 s/Ω). Mit dem Verhalten dieses idealisierten Zweipols Kapazität C an Sinusspannung u wollen wir uns nun befassen.

Nach Gl. (2.19) gilt für den Zeitwert der Ladung $Q_t = C\ u$, so dass man allgemein für den **Ladestrom** i als Differentialquotient der Ladung Q_t hier

$$i = dQ_t/dt = C\, du/dt \qquad (2.20)$$

angeben kann. Setzten wir nun wieder wie bei den vorhergehenden Überlegungen die sinusförmige Wechselspannung $u = u_m \sin(\omega t)$ voraus, so fließt der **Sinusstrom**

$$i = C\, u_m\, d(\sin(\omega t))/dt = \omega\, C\, u_m\, \cos(\omega t)$$
$$= \omega\, C\, u_m\, \sin(\omega t + 90°) = i_m\, \sin(\omega t + 90°) \qquad (2.21)$$

In entsprechender Weise ergibt die Differentiation des komplexen Drehzeigers $\underline{u} = \underline{u}_m \angle \omega t$ den komplexen Drehzeiger des Stromes

$$\underline{i} = C\, d\,\underline{u}/dt = C\, u_m\, d(\angle \omega t)/dt = j\,\omega\, C\, u_m\, \angle \omega t$$
$$= j\,\omega\, C\, \underline{u} \qquad (2.22)$$

Daher eilt hier die Spannung u bei der Kapazität C dem Strom i um den Phasenwinkel $\varphi = 90°$ nach, wie dies auch Zeitdiagramm in Abb. 2.4b und Drehzeigerdiagramm in Abb. 2.4c zeigen.

Kapazitive Blindleistung. In Abb. 2.4b ist außerdem der Zeitwert der Leistung

$$S_t = u\, i = u_m\, i_m\, \sin(\omega t)\, \sin(\omega t - 90°)$$
$$= -\frac{u_m\, i_m}{2}\, \sin(2\omega t) \qquad (2.23)$$

dargestellt. In den positiven Leistung-Halbperioden wird das elektrostatische Feld aufgebaut, so dass es beim Scheitelwert der Spannung u_m jeweils den Höchstwert

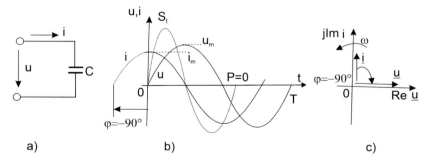

Abb. 2.4 Kapazität C an Sinusspannungen u (**a**), Zeitdiagramm (**b**) von Spannung u, Strom i und Leistung S_t und zugehöriges Drehzeigerdiagramm (**c**)

der **elektrischen Energie**

$$W_{em} = C\, u_m^2/2 \qquad (2.24)$$

erreicht. Auch hier wird in der negativen Leistungs-Halbperiode das elektrostatische Feld wieder abgebaut und die Energie zurückgeliefert.

Ebenso wie bei der Induktivität L verschwindet auch bei der Kapazität C der Mittelwert der Leistung und die **Wirkleistung** ist nach Gl. (2.14) P=0. Es wird also bleibend keine Energie in Wärme oder mechanische bzw. chemische Arbeit umgewandelt, und somit liegt ein Blindverbraucher vor. Die Leistung S_t schwingt wieder nur hin und her mit der Amplitude bzw. der Blindleistung

$$Q = S_m = U\, I = u_m\, i_m/2 \qquad (2.25)$$

Kapazitiver Blindwiderstand. Nach Gl. (2.21) gilt für den Scheitelwert des Stromes

$$i_m = \omega\, C\, u_m = B_C\, u_m \qquad (2.26)$$

wobei man wieder in formaler Anwendung des Ohmschen Gesetzes den Faktor

$$B_C = \omega\, C = i_m/u_m = I/U \qquad (2.27)$$

als Leitwert, u.zw. als **kapazitiver Blindleitwert,** deutet. Gl. (2.22) führt daneben zu dem komplexen Verhältnis

$$\underline{\frac{u}{i}} = \frac{u_m}{i_m} = \frac{U}{I} = \frac{1}{j\,\omega\, C} = \frac{1}{j\, B_C} = j\, X_C \qquad (2.28)$$

Der **kapazitive Blindwiderstand**

$$X_C = -1/(\omega\, C) = -1/B_C \qquad (2.29)$$

muss daher negative Werte annehmen. Mit Gl. (2.28) können wir den komplexen Blindwiderstand $j\, X_C$ und den komplexen Blindleitwert $j\, B_C$ definieren und beide wie in Abb. 2.5a bzw. d in der **komplexen Widerstand-** bzw. **Leitwertebene** darstellen.

Ein Vergleich von Abb. 2.3 und 2.5 zeigt, dass sich Induktivität L und Kapazität C bezüglich der Frequenzabhängigkeit ihrer Blindwiderstände X und Blindleitwerte B sowie der Phasenwinkel φ_X und φ_B gerade entgegengesetzt, also invers, verhalten. Während die Induktivität L bei der Kreisfrequenz $\omega = 0$ den Blindwiderstand

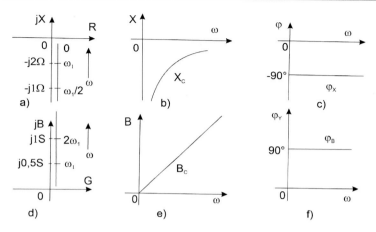

Abb. 2.5 Ortskurven (a, d), Amplitudengänge (b, e) und Phasengänge (c, f) des kapazitiven Blindwiderstands (a,b,c) und des kapazitiven Blindleitwerts (d,e,f)

$X_L = 0$ hat, zeigt die Kapazität C für $X = \infty$. Auch die Phasenwinkel φ_X und φ_B sind genau entgegengesetzt, also gegenphasig.

Beispiel 16 Ein Kondensator hat die Kapazität $C = 0,1\,\mu F$ und liegt bei der Frequenz $f = 2\,kHz$ an einer Sinusspannung mit dem Scheitelwert $u_m = 800\,mV$. Kapazitiver Blindleitwert B_C und Scheitelwert des Stromes i_m sind zu bestimmen.

Mit der Kreisfrequenz $\omega = 2\,\pi\,f = 2\,\pi \cdot 2\,kHz = 12,56 \cdot 10^3\,s^{-1}$ erhält man nach Gl. (2.27) den Blindleitwert $B_C = \omega\,C = 12,56 \cdot 10^3\,s^{-1} \cdot 0,1 \cdot 10^{-6}\,F = 1,256\,mS$ sowie nach Gl. (2.26) den Scheitelwert des Stromes $i_m = B_C\,u_m = 1,256\,mS \cdot 800\,mV = 1,004\,mA$.

Beispiel 17 Ein Kondensator führt an der Sinusspannung $U = 230\,V$ bei der Frequenz $f = 50\,Hz$ den Strom $I = 0,6\,A$. Wie groß sind kapazitiver Blindwiderstand X_C, Kapazität C und Blindleistung Q?

Nach Gl. (2.29) und (2.27) betragen der kapazitive Blindwiderstand $X_C = -U/I = -230\,V/0,6\,A = -383,33\,\Omega$ und nach Gl. (2.29) mit der Kreisfrequenz $\omega = 2\,\pi\,f = 2\,\pi \cdot 50\,Hz = 314\,s^{-1}$ die Kapazität $C = -1/(\omega\,X_C) = -1/314\,s^{-1}\,(-3383,33\,\Omega) = 8,3\,\mu F$. Gleichzeitig findet man mit Gl. (2.25) die Blindleistung $Q = U\,I = -230\,V \cdot 0,6\,A = -138\,var$.

2.1.4   Allgemeiner Sinusstrom-Zweipol

Bei den einfachen idealisierten Wechselstrom-Zweipolen Wirkwiderstand R, Induktivität L und Kapazität C treten die Phasenwinkel $\varphi = 0°$, $\varphi = -90°$ und $\varphi = +90°$ auf. Daher können Schaltungen, die aus diesen Baugliedern bestehen, ganz allgemein den Phasenwinkel $-90° \leqq \varphi \leqq 90°$ annehmen. Spannungs-, Strom- und Leistungsverlauf sind in Abb. 2.6 für diesen allgemeinen Wechselstrom-Zweipol dargestellt.

Wenn wir auf die Effektivwerte U und I bzw. die Scheitelwerte u_m und i_m das **Ohmsche Gesetz** anwenden, erhalten wir einen scheinbar wirksamen Sinusstromwiderstand, den **Scheinwiderstand**

$$Z = U/I = u_m/i_m \qquad (2.30)$$

bzw. den **Scheinleitwert**

$$Y = 1/Z = I/U = i_m/u_m \qquad (2.31)$$

Wenn wir diese Gleichungen analog zu Gl. (2.18) und (2.28) auf eine komplexe Schreibweise erweitern, finden wir den **komplexen Widerstand**

$$\underline{Z} = \underline{u}/\underline{i} = \underline{u}_m/\underline{i}_m = \underline{U}/\underline{I} = Z\angle\varphi = R + j\,X \qquad (2.32)$$

und den komplexen Leitwert

$$\underline{Y} = \underline{I}/\underline{U} = Y\angle\varphi_Y = 1/\underline{Z} = (1/Z)\angle - \varphi = G + j\,B \qquad (2.33)$$

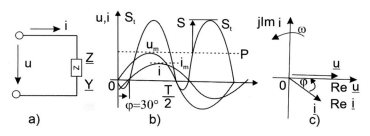

Abb. 2.6 Allgemeiner Sinusstrom-Zweipol (**a**) mit Zeitdiagramm (**b**) von Spannung u, Strom i und Leistung S_t und zugehöriges Drehzeigerdiagramm (**c**)

Hierbei wird schon im Vorgriff auf Abschn. 2.4 berücksichtigt, dass der komplexe Widerstand $\underline{Z}$ auch als Summe von Real- und Imaginärteil, nämlich von **Wirkwiderstand** R und **Blindwiderstand** j X, und der komplexe Leitwert $\underline{Y}$ entsprechend als Summe von **Wirkleitwert** G und **Blindleitwert** j B aufgefasst werden darf.

Leistung. In Abb. 2.6b ist auch der Verlauf der Leistung S_t für die Spannung $u = u_m \sin(\omega t)$, die den Strom $i = i_m \sin(\omega t - \varphi)$ verursacht, eingetragen. Für den **Zeitwert der Leistung** gilt dann

$$S_t = u\, i = u_m \sin(\omega t)\, \sin(\omega t - \varphi) \tag{2.34}$$

Mit $\sin(\omega t - \varphi) = \sin(\omega t)\, \cos(\varphi) - \cos(\omega t)\, \sin(\varphi)$ ist auch

$$S_t = u_m\, i_m [\sin^2(\omega t)\, \cos(\varphi) - \sin(\omega t)\, \cos(\omega t)\, \sin(\varphi)]$$

und wegen $\sin(\omega t)\, \cos(\omega t) = [\sin(2\omega t)]/2$ weiterhin

$$S_t = \frac{1}{2}\, u_m\, i_m [\cos(\varphi) - \cos(2\omega t)\, \cos(\varphi) \tag{2.35}$$
$$- \sin(2\omega t)\, \sin(\varphi)]$$

Die Leistungsschwingung hat daher mit $U = u_m/\sqrt{2}$ und $I = i_m/\sqrt{2}$ und der **Scheinleistung**

$$S = U\, I \tag{2.36}$$

den Mittelwert, die **Wirkleistung**

$$P = U\, I\, \cos(\varphi) = S\, \cos(\varphi) \tag{2.37}$$

Dieser Mittelwert wird überlagert von Schwingungen doppelter Kreisfrequenz 2 ω, nämlich einer Kosinusschwingung , die als Amplitude die Wirkleistung P aufweist, also eine Wirkleistungsschwingung darstellt, und einer Sinusschwingung, die als Amplitude die **Blindleistung**

$$Q = U\, I\, \sin(\varphi) = S\, \sin(\varphi) \tag{2.38}$$

kennt, also eine Blindleistungsschwingung ist. Hiermit geht Gl. (2.35) über in

$$S_t = P - P\, \cos(2\omega t) - Q\, \sin(2\omega t) \tag{2.39}$$

Man kann Gl. (2.35) auch wegen $-\cos(2\omega t)\ \cos(\varphi) - \sin(2\omega t)\ \sin(\varphi) =$ $-\cos(2\omega t - \varphi)$ unter Betrachtung von (2.36) und (2.37) umformen in den **Zeitwert der Leistung**

$$S_t = P - S\ \cos(2\omega t - \varphi) \tag{2.40}$$

Die Leistung schwingt daher mit der **Amplitude Scheinleistung** $S = U\ I$. Dieses Produkt U I ist außerdem für die elektrische und magnetische Bemessung elektrischer Maschinen wichtig, da die Leiterquerschnitte der Wicklungen wegen der Stromwärmeverlust $R\ I^2$ vom Strom I und die Eisenquerschnitte mit dem Fluss ϕ von der Spannung U bestimmt werden. Zur Unterscheidung von der Wirkleistung benutzt man für die Scheinleistung die Einheit VA.

Mit Gl. (2.37) erhält man noch den **Wirkfaktor**

$$\cos(\varphi) = P/S = P/(U\ I) \tag{2.41}$$

der für sinusförmige Vorgänge mit dem **Leistungsfaktor** λ übereinstimmt, un den **Blindfaktor**

$$\sin(\varphi) = Q/S = Q/(U\ I) \tag{2.42}$$

Wegen $\cos^2(\varphi) + \sin^2(\varphi) = 1$ ist auch $S^2 = P^2 + Q^2$, und man findet noch für die **Scheinleistung**

$$S = \sqrt{P^2 + Q^2} \tag{2.43}$$

Man kann auch die **komplexe Leistung**

$$\underline{S} = S\angle\varphi = U\ I\angle\varphi = P + j\ Q \tag{2.44}$$

definieren. Es liegt nahe, mit der komplexen Spannung $\underline{U} = U\angle\varphi_U$ und dem komplexen Strom $\underline{I} = I\angle\varphi_I$ das komplexe Produkt $\underline{U}\ \underline{I} = U\angle\varphi_U\ I\angle\varphi_I = U\ I\ \angle\varphi_U + \varphi_I$ zu bilden. Man erhält mehr mit dem konjugiert komplexen Strom $\underline{I}^* = I\angle - \varphi_I$ aus (Abb. 2.7)

$$\begin{aligned} \underline{S} &= \underline{U}\ \underline{I}^* = U\angle\varphi_U\ I\angle - \varphi_I \\ &= U\ I\ \angle\varphi_U - \varphi_I = U\ I\ \angle\varphi \end{aligned} \tag{2.45}$$

Beispiel 18 Man bestimme für die Spannung $u = 200\ V\ \sin(314\,s^{-1}\ t + 30°)$ und den Strom $i = 10\ A\ \sin(314\,s^{-1}\ t - 45°)$ die komplexe Leistung und die wirksamen komplexen Widerstände und Leitwerte jeweils in Exponential- und Komponentenform.

Abb. 2.7 Spannungs- und
Stromzeiger

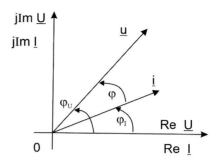

Nach Gl. (2.35) und (2.36) beträgt die Scheinleistung $S = U\,I = u_m\,i_m/2 = 200\,V \cdot 10\,A/2 = 1000\,VA$. Mit dem Phasenwinkel $\varphi = \varphi_U - \varphi_I = 30° + 45° = 75°$ gilt für die komplexe Leistung $\underline{S} = 1000\,VA\angle 75° = 259\,W + 966\,var$, wobei die Exponentialfunktion mit dem im Anhang dargestellten Verfahren in die Komponentenform umgerechnet ist, also unmittelbar Wirkleistung P = 259 W und Blindleistung Q = 966 var bestimmt werden können.

MIt den komplexen Scheitelwert $\underline{u}_m = 200\,V\angle 30°$ und $\underline{i}_m = 10\,A\angle -45°$ und Gl. (2.32) erhalten wir in analoger Weise den komplexen Widerstand

$$\underline{Z} = \underline{u}_m/\underline{i}_m = (u_m/i_m)\angle\varphi_U - \varphi_I = (200\,V/10\,A)$$
$$\angle 30° - (-45°) = 20\,\Omega\angle 75° = (5{,}18 + j\,19{,}32)\,\Omega$$

also Scheinwiderstand Z = 20 Ω, Wirkwiderstand R = 5,18 Ω und Blindwiderstand X = 19,32 Ω, sowie nach Gl. (2.30) den komplexen Leitwert

$$\underline{Y} = 1/\underline{Z} = (1/Z)\angle -\varphi = (1/20\,\Omega)\angle -75° = 50\,mS\angle -75°$$
$$= (12{,}95 - j\,48{,}3)\,mS.$$

also Scheinleitwert Y = 50 mS, Wirkleitwert G = 12,95 mS und Blindleitwert B = - 48,3 mS.

Beispiel 19 Ein Wechselstrommotor für die Nennspannung $U_N = 230\,V$ führt den Nennstrom $I_N = 1{,}5\,A$ bei der Nennleistungsaufnahme $P_{1N} = 240\,W$, der Nennleistungsabgabe $P_{2N} = 190\,W$ und der Nenndrehzahl $n_M = 1380\,min^{-1}$. Wie groß sind Nennwirkungsgrad η_N, Nennleistungsfaktor $\cos(\varphi_N)$ und Nennmoment M_N?

Welchen komplexen Nennwiderstand $\underline{Z}_N$ bzw. -leitwert $\underline{Y}_N$ hat er? Welche Nenn-scheinleistung S_N und welche Nennblindleistung Q_N treten auf? Welche Strom-kosten entstehen bei einem fünfstündigen Betrieb über 20 Tage bei dem Strompreis k = 42,22 Cent/kWh?

Der Nennwirkungsgrad beträgt $\eta_N = P_{2N}/P_{1N} = 190\,W/240\,W = 0{,}792$. Mit der Nennscheinleistung $S_N = U_N\,I_N = 230\,V \cdot 1{,}5\,A = 345\,VA$ ergibt sich nach Gl. (2.41) der Nennleistungsfaktor $\lambda_N = \cos(\varphi_N) = P_{1N}/S_N = 240\,W/330\,VA = 0{,}727$. Weiterhin ist mit der Nennwinkelgeschwindigkeit $\Omega_M = 2\,\pi\,n_N = 2 \cdot \pi \cdot 1380\,min^{-1} \cdot min/60\,s = 144{,}4\,s^{-1}$ das Nenndrehmoment $M_N = P_{2N}/\Omega_N = 190\,W/144{,}4\,s^{-1} = 1{,}314\,Nm$.

Der Motor verhält sich nach Gl. (2.30) wie ein $Z_M = U_N/I_N = 230\,V/1{,}5\,A = 153{,}33\,\Omega$, der als Motor mit Induktivität bei dem Wirkfaktor $\cos(\varphi_N) = 0{,}727$ den Phasenwinkel $\varphi_N = 43{,}4°$ aufweist, so dass der komplexe Widerstand $\underline{Z} = 146{,}8\,\Omega\angle 43{,}4°$ und der komplexe Leitwert $\underline{Y} = (1/Z)\angle -\varphi_Z = (1/146{,}8\,\Omega)\angle -43{,}4° = 6{,}82\,mS\angle -43{,}4°$ ausmachen.

Mit der schon berechneten Scheinleistung $S_N = 330\,VA$ und dem zum Pha-senwinkel $\varphi_N = 43{,}4°$ gehörenden Blindfaktor $\sin(\varphi_N) = \sin(43{,}4°) = 0{,}687$ berechnen wir nach Gl. (2.38) die Blindleistung $Q_N = S_N\,\sin(\varphi_N) = 330\,VA \cdot 0{,}687 = 226{,}5\,var$.

Wenn der Motor 20 Tage lang je 5 h betrieben wird, erhält man die Betriebszeit $t = 20 \cdot 5\,h = 100\,h$, und es wird die elektrische Arbeit $W = P_{1N}\,t = 240\,W \cdot 100\,h = 24\,kWh$ verbraucht. Sie verursacht die Stromkosten $K = W\,k = 24\,kWh \cdot 42{,}22\,Cent/kWh = 10{,}13\,Euro$.

2.1.5 Allgemeiner Sinusstromkreis

In Abb. 2.8a sind zwei allgemeine Sinusstrom-Zweipole $\underline{Z}_1$ und $\underline{Z}_2$ bzw. $\underline{Y}_1$ und $\underline{Y}_2$ so zusammengeschaltet, dass der eine Zweipol Energie für den anderen Zwei-pol liefern kann. Es sind **Zählpfeile** nach dem Verbraucher-Zählpfeil-System (s. Abschn. 1.2.2) eingetragen; sie müssen also, bezogen auf die Zweipole, für Strom und Spannung in die gleiche Richtung weisen. Für die Spannung gilt daher

$$\underline{U}_1 = -\underline{U}_2 \tag{2.46}$$

sowie mit dem gemeinsamen komplexen Strom $\underline{I}$ und den komplexen Widerständen $\underline{Z}_1$ und $\underline{Z}_2$ bei Anwendung des **ohmschen Gesetzes** nach Gl. (2.33)

$$\underline{U}_1 = \underline{Z}_1\,\underline{I} \tag{2.47}$$

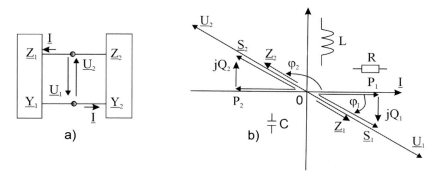

Abb. 2.8 Schaltung (**a**) des allgemeinen Sinusstromkreises aus zwei Sinusstrom-Zweipolen $\underline{Z}_1$ und $\underline{Z}_2$ mit Zählpfeilen im Verbraucher-Zählpfeil-System und Zeigerdiagramm (**b**) für Strom $\underline{I}$, Spannung $\underline{U}$, Leistungen $\underline{S}$, P, Q und komplexe Widerstände $\underline{Z}$

$$\underline{U}_2 = \underline{Z}_2\,\underline{I} \tag{2.48}$$

Der Zweipol $\underline{Z}_1$ soll die **komplexe Leistung**

$$\underline{S}_1 = P_1 + j\,Q_1 = U_1\,I\angle\varphi_1 \tag{2.49}$$

aufweisen, so dass mit den genannten Größen, der Wirkleistung P_1, der Blindleistung Q_1 bzw. dem Phasenwinkel φ_1 und der zugehörigen Kreisfrequenz ω bei Sinusvorgängen das Verhalten allgemeinen Wechselstromkreises eindeutig und hinreichend angegeben werden kann.

In Abb. 2.8b ist der **Strom $\underline{I}$** als **Bezugszeiger** in den positiven Teil der reellen Achse gelegt. Der Zweipol $\underline{Z}_1$ soll einen negativen Phasenwinkel φ_1 haben, sich analog zu Abschn. 2.1.1 und 2.1.3 wie eine Schaltung verhalten, deren Eigenschaften durch Wirkwiderstand R und Kapazität C bestimmt wird. Dieser Phasenwinkel tritt dann für Spannung $\underline{U}$, Widerstand $\underline{Z}_1$ und Leistung $\underline{S}_1$ auf – der komplexe Leitwert $\underline{Y}_1$ hat dagegen nach Gl. (2.33) den Phasenwinkel $\varphi_{Y1} = -\varphi_1$.

Nach Gl. (2.46) hat die Spannung $\underline{U}_2$ die entgegengesetzte Phasenlage wie die Spannung $\underline{U}_1$, so dass hiermit auch das Zeigerdiagramm für die Größen des Zweipols $\underline{Z}_2$ in Abb. 2.8b angegeben werden kann. Hier haben daher auch komplexe Leistung $\underline{S}_2$ und Widerstand $\underline{Z}_2$ die entgegengesetzte Phasenlage. Wir erkennen in Abb. 2.8, dass zwei Sinusstrom-Zweipole nur dann zusammenarbeiten können, wenn sie sich gegenseitig die entsprechende Leistungen liefern: In Abb. 2.8 verbraucht der Zweipol $\underline{Z}_2$ positive Wirkleistung P_1 und negative (kapazitive) Blindleistung Q_1, der Zweipol $\underline{Z}_2$ dagegen die entsprechenden inversen Werte $P_2 = -P_1$ und $Q_2 = -Q_1$. Man kann aber auch ebenso gut sagen: Der Zweipol $\underline{Z}_2$ erzeugt Wirkleistung und kapazitive Blindleistung. Noch unmissverständlicher ist die Aussage: Der Zweipol $\underline{Y}_1$ in Abb. 2.8a verhält sich wie eine Schaltung aus Wirkwiderstand R und Kapazität C, der Zweipol $\underline{Z}_2$ dagegen wie eine Schaltung aus Wechselstromgenerator und Induktivität L.

Mit dieser Betrachtung haben wir die **aktiven** Zweipole eingeschlossen. Man darf nämlich sowohl sagen, dass eine Kapazität kapazitive Blindleistung aufnimmt, als auch, dass sie induktive Blindleistung erzeugt. Entsprechendes gilt für die Induktivität.

Wir dürfen nun auch die Ableitung von Abb. 2.8, die soch auf die Darstellung in Abb. 2.1, 2.3 und 2.12 stützt, und die Aussage von Gl. (2.32) und (2.33) auf die komplexen Widerstands- und die komplexe Leitwertebene in Abb. 2.9 übertragen. Die Achsen der komplexen Zahlenebene sind hier durch die zugehörigen Grundzweipole gekennzeichnet.

Nach Gl. (2.33) sind komplexer Widerstand $\underline{Z}$ und komplexer Leitwert $\underline{Y}$ mit $\underline{Z} = 1/\underline{Y}$ inverse Größen, deren Phasenwinkel φ sich nur durch das **Vorzeichen** unterscheiden und deren Beträge einander reziprok sind. Widerstandsebene und Leitwertebene haben natürlich unterschiedliche Einheiten, also verschiedene Maßstäbe. Dies gilt auch für die in Abb. 2.8b gleichzeitig dargestellten komplexen Größen Spannung, Strom, Leistung und Leitwert.

In Tab. 2.1 sind nun die Eigenschaften der in Abschn. 2.1 behandelten Sinusstrom-Zweipole nochmals zusammenhängend einander gegenübergestellt. Man beachte, dass alle komplexen Größen durch Betrag und Phasenwinkel gekennzeichnet sind und der Phasenwinkel eine vorzeichenbehaftete gerichtete Größe ist. Alle von ihm abgeleiteten Größen, d. s. z. B. Blindleitwerte, Blindwiderstände, Blind-

Abb. 2.9 Komplexe Widerstandsebene (**a**) und komplexe Leitwertebene (**b**)

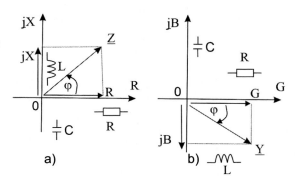

a)   b)

Tab. 2.1 Eigenschaften der Sinusstrom-Zweipole

Bezeichnung	Wirkwiderstand R	Induktivität L	Kapazität C	Komplexer Widerstand $\underline{Z}$
Grundgesetz	$u = R \cdot i$	$u = \frac{L \cdot di}{dt}$	$u = \frac{1}{C} \cdot \int i \cdot dt$	-
Betrag	$I = G \cdot U$	$I = -B_L \cdot U$	$I = B_C \cdot U$	$I = Y \cdot U$
	$I = \frac{U}{R}$	$I = \frac{U}{X_L}$	$I = -\frac{U}{X_C}$	$I = \frac{U}{Z}$
komplex	$\underline{I} = G \cdot \underline{U}$	$\underline{I} = j B_L \cdot \underline{U}$	$\underline{I} = j B_C \cdot \underline{U}$	$\underline{I} = \underline{Y} \cdot \underline{U} = \frac{\underline{U}}{\underline{Z}}$
	$\underline{I} = \frac{\underline{U}}{R}$	$\underline{I} = \frac{\underline{U}}{j X_L}$	$\underline{I} = \frac{\underline{U}}{j X_C}$	
Widerstand	$R = \frac{U}{I}$	$X_L = \omega \cdot L = \frac{U}{I}$	$X_C = \frac{-1}{\omega C} = \frac{-U}{I}$	$Z = \frac{U}{I}$
komplex		$j X_L = j \omega L$	$j X_C = \frac{1}{(j \omega C)}$	$\underline{Z} = \frac{\underline{U}}{\underline{I}}$
Phasenwinkel	$\varphi = 0°$	$\varphi = -90°$	$\varphi = 90°$	$\varphi = Arctan \frac{Q}{P}$
Wirkfaktor	$cos\varphi = 1$	$cos\varphi = 0$	$cos\varphi = 0$	$cos\varphi = \frac{P}{S}$
Blindfaktor	$sin\varphi = 0$	$sin\varphi = 1$	$sin\varphi = -1$	$sin\varphi = \frac{Q}{S}$
Wirkleistung	$P = U \cdot I$	$P = 0$	$P = 0$	$P = U \cdot I \cdot cos\varphi$
Blindleistung	$Q = 0$	$Q = U \cdot I$	$Q = -U \cdot I$	$Q = U \cdot I \cdot sin\varphi$

leistungen und Blindfaktoren sowie, wenn wir die aktiven Zweipole einbeziehen, auch die Wirkgrößen können daher positive und negative Zahlenwerte annehmen. Hierauf ist streng zu achten.

In aller Betrachtung dieses Buches wird der **Phasenwinkel** φ vom **Strom $\underline{I}$** zur **Spannung $\underline{U}$** gemessen. Dies ist in DIN 40 110 festgelegt. Somit ist hier der Strom $\underline{I}$ die Bezugsgröße – auch wenn in den meist eingesetzten Konstantspannungssystemen eine Bezugsspannung Vorteile hätte.

Beispiel 20 Der Zweipol $\underline{Z}_1$ in Abb. 2.8 liegt bei dem Strom underlineI = 5 A an der Klemmspannung $\underline{U}_1 = 230\,V\angle - 35°$. Es sind alle Leistungen und die komplexen Widerstände $\underline{Z}_1$ und $\underline{Z}_2$ zu bestimmen.

Wir finden mit Gl. (2.49) die komplexe Leistung

$$\underline{S}_1 = U_1\,I\angle\varphi_1 = 230\,V \cdot 5A\angle - 35° = 1150\,V\,A\,\angle - 35°$$
$$= 900\,W - j\,631\,var = P_1 + j\,Q_1$$

Daher verbraucht der Zweipol $\underline{Z}_1$ die Wirkleistung $P_1 = 900\,W$ und die (kapazitive) Blindleistung $Q_1 = -631\,var$, der Zweipol $\underline{Z}_2$ entsprechend die Wirkleistung $P_2 = 900\,W$ und die (induktive) Blindleistung $Q_2 = 631\,var$.

Nach Gl. (2.33) treten der komplexe Widerstand

$$\underline{Z}_1 = \underline{U}_1/\underline{I} = (U_1/I)\ \angle\varphi_1 = (230\,V/5\,A)\ \angle -35°$$
$$= 46\,\Omega\angle -35° = (37{,}68 - j\ 26{,}38)\Omega = R_1 + j\ B_1$$

mit dem Wirkwiderstand $R_1 = 36{,}04\,\Omega$ und dem kapazitiven Blindwiderstand $X_1 = -25{,}24\,\Omega$ sowie der komplexe Widerstand $\underline{Z}_2 = -\underline{Z}_1 = 44\,\Omega\angle145° = (-37{,}68 + j\ 26{,}38)\,\Omega = G_2 + j\ B_2$ mit einem generatorischen Wirkwiderstand $R_2 = -37{,}68\,\Omega$ und dem induktiven Blindwiderstand $X_2 = 26{,}38\,\Omega$ auf. Der Zweipol $\underline{Z}_1$ besteht also aus Wirkwiderstand R und Kapazität C, der Zweipol $\underline{Z}_2$ muss sich dagegen wie ein Wirkleistungserzeuger, also ein Generator, in Verbindung mit einer Induktivität L verhalten.

Übungsaufgabe zu Abschn. 2.1 (Lösungen im Anhang):

Beispiel 21 Wie groß ist der Wirkwiderstand R einer Glühlampe für die Wirkleistung P=60 W bei der Sinusspannung U=230 V?

Beispiel 22 Eine Drossel führt an der Sinusspannung U=230 V bei der Frequenz f=50 Hz den Strom I=1,5 A. Wie groß sind Induktivität L und Blindleistung Q, wenn der Wirkwiderstand R vernachlässigbar klein ist?

Beispiel 23 Die Induktivität L=3 H wird an die feste Sinusspannung U=13 V angeschlossen. Für den Frequenzbereich f=10 bis 1000 Hz ist die Stromfunktion $i_m = f(f)$ darzustellen.

Beispiel 24 Die Kapazität $C = 8{,}3\,\mu F$ wird an die feste Sinusspannung U=13 V gelegt. Für den Frequenzbereich f=10 bis 1000 Hz ist die Stromfunktion $i_m = f(f)$ zu bestimmen.

Beispiel 25 Welche Spannung U wird benötigt, um bei der Frequenz f=100 Hz den Strom I=0,5 mA durch die Kapazität $C = 0{,}2\,\mu F$ zu treiben? Welche Energie W_{em} wird hierbei maximal gespeichert?

Beispiel 26 Der Komplexe Widerstand $\underline{Z} = (1 + j\ 1{,}5)k\Omega$ liegt an der Sinusspannung U=150 V. Es sind der Strom I, der Phasenwinkel φ und die Leistungen S, P, Q zu bestimmen.

2.2 Parallelschaltung von Grund-Zweipolen

In Abschn. 2.1 werden Zweipole betrachtet, die allein an einer Sinusspannung liegen. Wir wollen jetzt diese Zweipole parallel schalten und müssen hierbei den Kirchhoffschen Knotenpunktsatz beachten. In diesem Zusammenhang wollen wir auch die Frequenzgänge von Sinusstrom-Parallelschaltungen untersuchen.

2.2.1 Knotenpunktsatz

Das erste Kirchhoffsche Gesetz hält fest, dass in einem Knotenpunkt weder Elektronen erzeugt werden noch verloren gehen können. Daher muss es auch für die Zeitwerte i von Sinusströmen angewendet werden können. Für die n **Zweigströme** i_μ eines Knotenpunkts gilt daher ganz allein

$$\sum_{\mu=1}^{\mu=n} i_\mu = 0 \qquad (2.50)$$

Die Summe sinusförmiger Wechselströme lässt sich nach Abschn. 1.2 als die geometrische Summe der Zeiger $\underline{i}_{\mu m}$ bzw. $\underline{I}_\mu$ oder nach Abschn. 1.3 als Summe dieser komplexen Größen $\underline{i}_{\mu m}$ bzw. $\underline{I}_\mu$ berechnen. Daher gilt in analoger Weise für die komplexen Strom-Scheitel- bzw. Effektivwerte

$$\sum_{\mu=1}^{\mu=n} \underline{i}_{\mu m} = 0 \quad \text{und} \quad \sum_{\mu=1}^{\mu=n} \underline{I}_\mu = 0 \qquad (2.51)$$

Dies ist in Abb. 2.10 veranschaulicht.

Beim sinusförmigen Wechselstrom lassen sich daher die Aufgaben des Zeitbereichs in der komplexen Ebene lösen. Wir werden aus diesem Grund Zeitdiagramm zukünftig nur noch in Sonderfällen betrachten.

Beispiel 27 Vier Sinusstromverbraucher liegen parallel und zeigen folgende Ströme

a) $I_1 = 7{,}8\,\text{A}$ bei $\cos(\varphi_1) = 1$,
b) $I_2 = 5{,}9\,\text{A}$ bei $\cos(\varphi_2) = 0{,}85$ induktiv,
c) $I_3 = 3{,}5\,\text{A}$ bei $\cos(\varphi_3) = 0{,}2$ kapazitiv,
d) $I_4 = 9{,}2\,\text{A}$ bei $\cos(\varphi_4) = 0{,}75$ induktiv.

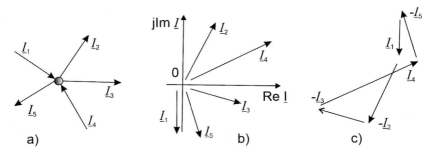

Abb. 2.10 Knotenpunkt (**a**) mit komplexen Strömen (**b**) und Zeigerdiagramm (**c**) der Stromsumme $\underline{I}_1 - \underline{I}_2 - \underline{I}_3 + \underline{I}_4 - \underline{I}_5 = 0$

Gesamtstrom I und zugehöriger Leistungsfaktor $\cos\varphi$ sollen bestimmt werden. Wir tragen in Abb. 2.11 unter Anwendung des Einheitskreises, der in der reellen Achse unmittelbar den Leistungsfaktor $\cos\varphi$ angibt, die Stromzeiger $\underline{I}_1$ bis $\underline{I}_4$ auf und bilden die Stromsumme $\underline{I} = \underline{I}_1 + \underline{I}_2 + \underline{I}_3 + \underline{I}_4$ und lesen ab den Betrag I = 21,4 A und den Leistungsfaktor $\cos\varphi = 0,96$ ind.

Abb. 2.11 Zeigerdiagramm der Ströme

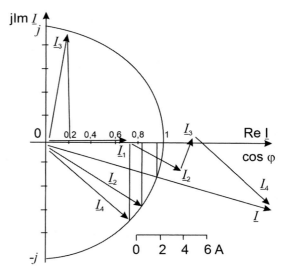

2.2.2 Parallelschaltung von zwei Grund-Zweipolen

Wir wollen nun zunächst einige Parallelschaltungen von Grund-Zweipolen betrachten. Hierbei empfiehlt es sich wieder [14], bei Parallelschaltungen von vorneherein mit den **Leitwerten,** also Wirkleitwert G = 1/R, induktiver Blindleitwert $B_L = -1/(\omega L)$ und kapazitiver Blindleitwert $B_C = \omega\, C$, zu arbeiten.
Parallelschaltung von Wirkleitwert und Induktivität. Für die Parallelschaltung in Abb. 2.12a können wir mit Gl. (2.4) den Teilstrom $\underline{I}_R = G\,\underline{U}$ und mit Gl. (2.17) Teilstrom $\underline{I}_L = j\,B_L\,\underline{U}$ angeben. Daher fließt nach Gl. (2.51) und wie in Abb. 2.12a dargestellt der **komplexe Gesamtstrom**

$$\underline{I} = \underline{I}_R + \underline{I}_L = G\,\underline{U} + j\,B_L\,\underline{U} = (G + j\,B_L)\underline{U} = \underline{Y}\,\underline{U} \qquad (2.52)$$

und es ist nach Abb. 2.12c, wenn durch die reelle Spannung U dividiert (bzw. der Maßstab geändert) wird, bzw. nach Gl. (2.33) der **komplexe Leitwert**

$$\underline{Y} = \underline{I}/\underline{U} = G + j\,B_L = G - j\,\frac{1}{\omega\,L} = Y\angle\varphi_Y \qquad (2.53)$$

mit dem **Betrag**

$$Y = \frac{I}{U} = \sqrt{G^2 + B_L^2} = \sqrt{G^2 + (1/\omega\,L)^2} \qquad (2.54)$$

und dem **Phasenwinkel**

$$\varphi = -\arctan(B_L/G) = -\arctan[1/(\omega\,L\,G)] \qquad (2.55)$$

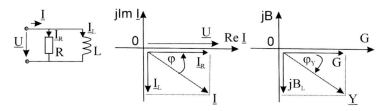

Abb. 2.12 Parallelschaltung von Wirkleitwert G und Induktivität L mit Zeigerdiagramm für Ströme und Leitwerte

wirksam. Der Phasenwinkel liegt im Bereich $0° \leqq \varphi \leqq 90°$.
Für die **Wirkleistung** findet man

$$P = G\,U^2 = R\,I_R^2 = I_R^2/G = U^2/R \qquad (2.56)$$

und für die **Blindleistung**

$$Q = -B_L\,U^2 = X_L\,I_L^2 = \omega\,L\,I_L^2 = U^2/(\omega\,L) \qquad (2.57)$$

Entsprechend gilt für den **Wirkfaktor**

$$\cos\varphi = I_R/I = G/Y = 1/(R\,Y) \qquad (2.58)$$

und den **Blindfaktor**

$$\sin\varphi = I_L/L = -B_L/Y = 1/(\omega\,L\,Y) \qquad (2.59)$$

Parallelschaltung von Wirkleitwert und Kapazität. Für die Parallelschaltung in
Abb. 2.13a kann man mit Gl. (2.4) den Teilstrom $\underline{I}_R = G\,\underline{U}$ mit Gl. (2.28) den
Teilstrom $\underline{I}_C = j\,B_C\,\underline{U}$ ermitteln. Dann fließt nach Abb. 2.13a und Gl. (2.51) der
komplexe Gleichstrom

$$\underline{I} = \underline{I}_R + \underline{I}_C = G\,\underline{U} + j\,B_C\,\underline{U} = (G + j\,B_C)\underline{U} = \underline{Y}\,\underline{U} \qquad (2.60)$$

und es ist nach (2.33) und Abb. 2.13c der **komplexe Leitwert**

$$\underline{Y} = \underline{I}/\underline{U} = G + j\,B_C = G + j\,\omega\,L = Y\angle\varphi_Y \qquad (2.61)$$

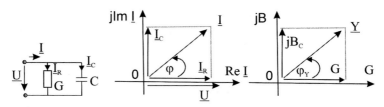

Abb. 2.13 Parallelschaltung von Wirkleitwert G und Kapazität C mit Zeigerdiagramm für
Ströme und Leitwerte (c)

mit dem **Betrag**

$$Y = \frac{I}{U} = \sqrt{G^2 + B_C^2} = \sqrt{G^2 + (\omega\, C)^2} \qquad (2.62)$$

und dem **Phasenwinkel**

$$\varphi = -\arctan(B_C/G) = -\arctan(\omega\, C/G) \qquad (2.63)$$

Der Phasenwinkel φ hat also Werte im Bereich $-90° \leqq \varphi \leqq 0°$.
Für die Wirkleistung P und den Wirkfaktor $\cos\varphi$ gelten wieder Gl. (2.56) und (2.58).
Für die **Blindleistung** findet man

$$Q = -B_C\, U^2 = X_C\, I_C^2 = -\omega\, C\, U^2 = -I_C^2/(\omega\, C) \qquad (2.64)$$

sowie für den **Blindfaktor**

$$\sin\varphi = -I_C/I = -B_C/Y = -\omega\, C/Y) \qquad (2.65)$$

Parallelschaltung von Induktivität und Kapazität. Dieser verlustlose Schwingkreis wird in Abschn. 4.1 ausführlich behandelt.

Beispiel 28 Ein Wirkwiderstand R und ein Blindwiderstand X liegen parallel an der Sinusspannung U = 230 V bei der Frequenz f = 50 Hz und nehmen den Strom I = 0,5 A sowie die Wirkleistung P = 90 W auf. Wirkwiderstand R und Induktivität L bzw. Kapazität C sollen bestimmt werden.
    Der der Scheinleistung $S = U\, I = 230\,V \cdot 0{,}5\,A = 115\,V\,A$ tritt nach Gl. (2.41) der Wirkfaktor $\cos\varphi = P/S = 90\,W/115\,V\,A = 0{,}782$ und der Phasenwinkel $|\varphi| = 35{,}2°$ auf. Da das Vorzeichen des Phasenwinkels aus den vorliegenden Angaben nicht bestimmt werden kann, können sowohl die Verhältnisse in Abb. 2.12 als auch in Abb. 2.13 vorliegen.
    Wir finden mit Gl. (2.31) den Scheitelwert Y = I/U = 0,5 A/230 V = 2,17 mS und daher mit Gl. (2.58) den Wirkwiderstand $R = 1/(Y\,\cos\varphi) = 1/(2{,}17\,mS \cdot 0{,}818) = 538\,\Omega$. Mit der Kreisfrequenz $\omega = 2\,\pi\,f = 2\,\pi\,50\,Hz = 314\,s^{-1}$ und $\sin|\varphi| = 0{,}578$ ist nun entweder nach Gl. (2.59) die Induktivität

$$L = \frac{1}{\omega\, Y\, \sin\varphi} = \frac{1}{314\,s^{-1} \cdot 2{,}17\,ms \cdot 0{,}578} = 2{,}425\,H$$

oder nach Gl (2.65) die Kapazität

$$C = Y \, \sin |\varphi|/\omega = 2{,}17\,mS \cdot 0{,}578/314\,s^{-1} = 4{,}17\,\mu F$$

vorhanden. Um dies festzustellen, müsste eine zusätzliche Messung gemacht werden
(s. Beispiel 29).

2.2.3 Allgemeine Parallelschaltung

Wir gehen nun zu beliebigen Parallelschaltungen über und betrachten hierfür wieder
einige Beispiele.
Parallelschaltung von Wirkleitwert, Induktivität und Kapazität. Die Paral-
lelschaltung in Abb. 2.15a führt die Teilströme $\underline{I}_R = G\,\underline{U}, \underline{I}_L = j\,B_L\,\underline{U}$ und
$\underline{I}_C = j\,B_C\,\underline{U}$, so dass sich der **Gesamtstrom**

$$
\begin{aligned}
\underline{I} &= \underline{I}_R + \underline{I}_L + \underline{I}_C = G\,\underline{U} + \underline{I}_L = j\,B_L\,\underline{U} + j\,B_C\,\underline{U} = \underline{Y}\,\underline{U} \\
&= [G + j(B_L + B_C)]\underline{U} = [G + j(\omega\,C - \frac{1}{\omega\,L})]\underline{U}
\end{aligned}
\tag{2.66}
$$

ergibt. Es tritt also der **komplexe Leitwert**

$$\underline{Y} = \underline{I}/\underline{U} = Y \angle \varphi_Y = G + j(B_L + B_C) = G + j(\omega\,C - \frac{1}{\omega\,L}) \tag{2.67}$$

mit dem Betrag

$$Y = \frac{I}{U} = \sqrt{G^2 + (B_L + B_C)^2} = \sqrt{G^2 + (\omega\,C - \frac{1}{\omega\,L})^2} \tag{2.68}$$

und dem Phasenwinkel

$$\varphi = \arctan(B_L + B_C)/G = \arctan \frac{\omega\,C - (1/\omega\,L)}{G} \tag{2.69}$$

auf. Nach Abb. 2.15b und c kompensieren sich Teile der Blindströme bzw. Blindleitwerte, und die Teilströme können größer als der Gesamtstrom sein. Im Fall
$\omega\,C > 1/(\omega\,L)$ überwiegt der kapazitive Blindleitwert, und der Stromzeiger $\underline{I}$
liegt im Quadrant I, ist also kapazitiv mit einem positiven Phasenwinkel φ_Y wie in
Abb. 2.15. Für $1/(\omega\,L) > \omega\,C$ gerät der Stromzeiger $\underline{I}$ dagegen in den Quadranten
IV, die Schaltung verhält sich induktiv, und der Phasenwinkel φ_Y wird negativ.

In Abb. 2.15 können auch mit $I_L = I_C$ und $-B_L = B_C$ Strom $\underline{I} = I_R$ und Leitwert $\underline{Y} = G$ rein reell werden. Wir sprechen in diesem Fall von **Resonanz** und nennen die Schaltung dann einen Schwingkreis, der in Abschn. 4.2 ausführlich behandelt wird. Bei der **Blindstromkompensation** wird dieses Verhalten zur Verbesserung des Leistungsfaktors im Netz benutzt.

Beispiel 29 Es ist ein einfaches Messverfahren anzugeben, mit dem sehr schnell festgestellt werden kann, ob der Blindleitwert B in Abb. 2.14 und Beispiel 28 zu einer Kapazität C oder zu einer Induktivität L gehört.

Wenn eine Parallelschaltung von Wirkleitwert und Induktivität nach Abb. 2.12a vorläge, würde die Zuschaltung einer Kapazität C', die etwa den gleichen Blindleitwert $|B_C|$ wie die Induktivität L aufweist, also nach Beispiel 28 etwa die Kapazität $C' = 4\,\mu F$ hat, zu dem Stromzeigerdiagramm in Abb. 2.16b führen, also den Netzstrom auf $I' \approx I_R = U/R = 230\,V/538\,\Omega = 0,427\,A$ verringern. Dagegen würde die Parallelschaltung von Wirkleitwert G und Kapazität C in Abb. 2.16c zu dem Stromzeigerdiagramm in Abb. 2.16d gehören, in der Strom $I_C = I \sin\varphi = 0,5\,A \cdot 0,578 = 0,289\,A$ und der Netzstrom

$$I' \approx \sqrt{I_R^2 + (2\,I_C)^2} = \sqrt{0,427^2 + (2 \cdot 0,289)^2}\,A = 0,718\,A$$

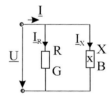

Abb. 2.14 Parallelschaltung

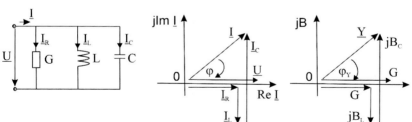

Abb. 2.15 Parallelschaltung von Wirkleitwert G, Induktivität L und Kapazität C mit Zeigerdiagramm für Ströme und Leitwerte

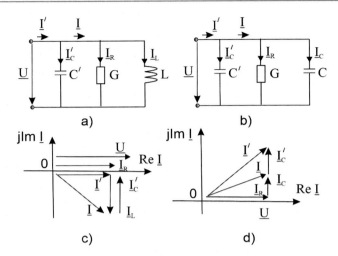

Abb. 2.16 Parallelschaltung von Wirkleitwert und Induktivität (a) und Wirkleitwert und Kapazität (c) mit zugehörigen Stromzeigerdiagramm (b, d)

fließen. Wählt man also eine Zusatzkapazität in der Größenordnung des zu bestimmenden Blindleitwerts, so zeigt eine Vergrößerung des Netzstroms an, dass eine kapazitive Schaltung, die Verringerung des Netzstroms jedoch, dass ein induktiver Kreis vorliegt.

Beispiel 30 Ein Wechselstromverbraucher entnimmt einem Netz für die Spannung $U = 20\,kV$ bei der Frequenz $f = 50\,Hz$ die Wirkleistung $P = 300\,kW$ bei dem induktiven Leistungsfaktor $\cos \varphi = 0,8$. Der Leistungsfaktor soll auf $\cos \varphi' = 0,95$ verbessert werden. Die erforderliche Kapazität C und die hierdurch eintretende Verringerung der Übertragungsverluste sollen bestimmt werden.

Wir zeichnen in Abb. 2.17 mithilfe des Einheitskreises (s. Anhang) das Zeigerdiagramm der Leistungen. Nach Gl. (2.41) hat der Verbraucher die Scheinleistung $S = P / \cos \varphi = 300\,kW / 0,8 = 375\,kVA$, die durch die Blindstromkompensation auf $S' = P / \cos \varphi' = 300\,kW / 0,95 = 316\,kVA$ verringert werden soll. Hierdurch sinkt der Netzstrom im Verhältnis $I'/I = S'/S = 316\,kVA / 375\,kVA = 0,843$. Die Leistungsverluste $R_L\,I^2$ sinken sogar quadratisch im Verhältnis $0,843^2 = 0,71$.

Mit $\sin \varphi = 0,6$ finden wir zunächst nach Gl. (2.42) die induktive Blindleistung $Q_L = S\,\sin \varphi = 375\,kVA \cdot 0,6 = 225\,kvar$, die durch die Blindstromkompensation mit $\sin \varphi' = 0,312$ auf $Q'_L = S'\,\sin \varphi' = 316\,kVA \cdot 0,312 = 98,5\,kvar$

Abb. 2.17 Blindstromkompensation

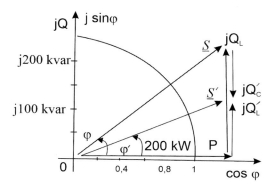

gebracht werden soll. Hierfür müssen wir nach Abb. 2.17 die kapazitive Blindleistung $Q_C = Q'_L - Q_L = 98{,}5\,kvar - 225\,kvar = -126{,}5\,kvar$ und nach Gl. (2.64) bei der Kreisfrequenz $\omega = 2\,\pi\,f = 2\,\pi\,50\,Hz = 314{,}2\,s^{-1}$ die Kapazität $C = -Q_C/(\omega\,U^2) = 126{,}5\,kvar/(314{,}2\,s^{-1} \cdot 20^2\,kV^2) = 1{,}004\,\mu F$ bereitstellen.

Parallelschaltung mehrerer komplexer Leitwerte. Wir dürfen Gl. (2.67) bis (2.69) auf die Parallelschaltung von n komplexen Leitwerten erweitern und erhalten dann den **komplexen Gesamtleitwert**

$$\underline{Y} = Y\angle\varphi_Y = G + j\,B = \overset{\mu=n}{\underset{\mu=1}{\Sigma}}\underline{Y}_\mu = \overset{\mu=n}{\underset{\mu=1}{\Sigma}}\,G_\mu + \overset{\mu=n}{\underset{\mu=1}{\Sigma}}\,B^\mu \qquad (2.70)$$

mit dem **Betrag**

$$Y = I/U = \sqrt{(\Sigma\,G_\mu)^2 + (\Sigma\,B_\mu)^2} \qquad (2.71)$$

und den **Phasenwinkel**

$$\varphi_Y = \arctan(\Sigma\,B_\mu\,/\,\Sigma\,G_\mu) \qquad (2.72)$$

Wenn nur zwei komplexe Widerstände $\underline{Z}_1 = Z_1\varphi_1 = 1/\underline{Y}_1$ und $\underline{Z}_2 = Z_2\varphi_2 = 1/\underline{Y}_2$ nach Abb. 2.18 parallelgeschaltet sind, erhält man wegen $\underline{Y} = \underline{Y}_1 + \underline{Y}_2 = 1/\underline{Z}$ den komplexen Gesamtwiderstand

$$\underline{Z} = R + j\,X = \frac{\underline{Z}_1\,\underline{Z}_2}{\underline{Z}_1 + \underline{Z}_2} \qquad (2.73)$$

Abb. 2.18 Parallelschaltung (a) von zwei komplexen Widerständen $\underline{Z}_1$ und $\underline{Z}_2$ und Ersatzwiderstand $\underline{Z}$ (b)

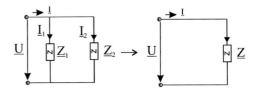

für dessen **Betrag** bei Anwendungen des Kosinussatzes bzw. von Gl. (1.18) gilt

$$Z = \cfrac{Z_1\,Z_2}{\sqrt{Z_1^2 + Z_2^2 + 2\,Z_1\,Z_2\,\cos(\varphi_1 - \varphi_2)}} \\[2mm] Z_1\sqrt{\cfrac{1}{1 + (Z_1/Z_2)^2 + 2(Z_1/Z_2)\,\cos(\varphi_1 - \varphi_2)}} \tag{2.74}$$

Beispiel 31 Die beiden Widerstände $\underline{Z}_1 = 10\,\Omega\angle 30°$ und $\underline{Z}_2 = 20\,\Omega\angle -45°$ sind parallelgeschaltet. Der resultierende Gesamtwiderstand $\underline{Z}$ ist zu bestimmen.

Wir formen in der folgenden Weise die Exponentialform von $\underline{Z}_1$ und $\underline{Z}_2$ in die Komponentenform um, bilden ihre Summe und formen diese wieder in die Exponentialform um.

$$\begin{aligned}
\underline{Z}_1 &= 10\,\Omega\angle 30° & &= (8{,}66 + j\,5{,}0)\,\Omega \\
\underline{Z}_2 &= 20\,\Omega\angle -45° & &= (14{,}14 + j\,14{,}14)\,\Omega \\
\underline{Z}_1 + \underline{Z}_2 &= 24{,}6\,\Omega\angle -21{,}99° & &= (22{,}80 + j\,9{,}14)\,\Omega
\end{aligned}$$

Daher ist nach Gl. (2.73) der komplexe Gesamtwiderstand

$$\begin{aligned}
\underline{Z} &= \frac{\underline{Z}_1\,\underline{Z}_2}{\underline{Z}_1 + \underline{Z}_2} = \frac{10\,\Omega\,\angle 30° \cdot 20\,\Omega\angle -45°}{24{,}6\,\Omega\,\angle -21{,}9°} = 8{,}13\,\Omega\,\angle 6{,}9° \\
&= (8{,}08 + j\,0{,}975)\,\Omega
\end{aligned}$$

Beispiel 32 Die beiden Widerstände $\underline{Z}_1 = 10\,\Omega\angle 30°$ und $\underline{Z}_2 = 20\,\Omega\angle -45°$ liegen parallel an den Spannung $\underline{U} = 10\,V$. Der Strom I soll berechnet werden.

Ohne Kenntnis des Ergebnisses von Beispiel 31 findet man mit Gl. (2.74) den Betrag des Gesamtwiderstand

$$Z = Z_1 \sqrt{\frac{1}{1 + (Z_1/Z_2)^2 + 2(Z_1/Z_2)\,\cos(\varphi_1 - \varphi_2)}}$$

$$= 10\,\Omega \sqrt{\frac{1}{1 + (10/20)^2 + 2(10/20)\,\cos(30° + 45°)}}$$

$$= 8,13\,\Omega$$

und mit Gl. (2.30) den Strom $I = U/Z = 10\,V/8,13\,\Omega = 1,23\,A$.

2.2.4   Ortskurven

In den Schaltungen von Abb. 2.12a, 2.13a, 2.14, 2.15a sowie 2.16a und c können grundsätzlich die Wirk- und Blindleitwerte (diese z. b. über die Kreisfrequenz ω) verändert werden. Bei kontinuierlichen Änderung dieser Leitwerte beschreiben dann die Zeiger des komplexen Leitwerts $\underline{Y}$ und des komplexen Stroms $\underline{I}$ bei fester Sinusspannung $\underline{U}$ Ortskurven. Wenn die Spannung $\underline{U}=U$ als reelle Größe vorausgesetzt wird, ist der Ortskurvenverlauf des Leitwerts $\underline{Y}$ wegen $\underline{I}=\underline{Y}\,U$ bist auf den festen Faktor U mit der Stromortskurve identisch.

Änderung der Belastung. Wir betrachten mit Abb. 2.19 eine Parallelschaltung von festem Blindleitwert B mit dem veränderbaren Wirkleitwert p G, der vom Parameter p abhängig sein soll.

Dann gilt für den **komplexen Leitwert**

$$\underline{Y} = p\,G + j\,B \tag{2.75}$$

und den **komplexen Strom**

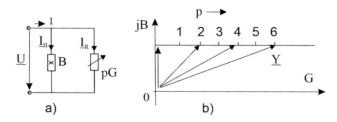

Abb. 2.19 Parallelschaltung (a) mit veränderbarem Wirkleitwert p G und Zeigerdiagramm der Leitwert (b)

$$\underline{I} = \underline{Y}\,U = U(p\,G + j\,B) \tag{2.76}$$

für die Gl. (A.46) die Ortskurve eine Gerade parallel zur reellen Achse ist. Sie kann linear nach dem Parameter p beziffert werden.

Frequenzgang. Die Darstellung der Frequenzabhängigkeit einer Schaltung nennt man Frequenzgang. Wir wollen hier zunächst nur die Ortskurve des Frequenzgangs betrachten; Amplituden und Phasengang sind z. B. in Abb. 2.3 und 2.5 dargestellt.

Die Änderung der Kreisfrequenz ω wirkt sich auf den kapazitiven Blindleitwert $B_C = \omega\,C$ aus, so dass wir für die Schaltung in Abb. 2.20a mit dem komplexen Leitwert

$$\underline{Y} = G + j\,\omega\,C \tag{2.77}$$

und den **komplexen Strom**

$$\underline{I} = \underline{Y}\,U = U(G + j\,\omega\,C) = G\,U + j\,\omega\,C\,U \tag{2.78}$$

als Ortskurve für die beide nach Gl. (A.47) eine Parallele zur positiven Imaginärachse als Ortsgerade finden. Sie wird wie in Abb. 2.20b linear mit der Kreisfrequenz ω beziffert.

Die Schaltung in Abb. 2.21a zeigt bei Frequenzänderungen einen anderen induktiven Blindleitleitwert $B_L = -1/(\omega\,L)$ und daher insgesamt den komplexen Leitwert

$$\underline{Y} = G - j/(\omega) \tag{2.79}$$

sowie den **komplexen Strom**

$$\underline{I} = \underline{Y}\,U = U[G - j/(\omega\,L)] \tag{2.80}$$

die zwar wieder als **Ortsgerade** eine Parallele zur negativne Imaginärachse haben, deren Bezifferung jetzt aber reziprok zur Kreisfrequenz ω sein muss. Analog zu

Abb. 2.20 Parallelschaltung (a) von festem Wirkleitwert G und fester Kapazität C bei veränderbarer Kreisfrequenz ω und Zeigerdiagramm (b) der Leitwerte

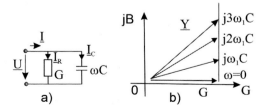

Abb. A.10 ist dann eine Hilfsgerade HG mit linearer Teilung nützlich, wobei wir den Pol P in den Koordinaten-Nullpunkt legen. Die Hilfsgerade HG hat auf der Imaginärachse den Wert $\omega = 0$; ihre lineare Unterteilung findet man am einfachsten durch Betrachtung eines bestimmten Wertes, z. B. der Eckkreisfrequenz

$$\omega_E = R/L = 1/(L\,G) \qquad (2.81)$$

für die wegen $\omega_E\ L\ =\ R\ =\ 1/G$ nach Gl. (2.55) der Phasenwinkel $\varphi = -\arctan[1/(\omega\ L\ G)] = -45°$ ist.

Die wichtigste Ortskurve des Schwingkreises, der aus der Parallelschaltung von Wirkleitwert G, Induktivität L und Kapazität C besteht, wird ausführlich in Abschn. 4.2.5 behandelt.

Beispiel 33 Für die Parallelschaltung des Wirkleitwerts G = 0,1 S mit der Induktivität L = 0,5 mH nach Abb. 2.21a, die an der Spannung U = 20 V liegt, soll der Frequenz des Stromes bestimmt werden.

Für die Kreisfrequenz $\omega = \infty$ ist der induktive Blindleitwert $B_L = -1/(\omega\ L) = 0$, und es ist allein der Wirkleitwert G = 0,1 S wirksam, der den Strom $I_R = G\ U = 0,1\ S \cdot 20\ V = 2\ A$ verursacht. Nach Gl. (2.81) tritt dann die Eckfrequenz $\omega_E = 1/(L\ G) = 1/(0,5\,mH \cdot 0,1\ S) = 20 \cdot 10^3\ s^{-1}$ bei dem Phasenwinkel $\varphi = -45°$ auf.

Wir legen daher in Abb. 2.22 den Stromzeiger $\underline{I}_R = 2\ A$ in die reelle Achse und zeichnen durch den Punkt 2 A nach unten parallel zur Imaginärachse die Stromortsgerade. Bei dem Punkt (2 A, -j 2 A) tritt die Eckfrequenz $\omega_E = 20 \cdot 10^3\ s^{-1}$ auf, so dass wir nun hierdurch eine waagerechte (bzw. zur Realachse parallele) Hilfsgerade HG ziehen können. Sie hat auf der Imaginärachse die Kreisfrequenz $\omega = 0$ und kann

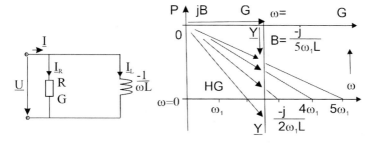

Abb. 2.21 Parallelschaltung (**a**) von festem Wirkleitwert G und fester Induktivität L bei veränderbarer Kreisfrequenz ω und Zeigerdiagramm der Leitwerte (**b**)

Abb. 2.22 Stromlastkurve
für Beispiel 2.2.4

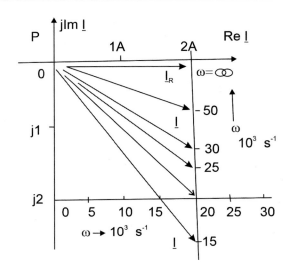

mit ω_E leicht linear unterteilt werden. Durch Strahlen vom Koordinaten-Nullpunkt (bzw. Pol P) können die Frequenzwerte schließlich auf die Ortsgerade übertragen werden.

Übungsaufgaben zu Abschn. 2.2 (Lösungen im Anhang):

Beispiel 34 Die Parallelschaltung in Abb. 2.14 nimmt die Wirkleistung P = 50 mW und den Strom I = 0,8 mA bei der Wechselspannung U = 100 V und der Frequenz f = 50 Hz auf. Bei Zuschalten der parallelen Kapazität C' = 20 nF vergrößert sich die Stromaufnahme. Welche Induktivität L bzw. Kapazität C könnte die Schaltung enthalten?

Beispiel 35 Eine Parallelschaltung aus 3 Wechselstrom-Grundzweipolen enthält Wirkleitwert G = 0,01 S und Induktivität L = 0,1 H und nimmt an der Wechselspannung U = 0,5 V bei der Kreisfrequenz ω = 1000 s^{-1} die Scheinleistung S = 5 mVA auf. Welcher Gesamtstrom I fließt? Welche Kapazität C' bzw. Induktivität L' kann im dritten Zweipol vorhanden sein?

Beispiel 36 Die Parallelschaltung in Abb. 2.15a besteht aus Wirkleitwert G = 1 mS, Induktivität L = 0,2 H und Kapazität C = 1 μF. Bei welchen Kreisfrequenz ω wirkt sie insgesamt wie ein Leitwert Y = 8 mS?

Beispiel 37 Die Schaltung in Abb. 2.19a enthält den induktiven Blindleitwert $B_L = -10\,mS$ und liegt an der Sinusspannung U = 100 V. Für eine Änderung des Wirkleitwerts im Bereich $0 \leqq G \leqq 30\,mS$ ist die Stromortskurve zu bestimmen.

Beispiel 38 Die Schaltung in Abb. 2.20 besteht aus Wirkwiderstand R = 1 kΩ und Kapazität C = 1 μF und liegt an der Wechselspannung U = 100 V. Amplituden- und Phasengang des Stromes I sollen für den Kreisfrequenzbereich $0 \leqq \omega \leqq 2\omega_E$ dargestellt werden.

2.3 Reihenschaltung von Grund-Zweipolen

Bei der Reihenschaltung von Wechselstrom-Zweipolen müssen wir den Kirchhoff-schen Maschensatz beachten. Mit ihm werden wir verschiedene Reihenschaltungen untersuchen und schließlich die Ortskurven von Wechselstrom-Reihenschaltungen ableiten.

2.3.1 Maschensatz

Das 2. Kirchhoffsche Gesetz besagt, dass in einer Masche zu jeder Zeit t Span-nungsgleichgewicht bestehen muss. Daher muss es auch auf die Zeitwerte u von Sinusspannungen anwendbar sein. Für die n Zweigspannungen u_μ einer Masche gilt daher gang allgemein

$$\sum_{\mu=1}^{\mu=n} u_\mu = 0 \tag{2.82}$$

Ebenso wie bei den Strömen in Abschn. 2.2.1 darf man Gl. (2.82) auf die komplexen Spannungs-Scheitel- und Effektivwerte übertragen und erhält daher

$$\sum_{\mu=1}^{\mu=n} \underline{u}_{\mu m} = 0 \quad \text{und} \quad \sum_{\mu=1}^{\mu=n} \underline{U}_\mu = 0 \tag{2.83}$$

Dies ist für eine Masche in Abb. 2.23 veranschaulicht. Somit lassen sich auch bei sinusförmigen Wechselspannungen die Aufgaben aus dem Zeitbereich in die kom-plexe Ebene transformieren.

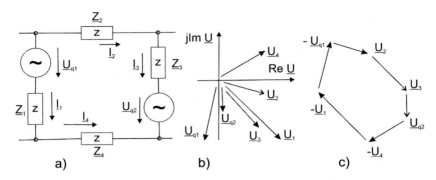

Abb. 2.23 Masche (a) mit komplexer Spannung (b) und Zeigerdiagramm der Spannungssumme (c) $-\underline{U}_{q1} + \underline{U}_2 + \underline{U}_3 + \underline{U}_{q2} - \underline{U}_4 - \underline{U}_1 = 0$

2.3.2 Reihenschaltung von zwei Grund-Zweipolen

Auch hier betrachten wir nacheinander einige Reihenschaltungen von Grund- Zweipolen. Im Gegensatz zu den Parallelschaltungen arbeiten wir nun jedoch mit den Widerständen, also Wirkwiderstand R = 1/G, induktiver Blindwiderstand $X_L = \omega L$ und kapazitiver Blindwiderstand $X_C = -1/(\omega\,C)$.

Reihenschaltung von Wirkwiderstand und Induktivität. In der Reihenschaltung von Abb. 2.24 treten mit Gl. (2.3) die Teilspannung $\underline{U}_R = R\,\underline{I}$ und mit Gl. (2.18) die Teilspannung $\underline{U}_L = j\,X_L\,\underline{I}$ auf. Wir können nun nach Gl. (2.83) und wie in Abb. 2.24b die **komplexe Gesamtspannung**

$$\underline{U} = \underline{U}_R + \underline{U}_L = R\,\underline{I} + j\,X_L\,\underline{I} = (R + j\,X_L)\underline{I} = \underline{Z}\,\underline{I} \qquad (2.84)$$

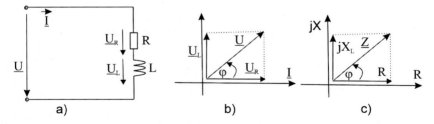

Abb. 2.24 Reihenschaltung (**a**) von Wirkwiderstand R und Induktivität L mit Zeigerdiagramm für Spannungen (**b**) und Widerstände (**c**)

angeben. Wenn wir Gl. (2.84) durch den Strom $\underline{I}$ dividieren (bzw. wie in Abb. 2.24c den Maßstab ändern), finden wir nach Gl. (2.32) den **komplexen Widerstand**

$$\underline{Z} = \underline{U}/\underline{I} = R + j\,X_L = R + j\,\omega\,L = Z\angle\varphi \qquad (2.85)$$

mit dem **Betrag**

$$Z = \frac{U}{I} = \sqrt{R^2 + X_L^2} = \sqrt{R^2 + (\omega\,L)^2} \qquad (2.86)$$

und dem **Phasenwinkel**

$$\varphi = -\varphi_Y = \arctan(X_L/R) = \arctan(\omega\,L/R) \qquad (2.87)$$

Man beachte, dass der Phasenwinkel φ des komplexen Widerstands un der komplexen Leistung sowie der Phasenwinkel φ_Y des komplexen Leitwerts entgegensetzte Vorzeichen haben, im Betrag jedoch gleich sind.

Analog zu Abschn. 2.2.2 finden wir für die **Wirkleistung**

$$P = R\,I^2 = U_R^2/R \qquad (2.88)$$

und die **Blindleistung**

$$Q = X_L\,I^2 = \omega\,L\,I^2 = U_L^2/X_L = U_L^2/(\omega\,L) \qquad (2.89)$$

sowie für den **Wirkfaktor**

$$\cos\varphi = U_R/U = R/Z = \sin\varphi \qquad (2.90)$$

und den **Blindfaktor**

$$\sin\varphi = U_L/U = X_L/Z = \omega\,L/Z = -\sin\varphi_Y \qquad (2.91)$$

Man beachte die Unterschiede zu Gl. (2.56) bis (2.59).
Reihenschaltung von Wirkwiderstand und Kapazität. Die Reihenschaltung in Abb. 2.25a hat nach Gl. (2.3) und (2.28) die Teilspannung $\underline{U}_R = R\,\underline{I}$ und $\underline{U}_C = j\,X_C\,\underline{I}$. Daher herrscht nach Gl. (2.83) und Abb. 2.25a die komplexe Gesamtspannung Abb. 2.25b

$$\underline{U} = \underline{U}_R + \underline{U}_C = R\,\underline{I} + j\,X_C\,\underline{I} = (R + j\,X_C)\underline{I} = \underline{Z}\,\underline{I} \qquad (2.92)$$

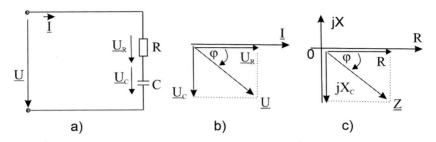

Abb. 2.25 Reihenschaltung (**a**) von Wirkwiderstand R und Kapazität C mit Zeigerdiagramm
für Spannungen (**b**) und Widerstände (**c**)

und es wird nach Gl. (2.32) und Abb. 2.25c der **komplexe Widerstand**

$$\underline{Z} = \underline{U}/\underline{I} = R + j\,X_C = R - j\,\frac{1}{\omega\,C} = Z\angle\varphi \tag{2.93}$$

mit dem **Betrag**

$$Z = \frac{U}{I} = \sqrt{R^2 + X_C^2} = \sqrt{R^2 + (1/\omega\,C)^2} \tag{2.94}$$

und dem **Phasenwinkel**

$$\varphi = -\varphi_Y = \arctan(X_C/R) = \arctan[-1/(\omega\,C\,R)] \tag{2.95}$$

Für Wirkleistung und Wirkfaktor gelten wieder Gl. (2.88) und (2.90). Für die **Blindleistung** findet man

$$Q = X_C\,I^2 = -I^2/(\omega\,C) = U_C^2 = -\omega\,C\,U_C^2 \tag{2.96}$$

und für den **Blindfaktor**

$$\sin\varphi = -U_C/U = X_C/Z = -1/(\omega\,C\,Z) = -\sin\varphi_Y \tag{2.97}$$

Reihenschaltung von Induktivität und Kapazität. Dieser verlustlose Schwingkreis wird in Abschn. 4.1 ausführlich behandelt.

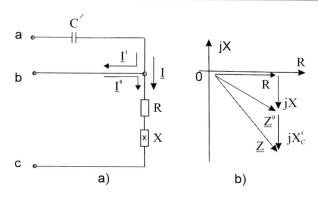

Abb. 2.26 Reihenschaltung (a) mit Widerstandsdiagramm (b)

Beispiel 39 Die Schaltung in Abb. 2.26a nimmt an der Sinusspannung U = 30 V bei Anschluss an den Klemmen a und b den Strom I' = 15 mA, bei Anschluss an den Klemmen b und c den Strom I'' = 8,3 mA und bei Anschluss an den Klemmen a und c den Strom I = 6 mA und die Wirkleistung P = 108 mW auf. Stellt der Blindwiderstand X eine Induktivität L oder eine Kapazität C dar? Wie groß sind Widerstand R und Blindwiderstand X?

Wir bestimmen zunächst mit Gl. (2.88) den Widerstand $R = P/I^2 = 108 \, mW/6^2 \, (mA)^2 = 3 \, k\Omega$ und mit Gl. (2.86) die Scheinwiderstände $Z = U/I = 30 \, V/6 \, mA = 5 \, k\Omega$, $Z' = U/I' = 30 \, V/15 \, mA = 2 \, k\Omega = X'_C$ und $Z'' = U/I'' = 30 \, V/8,3 \, mA = 3,615 \, k\Omega$. Sie können zusammen nur das Widerstandsdiagramm in Abb. 2.26b bilden. Daher stellt auch der Blindwiderstand X ebenso wie C' eine Kapazität dar. Er hat nach Gl. (2.94) den Wert

$$|X| = \sqrt{Z''^2 - R^2} = \sqrt{3,615^2 - 3^2} \, k\Omega = 2 \, k\Omega$$

Beispiel 40 Nach Abschn. 4.2.2 kann man für viele Fälle voraussetzen, dass sich eine Drossel wie eine Reihenschaltung von Wirkwiderstand R_{Dr} und induktivem Blindwiderstand $X_{LDr} = \omega L_{Dr}$ verhält. Wenn man wie in Abb. 2.27a vor die Drossel noch einen Widerstand R_1 schaltet und den Strom I sowie die Spannung U, U_1 und U_{Dr} der Reihenschaltung misst, kann man auch den Wirkwiderstand R_{Dr} und die Induktivität L_{Dr} bestimmen. Bei dem Strom I = 2 A und der Frequenz f = 50 Hz (also der Kreisfrequenz $\omega = 314 \, s^{-1}$) werden die Spannungen U = 110 V, $U_1 = 60 \, V$ und $U_{Dr} = 82 \, V$ gemessen. Die Kennwerte der Drossel-Ersatzschaltungen sollen ermittelt werden.

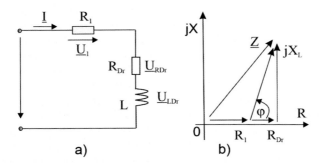

Abb. 2.27 Dreispannungsmesser-Verfahren mit Ersatzschaltung (a) und Widerstandsdiagramm (b)

Mit Gl. (2.86) erhalten wir den Scheinwiderstand der Drossel $Z_{Dr} = U_{Dr}/I = 82\,V/2\,A = 41\,\Omega$. Wegen U=Z I kann man zu dem in Abb. 2.27b dargestellten Widerstandsdiagramm ein ähnliches Spannungszeigerdiagramm finden, das die gleichen Winkel aufweist. Hierfür kann den zu φ_{Dr} komplementären Winkel $180° - \varphi_{Dr}$ mit dem Kosinussatz bestimmen, Daher ist gleichzeitig für die Widerstände

$$\cos\varphi_{Dr} = -\frac{U_1^2 + U_{Dr}^2 - U^2}{2\,U_1\,U_{Dr}} = -\frac{60^2 V^2 + 82^2 V^2 - 110^2 V^2}{2 \cdot 60\,V \cdot 82\,V}$$
$$= 0,183$$

bzw. $\sin\varphi_{Dr} = 0,983$. Somit erhalten wir mit Gl. (2.90) den Wirkwiderstand $R_{Dr} = Z_{Dr}\,\cos\varphi_{Dr} = 41\,\Omega \cdot 0,813 = 7,5\,\Omega$ und nach Gl. (2.91) die Induktivität $L = Z_{Dr}\,\sin\varphi_{Dr}/\omega = 41\,\Omega \cdot 0,983/314\,s^{-1} = 0,128\,H$.

2.3.3   Allgemeine Reihenschaltung

Auch hier wollen wir wieder zwei charakteristische Beispiele betrachten.

Reihenschaltung von Widerständen, Induktivität und Kapazität. In der Reihenschaltung von Abb. 2.28a herrschen die Teilspannungen $\underline{U}_R = R\,\underline{I}, \underline{U}_L = j\,X_L\,\underline{I}$ und $\underline{U}_C = j\,X_C\,\underline{I}$. Daher ergibt sich mit Gl. (2.83) und Abb. 2.28 a und b die komplexe **Gesamtspannung** Abb. 2.28b

$$\underline{U} = \underline{U}_R + \underline{U}_L + \underline{U}_C = R\,\underline{I} + j\,X_L\,\underline{I} + j\,X_C\,\underline{I} = \underline{Z}\,\underline{I}$$
$$= [R + j(X_L + X_C)]\underline{I} = [R + j(\omega\,L - \frac{1}{\omega\,C})]\underline{I} \qquad (2.98)$$

Es ist also der komplexe Widerstand

$$\underline{Z} = \underline{U}/\underline{I} = Z\angle\varphi_Z = R + j(X_L + X_C) = R + j(\omega\,L - \frac{1}{\omega\,C}) \qquad (2.99)$$

mit dem Betrag

$$Z = \frac{U}{I} = \sqrt{R^2 + (X_L + X_C)^2} = \sqrt{R^2 + (\omega\,L - \frac{1}{\omega\,C})^2} \qquad (2.100)$$

und dem Phasenwinkel

$$\varphi = \arctan\frac{X_L + X_C}{R} = \arctan\frac{\omega\,L - 1/(\omega\,C)}{R} \qquad (2.101)$$

wirksam. Nach Abb. 2.28b und c kompensieren sich Teile der Blindspannungen und Blindwiderstände, und die Teilspannungen können größer als die Gesamtspannung sein. Im Fall $\omega > 1/(\omega\,C)$ überwiegt der induktive Blindwiderstand, die Schaltung verhält sich also induktiv, und der Phasenwinkel φ ist positiv bzw. φ_Y ist negativ. In Abb. 2.28 liegt der Fall $1/(\omega\,C) > \omega\,L$ vor; daher ist dort ein kapazitives Verhalten mit einem negativem Phasenwinkel φ bzw. positiven Wert für φ_Y festzustellen.

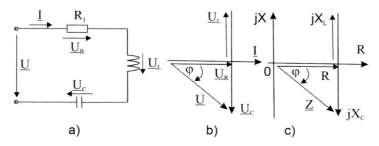

Abb. 2.28 Reihenschaltung (**a**) von Widerstand R, Induktivität L und Kapazität C mit Zeigerdiagramm für Spannung (**b**) und Widerstände (**c**)

In einer Schaltung nach Abb. 2.28a können auch bei einer bestimmten Frequenz, der Resonanzfrequenz, wegen $X_L = -X_C$ Spannung $\underline{U} = \underline{U}_R$ und Widerstand $\underline{Z} = R$ rein reell werden. Dieses in Schwingkreisen auftretende Verhalten wird in Abschn. 4.2 näher untersucht. Reihenschwingkreise werden jedoch nicht wie Parallelschwingkreise in Abschn. 2.2.3 und Beispiel 2.2.3 zur Blindstromkompensation herangezogen, da die heir auftretenden Überspannungen für normale Energieverteilungsnetze nicht zugelassen werden dürfen.

Beispiel 41 Widerstand R = 50 Ω, Kapazität C = 1 μF und Induktivität L = 0,1 mH liegen nach Abb. 2.28a in Reihe. Bei welchen Kreisfrequenzen führt die Schaltung an der Sinusspannung U = 100 V den Strom I = 1 A?

Der Scheinwiderstand Z = U/I = 100 V/1 A = 100 Ω kann nach Abb. 2.29 sowohl im kapazitiven als auch im induktiven Bereich auftreten. Dann gilt $\underline{Z} = R + j\,X$ für den wirksamen Blindwiderstand

$$X = \sqrt{Z^2 - R^2} = \sqrt{100^2 - 50^2}\ \Omega$$
$$= \pm 86{,}6\ \Omega$$

Gleichzeitig gilt für diesen Blindwiderstand nach Abb. 2.29 auch $X = X_L + X_C = \omega\,L - 1/(\omega\,C)$, und wir erhalten die quadratische Gleichung $\omega^2\,L - \omega\,X - (1/C) = 0$ mit den Lösungen für $X = 86{,}6\ \Omega$

Abb. 2.29 Widerstandsdiagramm für Beispiel 41

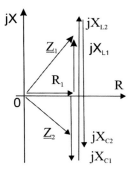

$$\omega_1 = \frac{X}{2L} + \sqrt{\left(\frac{X}{2L}\right)^2 + \frac{1}{CL}}$$

$$= \frac{86{,}6\,\Omega}{2\cdot 0{,}1\,mH} + \sqrt{\left(\frac{86{,}6\,\Omega}{2\cdot 0{,}1\,mH}\right)^2 + \frac{1}{1\,\mu F\cdot 0{,}1\,mH}}$$

$$= 866\cdot 10^3\,s^{-1}$$

$$\omega_2 = -11{,}5\,s^{-1}$$

sowie für $X = -86{,}6\,\Omega$ die Kreisfrequenzen $\omega_1 = -866\cdot 10^3\,s^{-1}$ und $\omega_2 = 11{,}55\,s^{-1}$, wobei nur die positiven Werte verwirklicht werden können.

Reihenschaltung mehrerer komplexer Widerstände. Eine Erweiterung von Gl. (2.99) bis (2.101) auf die Reihenschaltung von n komplexen Widerständen nach Abb. 2.30a liefert den **komplexen Gesamtwiderstand** Abb. 2.30b

$$\underline{Z} = Z\angle\varphi_Z = R + jX$$
$$= \sum_{\mu=1}^{\mu=n} \underline{Z}_\mu$$
$$= \sum_{\mu=1}^{\mu=n} R_\mu + \sum_{\mu=1}^{\mu=n} X_\mu$$

(2.102)

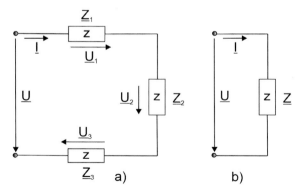

Abb. 2.30 Reihenschaltung (a) von 3 komplexen Widerständen $\underline{Z}_1, \underline{Z}_2, \underline{Z}_3$ und Ersatzschaltung (b) $\underline{Z}$

mit dem Betrag

$$Z = U/I = \sqrt{(\Sigma\,R_\mu)^2 + (\Sigma\,X_\mu)^2} \qquad (2.103)$$

und dem Phasenwinkel

$$\varphi = \arctan(\Sigma\,X_\mu / \Sigma\,R_\mu) \qquad (2.104)$$

Bei der Reihenschaltung der beiden komplexen Widerstände $\underline{Z}_1 = Z_1\angle\varphi_1$ und $\underline{Z}_2 = Z_2\angle\varphi_2$ erhält man für den Betrag der Summe mit dem Kosinussatz

$$Z = |\underline{Z}_1 + \underline{Z}_2| = \sqrt{Z_1^2 + Z_2^2 + 2\,Z_1 Z_2 \cos(\varphi_1 - \varphi_2)} \qquad (2.105)$$

was man, wie im Anhang in Gl. (A.20) angegeben, leicht auf mehrere Widerstände erweitern kann.

Beispiel 42 Die drei komplexen Widerstände $\underline{Z}_1 = 10\,\Omega\angle\,30°$, $\underline{Z}_2 = 20\,\Omega\angle\,-45°$ und $\underline{Z}_3 = 30\,\Omega\angle\,50°$ liegen nach Abb. 2.30a in Reihe an der Sinusspannung $\underline{Z} = 200\,\text{V}$. Es soll der Strom $\underline{I}$ berechnet werden.

Wir bilden zunächst in der folgenden Weise die Komponenten der komplexen Widerstände, addieren sie und formen dann die Summe wieder in die Exponentialform des Gesamtwiderstands um.

$$\underline{Z}_1 = 10\,\Omega\,\angle 30° \qquad = (8{,}66 + j\,5{,}0)\,\Omega$$
$$\underline{Z}_2 = 20\,\Omega\,\angle -45° \qquad = (14{,}14 - j\,14{,}14)\,\Omega$$
$$\underline{Z}_3 = 30\,\Omega\,\angle 50° \qquad = (19{,}3 + j\,23{,}0)\,\Omega$$
$$\underline{Z} = 44{,}2\,\Omega\,\angle 18{,}2° \qquad = (42{,}1 + j\,13{,}86)\,\Omega = \underline{Z}_1 + \underline{Z}_2 + \underline{Z}_3$$

Es fließt daher der Strom $\underline{I} = \underline{U}/\underline{Z} = 200\,V/(44{,}2\,\Omega\,\angle 18{,}2°) = 4{,}52\,A\angle -18{,}2°$.

2.3.4 Ortskurven

Leitwert- und Stromortskurven sind nach Abschn. 2.2.4 bis auf den Faktor U gleich. Bei einfachen Parallelschaltungen stellen sie Ortsgeraden dar. Bei Reihenschaltungen müssen wir Widerstands-Ortskurven und Strom-Ortskurven unterscheiden, da sich wegen $\underline{I} = \underline{U}/\underline{Z}$ die Strom-Ortskurve erst nach einer **Inversion** aus der Widerstands-Ortskurve ergibt.

Widerstands-Ortskurven. Wir dürfen hier gleich mit Abb. 2.31 drei verschiedene einfache Fälle nebeneinander betrachten. In Abb. 2.31a ist die Reihenschaltung von festem Blindwiderstand X mit veränderbarem Wirkwiderstand p R dargestellt.

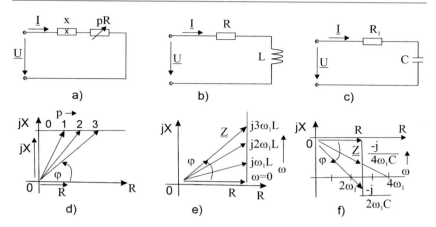

Abb. 2.31 Reihenschaltungen (a, b, c) und der zugehörige Widerstands-Ortsgeraden (d, e, f) a, b veränderbarer Wirkwiderstand R und fester Blindwiderstand X c, d fester Wirkwiderstand R und feste Induktivität L bei veränderbarer Kreisfrequenz e, f fester Wirkwiderstand R und feste Kapazität C bei veränderbarer Kreisfrequenz

Damit gilt für den **komplexen Widerstand.**

$$\underline{Z} = p\, P + j\, X \tag{2.106}$$

was nach Abb. 2.31b durch eine zur reellen Achse parallele Ortsgerade mit einer im Parameter p linearen Bezifferung wiedergegeben wird.

Die Reihenschaltung aus Wirkwiderstand R und Induktivität L in Abb. 2.31c wird mit veränderbarer Kreisfrequenz ω betrieben. Für den **Frequenzgang** des komplexen Widerstands erhält man daher

$$\underline{Z} = R + j\,\omega\,L \tag{2.107}$$

Die Ortskurve ist nach Abb. 2.31d eine Parallele zum positiven Teil der Imaginärachse mit linearer Bezifferung nach der Kreisfrequenz ω.

Entsprechend wird der Frequenzgang des komplexen Widerstands der Reihenschaltung aus Wirkwiderstand R und Kapazität C in Abb. 2.31e durch die komplexe Funktion

$$\underline{Z} = R - j/(\omega\,C) \tag{2.108}$$

und eine Parallele zum negativen Teil der Imaginärachse als Ortskurve wiedergegeben. Allerdings hat diese Ortskurve eine reziproke Bezifferung, die wie in
Abb. 2.22 durch eine linear unterteilte Hilfsgerade HG gefunden werden kann.
Stromortskurven. In der Schaltung von Abb. 2.31a fließt nach Gl. 2.106 der
komplexe Strom

$$\underline{I} = \frac{\underline{U}}{\underline{Z}} = \frac{\underline{U}}{p\,R + j\,X} \qquad (2.109)$$

was bei dem Parameter p nach Gl. (A.56) (s. Anhang) der komplexen Gleichung
eines Kreises (oder, wenn für p nur positive Werte zugelassen werden, eines Halb-
kreises) durch den Koordinaten-Nullpunkt entspricht. Den größten Strom erhält man
für p = 0, also

$$\underline{I}_m = \underline{U}/(j\,X) = -j\,\underline{U}/X \qquad (2.110)$$

Wenn man außerdem die Spannung $\underline{U}$ in die reelle Achse legt und beachtet, dass
die Stromzeiger wegen der induktiv wirkenden Schaltung nur im Quadranten IV
liegen können, kann man hiermit den Halbkreis in Abb. 2.32 zeichnen. Gl. 2.109
stellt gegenüber Gl. 2.106 eine **Inversion** dar, bei der die Winkel ihr Vorzeichen
umkehren. Als Hilfsgerade HG für die Bezifferung des Ortskreises benutzt man
daher gern die Widerstands-Ortsgerade aus Abb. 2.31b und legt sie aus dem Quadranten I in den Quadranten IV. Strahlen vom Koordinaten-Nullpunkt verbinden
dann auf Hilfsgerade HG und Ortskreis K die Punkte gleicher Bezifferung.

Abb. 2.32 Stromortskurve
für die Reihenschaltung in
Abb. 46a

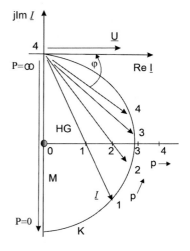

Wir betrachten nun noch die Schaltung in Abb. 2.31e und wollen hierfür die Ortskurve des Frequenzgangs für den Strom $\underline{I}$ ableiten. Mit Gl. 2.108 erhalten wir die komplexe Stromfunktion

$$\underline{I} = \frac{\underline{U}}{\underline{Z}} = \frac{\underline{U}}{R - j/(\omega\,C)} \qquad (2.111)$$

die für die Kreisfrequenz $\omega = \infty$ den größten Stromwert

$$\underline{I}_m = \underline{U}/R \qquad (2.112)$$

erreicht. Wir legen wieder den Spannungszeiger $\underline{U}$ in die reelle Achse und beachten, dass die Stromzeiger wegen der kapazitiven Schaltung nur im Quadranten I liegen können. Daher kann nun in Abb. 2.33 der Stromkreis K gezeichnet werden. Für die Bezifferung des Kreises übernehmen wir die Hilfsgerade HG aus Abb. 2.31f und spiegeln sie an der reellen Achse. Jetzt verbinden Strahlen vom Koordinaten-Nullpunkt gleiche Frequenzwerte auf Hilfsgerade HG und Kreis K.

Die das Frequenzverhalten einer Schaltung kennzeichnende **Eckfrequenz** ω_E ist mit dem Phasenwinkel $|\varphi| = 45°$, also $\tan\varphi = 1$ und daher $|X| = R$ verbunden. Sie ist daher für die Schaltung in Abb. 2.31e

$$\omega_E = 1/(R\,C) \qquad (2.113)$$

Die Ortskurven der Reihenschaltung von Wirkwiderstand R, Induktivität L und Kapazität C, die einen Schwingkreis bilden, werden ausführlich in Abschn. 4.2.5 behandelt.

Abb. 2.33 Stromortskurve für die Reihenschaltung in Abb. 46e

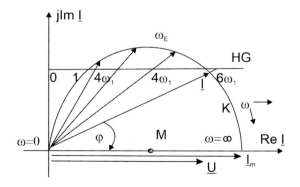

Beispiel 43 Wirkwiderstand $R = 20\,\Omega$ und Induktivität $L = 0,5\,H$ befinden sich in der Reihenschaltung von Abb. 2.31c an der Wechselspannung $U = 200\,V$. Die Frequenzgänge von Widierstand $\underline{Z}$ und Strom $\underline{I}$ sollen dargestellt.

Die Eckfrequenz ist $\omega_E = R/L = 20\,\Omega/0,5\,H = 40\,s^{-1}$. Daher haben wir in der Widerstands-Ortskurve von Abb. 2.34a bei $\varphi = 45°$ die Kreisfrequenz $\omega_E = 40\,s^{-1}$, und die Ortsgerade kann entsprechend linear unterteilt werden.

Mit Gl. 2.107 erhalten wir die komplexe Stromfunktion $\underline{I} = \underline{U}/\underline{Z} = \underline{U}/(R + j\,\omega\,L)$, die bei der Kreisfrequenz $\omega = 0$ den größten Strom $\underline{I}_m = \underline{U}/R = 230\,V/20\,\Omega = 11,5\,A$ ergibt und Stromzeiger im Quadranten IV liefert. Hiermit können wir den Ortskreis in Abb. 2.34b zeichnen. Wir übernehmen noch die an der reellen Achse gespiegelte Widerstands-Ortsgerade in der Quadranten IV und können dann mit Strahlen vom Koordinaten-Nullpunkt aus die Stromortskurve mit der Kreisfrequenz ω beziffern.

Beispiel 44 Das RC Glied in Abb. 2.35 besteht aus Wirkwiderstand $R = 1\,k\Omega$ und Kapazität $C = 1\,\mu F$. Die Frequenzgang-Ortskurve des Spannungsverhältnisses $\underline{U}_a/\underline{U}_e$ und der Amplitudengang $U_a/U_e = f(\omega)$ sollen im Bereich $\omega = 0$ bis $\omega = 10\,000\,s^{-1}$ dargestellt werden.

Die Ausgangsspannung ist nach Gl. 2.111 $\underline{U}_a = R\,\underline{I} = R\,\underline{U}_e/[R - j/(\omega\,C)]$, und daher gilt für das Spannungsverhältnis $\underline{U}_a/\underline{U}_e = R/[R - j/(\omega\,C)]$. Es nimmt für $\omega = \infty$ den größten Wert $\underline{U}_a/\underline{U}_e = 1$ an, so dass der Ortskreis den Durchmesser 1 bekommen muss. Wegen der kapazitiven Schaltung wird daher der Ortskreis wie in Abb. 2.36a in den 1. Quadranten gelegt. Nach Gl. 2.113 beträgt die Eckfrequenz $\omega_E = 1/(R\,C) = 1/(1\,k\Omega \cdot 1\,\mu F) = 1000\,s^{-1}$ bei $\omega_E = 45°$, so dass nun mit einer beliebigen Parallelen zur reellen Achse als Hilfsgerade HG der Kreis

Abb. 2.34 Widerstands-(**a**) und Strom-Ortskurve (**b**) für die Reihenschaltung in Abb. 46c

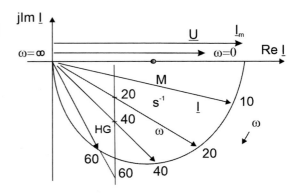

Abb. 2.35 RC-Glied

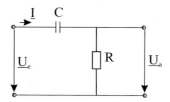

mit der Kreisfrequenz ω beziffert werden kann. Wir greifen die Beträge U_a/U_e aus der Ortskurve in Abb. 2.36a ab und tragen sie als Amplitudengang in Abb. 2.36b auf.

Übungsaufgabe zu Abschn. 2.3 (Lösung im Anhang):

Beispiel 45 Eine Glühlampe für 110 V, 40 W soll über eine Kapazität C an die Spannung U = 230 V bei der Frequenz f = 50 Hz angeschlossen werden. Das Zeigerdiagramm der Widerstände und die erforderliche Kapazität C sollen bestimmt werden.

Beispiel 46 Die Glühlampe von Beispiel 45 soll jetzt über eine Drossel, deren Leistungfaktor $\cos\varphi_{Dr} = 0,15$ ist, an die Spannung U = 230 V bei der Frequenz f = 50 Hz angeschlossen werden. Es sind wieder das Zeigerdiagramm der Widerstände und die erforderliche Induktivität L zu bestimmen.

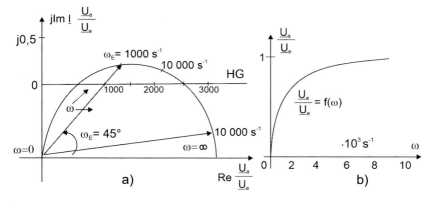

Abb. 2.36 Ortskurve des Spannungsverhältnisses $\underline{U}_a/\underline{U}_e$ und Amplitudengang $\underline{U}_a/\underline{U}_e = f(\omega)$ für Beispiel 44

Beispiel 47 Eine Reihenschaltung von Wirkwiderstand R und Blindwiderstand X nimmt an der Spannung U = 230 V bei der Frequenz f = 50 Hz den Strom I = 0,2 A und die Wirkleistung P = 15 W auf. Beim Vorschalten des komplexen Widerstandes $\underline{Z}_V = 400\,\Omega\angle - 80°$ verkleinert sich die Stromaufnahme. Welche Induktivität L bzw. Kapazität C ist im Blindwiderstand X verwirklicht?

Beispiel 48 Eine Reihenschaltung aus drei Sinusstrom-Grundzweipolen enthält Wirkwiderstand $R = 1\,k\Omega$, Kapazität $C = 4\,\mu F$ und nimmt an der Spannung U = 20 V bei der Kreisfrequenz $\omega = 500\,s^{-1}$ den Strom I = 4 mA auf. Aus welcher Kapazität C bzw. Induktivität L kann der dritte Zweipol bestehen?

Beispiel 49 Die Reihenschaltung in Abb. 2.28a besteht aus Wirkwiderstand $R = 0,5\,k\Omega$, Induktivität L = 0,2 H und Kapazität $C = 1\mu F$. Bei welchen Kreisfrequenzen ω wirkt sie ingesamt wie ein Scheinwiderstand $Z = 1,2\,k\Omega$?

Beispiel 50 Die Schaltung in Abb. 2.35 enthält den kapazitiven Blindwiderstand $X_C = -100\,k\Omega$ und liegt an der Wechselspannung $U_e = 100\,V$. Für den Wirkwiderstandsbereich $0 \leq R \leq 500\,\Omega$ sind Stromortskurve und Spannungsverlauf $U_a = f(R)$ zu bestimmen.

Beispiel 51 Die Schaltung in Abb. 2.31c besteht aus Wirkwiderstand $R = 20\,\Omega$ und Induktivität L = 50 mH. In welchem Frequenzbereich bleibt die in dieser Schaltung an der Spannung U = 110 V umgesetzte Leistung im Bereich P = 200 W bis 400 W?

2.4   Ersatzschaltungen

In Abschn. 2.2 und 2.3 werden Parallel- und Reihenschaltungen von Grundzweipolen zu allgemeinen Wechselstrom-Zweipolen nach Abschn. 2.1.4 zusammengefasst. Es muss daher umgekehrt möglich sein, einen allgemeinen Wechselstrom-Zweipol in Reihen- und Parallelschaltungen von Grundzweipolen zu zerlegen. Mit diesen Reihen- und Parallel-Ersatzschaltungen und der Umwandlung der einen in die andere Ersatzschaltung wollen uns nun befassen.

Bei einer solchen **Analyse eines Sinusstromverbrauchers** werden Strom $\underline{I}$ oder Spannung $\underline{U}$ bzw. komplexer Widerstand $\underline{Z}$ oder komplexer Leitwert $\underline{Y}$ in ihre **Komponenten** zerlegt, wobei die Ersatzschaltung für eine bestimmte Frequenz f das gleiche Verhalten wie der untersuchte Wechselstromverbraucher haben, was man als bedingte **Äquivalenz** bezeichnet [7].

2.4.1   Parallel-Ersatzschaltung

In Abschn. 2.2.2 wird die Schaltung in Abb. 2.37b zu der Schaltung in Abb. 2.37a
zusammengefasst. Jetzt haben wir umgekehrt die Aufgabe, die Schaltung in Abb.
2.37a in die Parallelschaltung von Abb. 2.37b zu zerlegen.
   Wirk- und Blindkomponenten. Die komplexen Größen Spannung $\underline{U}$, Strom $\underline{I}$
und Leitwert $\underline{Y} = \underline{I}/\underline{U}$ der zu untersuchenden Schaltung sollen bekannt sein. Dann
können wir das Zeigerdiagramm in Abb. 2.37c zeichnen und für den Strom $\underline{I}$ eine
rein reelle Komponente, den **Wirkstrom**

$$I_w = I \cos \varphi \qquad (2.114)$$

und eine hierzu senkrechte, rein imaginäre Komponente, die gegenüber dem Spannungszeiger $\underline{U}$ um 90° phasenverschoben ist, nämlich den **Blindstrom**

$$I_b = -I \sin \varphi \qquad (2.115)$$

angeben. Für den Gesamtstrom gilt daher allgemein

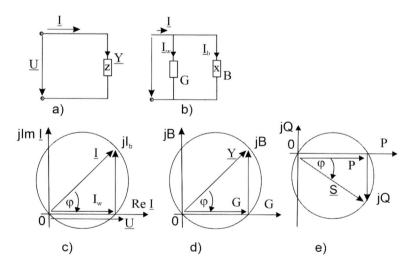

Abb. 2.37 Wechselstrom-Zweipol (a) mit Parallel-Ersatzschaltung (b) und Zeigerdiagrammen der Stromkomponenten (c), Leitwerte (d) und Leistungen (e)

$$\underline{I} = I_w + j\, I_b = \underline{I}_w + \underline{I}_b \qquad (2.116)$$

Der Wirkstrom I_w eines passiven Zweipols zeigt stets positive Werte, währende der Blindstrom I_b ebenso wie der Phasenwinkel ω positive oder negative Werte annehmen kann.

In Abb. 2.37c ist noch der **Thaleskreis** eingezeichnet, der über der Hypotenuse eines rechtwinkeligen Dreiecks geschlagen den rechten Winkel als Peripheriewinkel einschließt. In Verbindung mit dem Spannungszeiger $\underline{U}$ findet man über ihn sehr schnell – auch ohne die Achsen der komplexen Zahlenebene – Wirk- und Blindkomponenten des Stromes.

Ersatzschaltung. Bei der Zerlegung des Stromes $\underline{I}$ in seine Komponenten $\underline{I}_w$ und $\underline{I}_b$ haben wir stillschweigend die Ersatzschaltung in Abb. 2.37b vorausgesetzt; denn in einer Parallelschaltung fließt der Wirkstrom $\underline{I}_w$ in einem **Wirkleitwert**

$$G = I_w/U = I\, \cos\varphi/U = Y\, \cos\varphi \qquad (2.117)$$

und der Blindstrom $\underline{I}_b$ in dem **Blindleitwert**

$$B = -I_b/U = -I\, \sin\varphi/U = -Y\, \sin\varphi \qquad (2.118)$$

der bei positiven Werten $B = \omega\, C$ zu einer Kapazität C und bei negativen Werten $B = -1/(\omega\, L)$ zu einer **Induktivität** L gehört. Auf diese Weise haben wir den Wechselstrom-Zweipol in Abb. 2.37a durch die Parallel-Ersatzschaltung in Abb. 2.37b mit dem **komplexen Leitwert**

$$\underline{Y} = G + j\, B = Y\, \angle\varphi_Y = Y\, \angle -\varphi \qquad (2.119)$$

ersetzt (s. Abb. 2.37d). Andererseits ist die Angabe eines komplexen Leitwertes nach Gl. 2.119 nur unter Voraussetzung einer Parallel-Ersatzschaltung sinnvoll.

Leistungen. Nach Abb. 2.37 f gilt mit der **komplexen Leistung** $\underline{S}$ = P+j Q für die **Wirkleistung**

$$P = U\, I_w = G\, U^2 = Y\, U^2\, \cos\varphi \qquad (2.120)$$

und die **Blindleistung**

$$Q = U\, I_b = B\, U^2 = Y\, U^2\, \sin\varphi \qquad (2.121)$$

Neben dem allgemeinen Zeitwert der Leistung $S_t = u\, i$ können wir für die Parallelschaltung noch den **Zeitwert der Wirkleistung**

$$P_t = u\, i_w = u_m\, i_m\, \cos\varphi\, \sin^2(\omega\, t) \qquad (2.122)$$

und den **Zeitwert der Blindleistung**

$$Q_t = u\, i_b = -u_m\, i_m\, \sin\varphi[\sin(\omega\, t)]\cos(\omega\, t) \qquad (2.123)$$

angegeben.

Beispiel 52 Ein Wechselstromverbraucher nimmt an der Sinusspannung U = 100 V den Strom I = 0,5 A und die Wirkleistung P = 20 W auf. Die Teilleitwerte der Parallel-Ersatzschaltung sollen bestimmt werden.

Wir legen hier die Verhältnisse nach Abb. 2.37 zugrunde, nehmen also positive Werte für den Blindstrom I_b und den Blindleitwert B sowie einen negativen Phasenwinkel ω an, was einer Parallelschaltung von Wirkleitwert G und Kapazität C entspricht. Mit den Angaben der Aufgabenstellung wären hierfür natürlich auch negative Werte möglich, was eine Parallelschaltung von Wirkleitwert G und Induktivität L bedeuten würde.

Nach Gl. 2.41 erhalten wir den Wirkfaktor

$$\cos\varphi = \frac{P}{U\, I} = \frac{20\,W}{100\,V \cdot 0{,}5\,A} = 0{,}4$$

wozu bei einem negativen Phasenwinkel ω der Blindfaktor $\sin\varphi = -0{,}9167$ gehört. Wir finden dann mit dem Scheinleitwert $Y = I/U = 0{,}5\,A/100\,V = 5\,mS$ nach Gl. 2.117 den Wirkleitwert $G = Y\,\cos\varphi = 5\,mS \cdot 0{,}4 = 2\,mS$ und mit Gl. 2.118 den Blindleitwert $B = -Y\,\sin\varphi = -5\,mS \cdot (-0{,}9167) = 4{,}584\,mS$.

2.4.2 Reihen-Ersatzschaltung

Jetzt soll der Wechselstrom-Zweipol von Bid 2.38 in die Reihenschaltung von 2.38b umgewandelt werden. Hierbei sollen selbstverständlich alle Eigenschaften unverändert bleiben.

Wirk- und Blindkomponenten. Wenn wieder wie in Abschn. 2.4.1 Spannung U, Strom I und komplexer Widerstand Z = U/I bekannt sind, können wir mit dem Strom I in eine rein reelle Komponente, die Wirkspannung

$$U_w = U\,\cos\varphi \qquad (2.124)$$

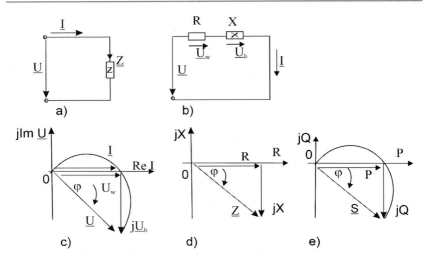

Abb. 2.38 Sinusstrom-Zweipol (a) mit Reihen-Ersatzschaltung (b) und Zeigerdiagrammen der Spannungskomponenten (c), Widerstände (d) und Leistungen (e)

und hierzu senkrechte, rein imaginäre Komponente, die gegenüber dem Strom um 90° phasenverschoben ist, nämlich die Blindspannung

$$U_b = U \, \sin\varphi \qquad (2.125)$$

zerlegen. Für die Gesamtspannung gilt daher allgemein

$$\underline{U} = U_w + j \, U_b = \underline{U}_w + \underline{U}_b \qquad (2.126)$$

Die Wirkspannung U_w eines passiven Zweipols hat unter diesen Voraussetzungen stets einen positiven Wert, während die Blindspannung U_b ebenso wie der Phasenwinkel φ_z positive und negative Werte annehmen kann.

Ersatzschaltung. Der Zerlegung der Spannung $\underline{U}$ in ihre Komponenten $\underline{U}_w$ und $\underline{U}_b$ liegt eine Reihenschaltung zugrunde, wobei nach Abb. 2.38b die Wirkspannung $\underline{U}_w$ an dem **Wirkwiderstand**

$$R = U_w/I = U \, \cos\varphi/I = Z \, \cos\varphi \qquad (2.127)$$

und die Blindspannung $\underline{U}_b$ an dem **Blindwiderstand**

$$X = U_b/I = U \, \sin\varphi/I = Z \, \sin\varphi \qquad (2.128)$$

auftritt. Der Blindwiderstand gehört bei positiven Werten $X = \omega\,L$ zu einer **Kapazität C**. Der Phasenwinkel $\varphi = -\varphi$ hat das gleiche Vorzeichen wie der Phasenwinkel von der Widerstand $\underline{Z}$ und der Leistung $\underline{S}$.
Wir haben also in diesem Fall den Wechselstrom-Zweipol in Abb. 2.38a durch eine Reihenschaltung in Abb. 2.38b mit dem **komplexen Widerstand**

$$\underline{Z} = R + j\,X = Z\,\angle\varphi \qquad (2.129)$$

ersetzt (s. Abb. 2.38e). Andererseits geht eine Angabe des komplexen Widerstands nach Gl. 2.129 schon von einer solchen Reihen-Ersatzschaltung aus.
Leistung. In Abb. 2.38 f ist das Zeigerdiagramm der zugehörigen Leistungen dargestellt. Während Wirkspannung U_w, Wirkwiderstand R und Wirkleistung P bei dem vorliegenden passiven Zweipol stets positive Werte zeigen, sind die Vorzeichen von Blindspannung U_b, Blindwiderstand X, Phasenwinkel φ und Blindleistung Q gleich.
Die **komplexe Leistung** $\underline{S}$ = P + j Q besteht daher bei der Reihen-Ersatzschaltung aus der **Wirkleistung**

$$P = U_w\,I = R\,I^2 = Z\,I^2\cos\varphi \qquad (2.130)$$

und der **Blindleistung**

$$Q = U_b\,I = X\,I^2 = Z\,I^2\sin\varphi \qquad (2.131)$$

Es treten außerdem noch der **Zeitwert der Wirkleistung**

$$Q_t = u_w\,i = u_m\,i_m\,\cos\varphi\,\sin^2(\omega\,t) \qquad (2.132)$$

und der **Zeitwert der Blindleistung**

$$Q_t = u_b\,i = u_m\,i_m\,\sin\varphi\,[\sin(\omega\,t)]\,\cos(\omega\,t) \qquad (2.133)$$

auf. Im Vergleich zu Gl. 2.122 und 2.123 sind daher zwar die Scheitelwerte von Wirk- und Blindleistungsschwingung bei Parallel- und Reihen-Ersatzschaltung gleich, die beiden Leistungsschwingungen in den Ersatzschaltungen haben jedoch eine abweichende Phasenlage.

Beispiel 53 Für den in Beispiel 2.4.1 behandelten Sinusstromverbraucher sind jetzt die Teilwiderstände der Reihen-Ersatzschaltung zu bestimmten. Wenn wir wieder die Verhältnisse in Abb. 2.37c und 2.38c voraussetzen, also einen negativen Phasenwinkel φ bzw. einen positiven Winkel $\varphi_Y = -\varphi$ annehmen, erhalten wir zunächst mit Beispiel 52 den Wirkfaktor $\cos\varphi = 0{,}4$ und deb Blindfaktor $\sin\varphi = -0{,}9167$. Gleichzeitig finden wir den Scheinwiderstand $Z = U/I = 100\,V/0{,}5\,A = 200\,\Omega$ sowie mit Gl. 2.127 den Wirkwiderstand $R = Z\,\cos\varphi = 200\,\Omega \cdot 0{,}4 = 80\,\Omega$ und mit Gl. 2.128 den Blindwiderstand $X = Z\,\sin\varphi = 200\,\Omega \cdot (-0{,}9167) = -183{,}3\,\Omega$.

2.4.3 Vergleich der Ersatzschaltungen

In Tab. 2.2 sind die Eigenschaften und Kenngrößen der beiden möglichen Ersatzschaltungen mit ihren Bestimmungsgleichungen einander gegenübergestellt. In der zweiten Spalte sind die Verhältnisse beim allgemeinen Wechselstrom-Zweipol, die in der gleichen Weise auch für die Ersatzschaltungen gelten, angegeben.

Es sei nochmals darauf hingewiesen, dass die **Aufspaltung des Stromes** $\underline{I} = \underline{I}_w + \underline{I}_b$ in Wirk- und Blindstrom sowie die Angabe des komplexen Leitwertes $\underline{Y} = G + j\,B$ von einer **Parallel-Ersatzschaltung** ausgeht, während die **Zerlegung der Spannung** $\underline{U} = \underline{U}_w + \underline{U}_b$ in Wirk- und Blindspannung sowie das Arbeiten mit dem komplexen Widerstand $\underline{Z} = R + j\,X$ grundsätzlich eine **Reihen-Ersatzschaltung** zugrundelegt.

Tab. 2.2 Vergleich von Parallel- und Reihen-Ersatzschaltung

Größe	WS-Zweipol	Parallel-Ersatzschaltung	Reihen-Ersatzschaltung
Widerstand	$\underline{Z} = \dfrac{U}{I} = \dfrac{1}{\underline{Y}}$	$\underline{Y} = G + j\,B$	$\underline{Z} = R + j\,X$
Leitwert	$\underline{Y} = \dfrac{I}{\underline{U}} = \dfrac{1}{\underline{Z}}$	$Y = \dfrac{I}{U}$	$Z = \dfrac{U}{I}$
Wirkleistung	$P = S \cdot cos\varphi = U \cdot I \cdot cos\varphi$	$P = G \cdot U^2$	$P = R \cdot I^2$
Blindleistung	$Q = S \cdot sin\varphi = U \cdot I \cdot sin\varphi$	$Q = -B \cdot U^2$	$Q = X \cdot I^2$
Phasenwinkel	$Arctan\varphi = Arccos\varphi$	φ	φ
Wirk- bzw.		$I_w = I \cdot cos\varphi$	$U_w = U \cdot cos\varphi = R \cdot I$
Blindgrößen		$I_b = -I \cdot sin\varphi$	$U_b = U \cdot sin\varphi = X \cdot I$

Die Phasenwinkel φ des Leitwerts $\underline{Y}$ bzw. φ des Widerstands $\underline{Z}$ sowie Blind-strom $\underline{I}_b$ und Blindspannung $\underline{U}_b$ haben stets entgegengesetzte Vorzeichen, da in der Parallelschaltung die Spannung $\underline{U}$ und in der Reihenschaltung der Strom $\underline{I}$ die Bezugsgrößen sind, von denen aus die Winkel gemessen werden.

2.4.4 Umrechnung

Umfangreiche Netzwerke bestehen meist aus vielen Reihen- und Parallelschal-tungen von Grund-Zweipolen. Da man Parallelschaltungen am einfachsten mit Leitwerten und Reihenschaltungen am besten mit Widerständen durchrechnen kann, ist es dann häufig nötig, Parallelschaltungen durch gleichwertige Reihenschaltungen und umgekehrt zu ersetzen.

Gleichwertig sind Parallel- und Reihen-Ersatzschaltungen, wenn mit dem kom-plexen Leitwert $\underline{Y}$ = G + j B und dem komplexen Widerstand $\underline{Z}$ = R + j X die Bedingung $\underline{Y}$ = 1/$\underline{Z}$ bzw.

$$\underline{Y}\,\underline{Z} = (G + j\,B)(R + j\,X) = 1 \tag{2.134}$$

erfüllt ist. Wenn wir Gl. 2.134 nach der ersten Klammer auflösen und den Nenner konjugiert komplex erweitern, finden wir den komplexen Leitwert

$$\underline{Y} = G + j\,B = \frac{1}{R + j\,X} = \frac{R - j\,X}{R^2 + X^2} \tag{2.135}$$

bzw. für die **Parallel-Ersatzschaltung** den **Wirkleitwert**

$$G = R/(R^2 + X^2) \tag{2.136}$$

und den **Blindleitwert**

$$B = -X/(R^2 + X^2) \tag{2.137}$$

In analoger Weise ergibt sich durch Auflösen von Gl. 2.134 nach der zweiten Klam-mer der komplexe Widerstand

$$\underline{Z} = R + j\,X = \frac{1}{G + j\,B} = \frac{G - j\,B}{G^2 + B^2} \tag{2.138}$$

und für die **Reihen-Ersatzschaltung** der **Wirkwiderstand**

$$R = G/(G^2 + B^2) \tag{2.139}$$

Tab. 2.3 Näherungsgleichungen für die Umrechnung von Ersatzschaltungen

Sonderfall a b	Wirkgröße	Blindgröße
G≫B	$R = \frac{1}{G}$	$X = \frac{-B}{G^2}$
B≫G	$R = \frac{G}{B^2}$	$X = -\frac{-1}{G}$
R≫X	$G = \frac{1}{R}$	$B = \frac{-X}{R^2}$
X≫R	$G = \frac{R}{X^2}$	$B = \frac{-1}{X}$

bzw. der **Blindwiderstand**

$$X = -B/(G^2 + B^2) \qquad (2.140)$$

Für Sonderfälle darf man mit den Näherungsgleichungen von Tab. 2.3 rechnen. Hierbei bleibt der Fehler für a/b >10 unter 1 %, steigt aber bei a/b = 5 schon auf 4 bzw. 6,7 %.

Gl. 2.136, 2.137, 2.139 und 2.140 weisen auf die **Dualität** von Parallel- und Reihenschaltungen hin. Man beachte jedoch, dass die Blindgrößen B und X von der Kreisfrequenz ω abhängen, die betrachteten Ersatzschaltungen daher nur für eine bestimmte Frequenz f gleichwertig, also nur **bedingt äquivalent** sind.

Beispiel 54 Die Schaltung in Abb. 2.39 besteht aus den Wirkwiderständen $R_1 = 2\,k\Omega$ und $R_2 = 500\,\Omega$ sowie der Kapazität $C = 1\,\mu F$ und liegt bei der Frequenz $f = 50\,Hz$ an der Sinusspannung U = 50 V. Der Strom $\underline{I}$ soll bestimmt werden.

Mit der Kreisfrequenz $\omega = 2\,\pi\,f = 2\,\pi \cdot 50\,Hz = 314\,s^{-1}$ und dem kapazitiven Blindwiderstand $X_C = -1/(\omega\,C) = -1/(314\,s^{-1} \cdot 1\,\mu F) = -3180\,\Omega$ erhalten wir zunächst den komplexen Widerstand $\underline{Z}_2 = R_2 + j\,X_C = 500\,\Omega - j\,3180\,\Omega$, den wir in den komplexen Leitwert $\underline{Y}_2 = G_2 + j\,B_2$ umwandeln. Mit Gl. 2.136 finden wir den Wirkleitwert

Abb. 2.39 Netzwerk

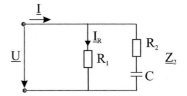

$$G_2 = \frac{R_2}{R_2^2 + X_C^2} = \frac{500\,\Omega}{500^2\,\Omega^2 + 3180^2\,\Omega^2} = 0,048\,mS$$

sowie mit Gl. 2.137 den Blindleitwert

$$B_2 = \frac{-X_C}{R_2^2 + X_C^2} = \frac{3180\,\Omega}{500^2\,\Omega^2 + 3180^2\,\Omega^2} = 0,306\,mS$$

Mit dem Wirkleitwert $G_1 = 1/R_1 = 1/(2\,k\Omega) = 0,5\,mS$ ergibt sich daher der Gesamtleitwert $\underline{Y} = G_1 + \underline{Y}_2 = (G_1 + G_2) + j\,B_2 = (0,5\,mS + 0,048\,mS) + j\,0,306\,mS = 0,548\,mS + j\,0,306\,mS = 0,628\,ms\,\angle 29,2°$ und daher schließlich der gesuchte Strom $\underline{I} = \underline{Y}\,\underline{U} = 0,628\,mS\,\angle 29,2° \cdot 50\,V = 31,4\,mA\,\angle 29,2°$.

Beispiel 55 Vor die Schaltung in Abb. 2.39 soll jetzt der Widerstand $R_3 = 500\,\Omega$ und die Induktivität L = 0,5 H geschaltet sein. Welcher Strom fließt in dieser Schaltung nach Abb. 2.40?

Wir bestimmen zunächst den Blindwiderstand $X_L = \omega\,L = 314\,s^{-1} \cdot 0,5\,H = 157\,\Omega$. Nun müssen wir den in Beispiel 2.4.4 ermittelten Leitwert $\underline{Y} = G + j\,B = 0,548\,mS + j\,0,306\,mS$ in den Widerstand $\underline{Z}_4 = R_4 + j\,X_4$ umwandeln. Mit Gl. 2.139 erhalten wir den Wirkwiderstand

$$R_4 = \frac{G}{G^2 + B^2} = \frac{0,548\,mS}{0,548^2\,(mS)^2 + 0,306^2\,(mS)^2} = 1390\,\Omega$$

und mit Gl. 2.140 den Blindwiderstand

$$X_4 = \frac{-B}{G^2 + B^2} = \frac{-0,306\,mS}{0,548^2\,(mS)^2 + 0,306^2\,(mS)^2} = -778\,\Omega$$

Somit ist schließlich der Gesamtwiderstand $\underline{Z} = (R_3 + R_4) + j(X_L + X_4) = (500\,\Omega + 1390\,\Omega) + j(157\,\Omega - 778\,\Omega) = 1890\,\Omega - j\,621\,\Omega = 1985\,\Omega\,\angle -18,2°$, und es fließt der Strom $\underline{I} = \underline{U}/\underline{Z} = 50\,V/(1985\,\Omega\,\angle -18,2°) = 25,2\,mA\,\angle 18,2°$.

Abb. 2.40 Netzwerk

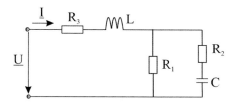

2.4.5 Graphische Umwandlung

Wenn man, wie in Abb. 2.41b und c, in der Parallel-Ersatzschaltung mit den Widerständen $R_p = 1/G_p$ und $X_p = -1/B_p$ und der Reihen-Ersatzschaltung mit den
Leitwerten $G_r = 1/R_r$ und $B_r = -1/X_r$ arbeitet, also alle Größen der Parallel-
Ersatzschaltung mit dem Index p und die Größen der Reihen-Ersatzschaltung mit
dem Index r kennzeichnet, kann man für die Leitwerte der Parallelschaltung noch
angeben

$$G_p = 1/R_p = Y \cos\varphi = \frac{1}{Z}\cos\varphi \qquad (2.141)$$

und

$$B_p = -1/X_p = Y \cos\varphi = \frac{-1}{Z}\sin\varphi \qquad (2.142)$$

Mit den Widerständen der Reihen-Ersatzschaltung $R_r = Z \cos\varphi$ und $X_r = Z \sin\varphi$
gilt daher auch

$$\cos\varphi = R_r/Z = Z/R_p \qquad (2.143)$$

$$\sin\varphi = X_r/Z = Z/X_p \qquad (2.144)$$

was durch das Diagramm in Abb. 2.41 erfüllt ist. Wegen $\cos^2\alpha + \sin^2\alpha = 1$ erhält
man aus Gl. 2.143 und 2.144 auch mit $Z^2 = R_r^2 + X_r^2 = R_r\,R_p = X_r\,X_p$ einen
Zusammenhang, den auch Gl. 2.136 und 2.137 liefern. Daher kann man mit dem
Diagramm in Abb. 2.41e die Widerstände R_p und X_p in die Widerstände R_r und
X_r einer Reihen-Ersatzschaltung umwandeln.

Wir brauchen nur, wie in Abb. 2.41d, den komplexen Widerstand $\underline{Z}$ in der komplexen Widerstandsebene darzustellen und finden dann die Widerstände R_r und X_r
der Reihen-Ersatzschaltung als zugehörige Komponenten auf der reellen und der
imaginären Achse- Die Widerstände R_p und X_p der Parallel-Ersatzschaltung erhal-
ten wir, indem wir an die Zeigerspitze $\underline{Z}$ eine Senkrechte auf den Zeiger $\underline{Z}$ antragen
und die durch diese Linie auf reeller und imaginärer Achse festgelegten Kompo-
nenten bestimmen. Umgekehrt kann man mit dieser Konstruktion auch sofort die
zu einer Parallelschaltung der Widerstände R_p und X_p gehörenden Widerstände R_r
und X_r der gleichwertigen Reihenschaltung finden.

In Analoger Weise erhält man für die Widerstände der Reihen-Ersatzschaltung

$$R_r = 1/G_r = Z \cos\varphi = \frac{1}{Y}\cos\varphi \qquad (2.145)$$

$$X_r = -1/B_r = Z \sin\varphi = \frac{1}{Y}\sin\varphi \qquad (2.146)$$

so dass hier mit $G_p = Y \cos\varphi$ und $B_p = -Y \sin\varphi$ zu verwirklichen wäre

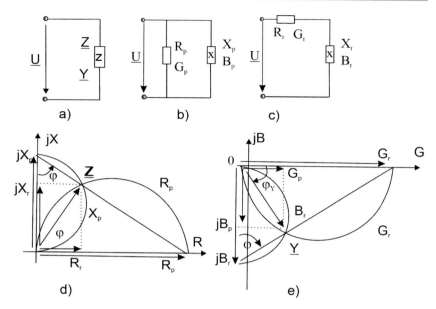

Abb. 2.41 Wechselstrom-Zweipol (**a**) mit Parallel- (**b**) und Reihen-Ersatzschaltung (**c**) sowie komplexe Widerstandsebene (**d**) und Leitwertebene (**e**) mit graphischer Umwandlung der Ersatzschaltungskenngrößen

$$\cos\varphi = G_p/Y = Y/G_r \qquad (2.147)$$

und

$$\sin\varphi = -B_p/Y = -Y/B_r \qquad (2.148)$$

Dies geschieht in der **komplexen Leitwertebene** von Abb. 2.41e, so dass sich hier ingesamt wieder **duale** Verhältnisse ergeben.

Beispiel 56 Die beiden Widerstände $R_p = 2\,\Omega$ und $X_p = -1\,\Omega$ sind nach Abb. 2.41b parallel geschaltet. Es sind die Widerstände R_r und X_r der Reihen-Ersatzschaltung zu bestimmen.

Wir tragen in die komplexe Widerstandsebene von Abb. 2.42 die Widerstands-zeiger $R_p = 2/Omega$ und $j\,X_p = -j\,1\Omega$ ein. Den gesuchten Widerstandszeiger $\underline{Z}$ mit seinen Komponenten R_r und $j\,X_r$ finden wir am schnellsten, wenn wir über R_p und $j\,X_p$ die Thaleskreise errichten; sie schneiden sich in der Zeigerspitze $\underline{Z}$, so dass wir ablesen können $R_r = 0{,}4\,\Omega$, $X_r = -0{,}8\,\Omega$.

Abb. 2.42 Komplexe
Widerstandsebene für
Beispiel 56

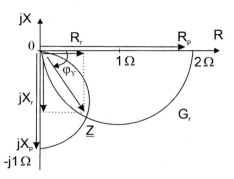

Beispiel 57 Die beiden Widerstände $R_r = 500\,\Omega$ und $X_r = 1\,k\Omega$ liegen nach Abb. 2.41c in Reihe. Die zugehörigen Parallel-Ersatzwiderstände G_p und B_p sollen graphisch ermittelt werden.

Wir könnten analog zu Abb. 2.41d die Widerstände R_r und X_r in die komplexe Widerstandsebene eintragen, hiermit den Zeiger $\underline{Z}$ bilden und an seine Zeigerspitze eine Senkrechte antragen, so dass wir so R_p und X_p fänden. Diese Bestimmung ist aber etwas umständlich und u. U. ungenau.

Einfacher ist es, zunächst $G_r = 1/R_r = 1/(500\,\Omega) = 2\,mS$ und $B_r = -1/X_r = -1/(1\,k\Omega) = -1\,mS$ zu bilden und diese Größen in die komplexe Leitwertsebene einzutragen. Dies entspricht bis auf einen Maßstabsfaktor ($\Omega \,\hat{=}\, mS$) der Darstellung in Abb. 2.42, so dass wir mit dem Thaleskreis sofort $G_p = 0,4\,mS$ und $B_p = -0,8\,mS$ ablesen können.

Übungsaufgaben zu Abschn. 2.4. (Lösungen im Anhang):

Beispiel 58 Eine Drossel nimmmt bei der Spannung U = 110 V und der Frequenz f = 50 Hz den Strom I = 4,5 A und die Wirkleistung P = 55 W auf. Für die Reihen-Ersatzschaltung nach Abb. 2.38b sind Wirkwiderstand R und Induktivität L zu berechnen.

Beispiel 59 Ein Kondensator nimmt an der Spannung U = 60 V bei der Frequenz f = 5 kHz den Strom I = 0,1 A auf und zeigen den Phasenwinkel $\varphi = 85°$. Für die Parallel-Ersatzschaltung nach Abb. 2.37b sind Wirkleitwert G und Kapazität C zu berechnen.

Abb. 2.43 Netzwerk

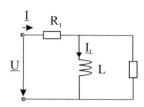

Abb. 2.44 Netzwerk

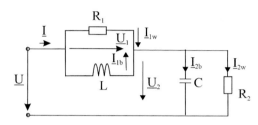

Beispiel 60 Die Schaltung in Abb. 2.43 besteht aus den Wirkwiderständen $R_1 = 20\,\Omega$ und $R_2 = 50\,\Omega$ sowie der Induktivität $L = 2\,H$. Welche Spannung U muss bei der Frequenz $f = 150\,Hz$ angelegt werden, damit der Strom $I = 3,5\,A$ fließt?

Beispiel 61 Die Schaltung in Abb. 2.44 enthält die Wirkwiderstände $R_1 = 30\,\Omega$ und $R_2 = 50\,\Omega$ sowie die Blindwiderstände $X_L = 20\,\Omega$ und $X_C = -30\,\Omega$ und soll den Strom $\underline{I} = 5\,A$ aufnehmen. Es ist die erforderliche Spannung U zu bestimmen. Alle Spannungen und Ströme sollen in einem Zeigerdiagramm dargestellt werden.

Beispiel 62 Ein induktiver Wechselstromverbraucher nimmt an der Spannung $U = 230\,V$ bei der Frequenz $f = 50\,Hz$ den Strom $I = 0,4\,A$ und die Leistung $P = 50\,W$ auf. Die Widerstände bzw. Leitwerte der Reihen- und Parallel-Ersatzschaltungen sind zu bestimmen und die Stromortskurven der Frequenzgänge dieser Ersatzschaltungen darzustellen. Für die Frequenzen $f = 10\,Hz$ und $100\,Hz$ sind die Ströme zu vergleichen.

Beispiel 63 Die Schaltung in Abb. 2.45 enthält die Wirkwiderstände $R_1 = 15\,\Omega$ und $R_2 = 80\,\Omega$ sowie Induktivität $L = 0,2\,H$ und Kapazität $C = 12\,\mu F$ und liegt bei der Frequenz $f = 50\,Hz$ an der Spannung $U = 230\,V$. Strom I, Scheinleistung S, Wirkleistung P und Blindleistung Q sind zu berechnen.

Abb. 2.45 Netzwerk

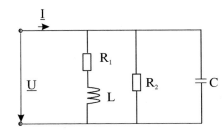

Abb. 2.46 Netzwerk

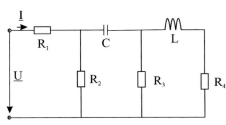

Beispiel 64 Die Schaltung in Abb. 2.46 enthält die Wirkwiderstände $R_1 = 200\,\Omega$, $R_2 = 1\,k\Omega$, $R_3 = 2\,k\Omega$ und $R_4 = 150\,\Omega$ sowie Kapazität C = 1 μF und Induktivität L = 0,5 H. Sie liegt bei der Frequenz f = 1 kHz an der Spannung U = 80 V. Wie groß ist der Strom I?

Hinweis. Das Lösen von Aufgaben der Sinusstromtechnik erfordert häufig umfangreiche komplexe Rechnungen mit vielen Umwandlungen der Komponenten in die Exponential- bzw. Polarform und umgekehrt. **Taschenrechner,** die unmittelbar kartesiche in Polarkoordinaten um umgekehrt umwandeln, können daher für solche Berechnungen vorteilhaft eingesetzt werden [13].

2.5   Zusammenfassung

Elektrische Verbraucher werden heute durch Wechselstrom mit elektrischer Energie versorgt. Die elektrotechnischen Anlagen enthalten meistens Wechselstromkreise. Die Berechnung dieser Wechselstromschaltungen stellt daher eine wichtige Aufgabe. Es werden zuerst die Grundelemente der Elektrotechnik ausführlich behandelt. Die Stromkreise werden mit Ohmschem Gesetz und Kirchhoffschen Gesetzen beschrieben und Parallel- und Reihenwechselstromschaltungen berechnet. Dabei sind die Zeiger und komplexen Sinusgrößen benutzt. Außerdem kommen Knoten-punktsatz und Maschensatz zur Anwendung.

In diesem Teil des Buches sind viele Beispiele, die Fragestellungen, die Lösungen und die Berechnungsmethodik für das Selbststudium aufgezeigt und zusammenge-stellt. Die Aufgaben sollten zuerst selbstständig gelöst werden. Nur bei Schwierig-keiten ist der Lösungsweg heranzuziehen.

Literatur

1. Moeller, F.; Fricke, H.; Frohne, H.; Vaske, P.: Grundlagen der Elektrotechnik, ISBN 978-3834808981 Stuttgart 2011
2. M. Marinescu, Elektrische und magnetische Felder, Springer Vieweg Verlag, 2012
3. A. Fuhrer, K. Heidemann, W. Nerreter, Grundgebiete der Elektrotechnik, Band 3 (Auf-gaben), Carl Hanser Verlag, 2008
4. Bosse, G.: Grundlagen der Elektrotechnik, Bände 1-4, 1997
5. Nelles, Dieter; Nelles Oliver: Grundlagen der Elektrotechnik zum Selbststudium (Set), Set bestehend aus: Band 1: Gleichstromkreise, 2., neu bearbeitete Auflage 2022, 280 Seiten, Din A5, Festeinband ISBN 978-3-8007-5640-7, E-Book: ISBN 978-3-8007-5641-4, Band 2: Elektrische Felder,2., neu bearbeitete Auflage 2022, 299 Seiten, Din A5, Festeinband ISBN 978-3-8007-5799-2, E-Book: ISBN 978-3-8007-5800-5, Band 3: Magnetische Felder, 2., neu bearbeitete Auflage 2023, 329 Seiten, Din A5, Festeinband, ISBN 978-3-8007-5802-9, E-Book: ISBN 978-3-8007-5803-6 und Band 4: Wechsel-stromkreise , 2., neu bearbeitete Auflage 2023, 341 Seiten, Din A5, Festeinband, ISBN 978-3-8007-5805-0, E-Book: ISBN 978-3-8007-5806-7, 2023, 4 Bände
6. W. Weißgerber: Elektrotechnik für Ingenieure, Band 1, Vieweg+Teubner Verlag, 2009
7. W. Nerreter, K. Heidemann, A. Fuhrer: Grundgebiete der Elektrotechnik, Band 1, Carl Hanser Verlag, 2011
8. H. Frohne, K.-H. Löcherer, H. Müller, T. Harriehausen, D. Schwarzenau, Moeller Grund-lagen der Elektrotechnik,Vieweg+Teubner Verlag, 2011
9. D. Zastrow, Elektrotechnik, Ein Grundlagen Lehrbuch, Vieweg+Teubner Verlag 2012
10. M. Albach, Elektrotechnik, Pearson Studium, 2011
11. M. Vömel, D. Zastrow, Aufgabensammlung Elektrotechnik 1, Vieweg+Teubner Verlag 2010
12. W. Weißgerber, Elektrotechnik für Ingenieure - Klausurenrechnen, Vieweg+Teubner Ver-lag, 2008ISBN 3-8022-0650-9, 2001
13. Vaske, P.: Elektrotechnik mit BASIC-Rechnern (SHARP), Stuttgart 1984
14. I. Kasikci, Gleichstromschaltungen, Analyse und Berechnung mit vielen Beispielen 6. Auflage, 2025, ISBN 978-3-662-70036-5

Sinusstrom-Netzwerke

3

In Abb. 2.43 bis 2.46 werden schon Zweipolschaltungen dargestellt, die man als Netzwerk bezeichnet. Im **Knotenpunkt** eines Netzwerks treffen stets mindestens 3 Verbindungsleitungen zusammen, wobei Knoten, die ohne einen zwischengeschalteten Zweipol miteinander verbunden sind, als ein Knotenpunkt gewertet werden. Ein **Zweig** verbindet zwei Knotenpunkte durch eine Kettenschaltung von Zweipolen und Verbindungsleitungen, die alle vom selben Strom durchflossen werden. Die **Masche** stellt einen in sich geschlossenen Kettenzug von Zweigen und Knotenpunkten dar [14].

Grundsätzlich kann man jedes Wechselstrom-Netzwerk durch An- wendung der **Kirchhoffschen Gesetze** berechnen. Hierfür muss man jedoch einige Regeln beachten, wenn man Vorzeichenfehler vermeiden will [14]. Die Kirchhoffschen Gesetze ermöglichen ferner das Aufstellen von komplexen Spannungs- und Stromteilerregeln, eine Umformung von Stern- in Dreieckschaltungen sowie die Anwendung von Ersatzquellen und Maschenstrom- und Knotenpunkt-potential-Verfahren. In Schaltungen mit linearen Baugliedern, wie Wirkwiderstand R, Induktivität L und Kapazi- tät C, die von Strom I oder Spannung U unabhängig sind, kann man außerdem mit Vorteil das Überlagerungsgesetz anwenden. Diese Berechnungsverfahren sollen hier nun vom Gleichstrom auf den Wechselstrom übertragen werden.

Beim Durchrechnen verschiedener Wechselstromaufgaben zeigt sich, dass manchmal mit Zeigerdiagrammen schnell anschauliche Lösungen gefunden werden können, während in anderen Fällen die komplexe Rechnung Vorteile bietet. Ihre Anwendungskriterien müssen daher untersucht werden.

3.1   Berechnung einfacher Schaltungen

3.1.1   Regeln für die Anwendung der Kirchhoffschen Gesetze

Man muss streng auf Vorzeichen und Phasenlage der betrachte- ten Wechselstromgrößen achten. Es empfiehlt sich folgendes Vorgehen:

a) Für jede Wechselstromschaltung, die aus mehr als 3 Zweipolen in einer gemischten Schaltung besteht, wird ein **übersichtliches Schaltbild** aus Zweipolen, Zweigen und Knotenpunkten gezeichnet.

b) Alle **Spannungsquellen** werden mit (u. U. durchnumerierten) Spannungs-Zählpfeilen versehen.

c) In alle Zweige werden durchnumerierte Strom-Zählpfeile eingetragen.

An diese Regeln sollte man sich unabhängig davon, mit wel- chem Verfahren man die vorliegende Aufgabe lösen will, hal- ten. Zeigerdiagramme oder komplexe Strom- oder Spannungs- gleichungen sind ja ohne in einer Schaltung festgelegte posi- tive Zählrichtungen mehrdeutig. Man sollte sich hierbei auch, um Mißverständnisse auszuschließen, nur des Verbraucher- Zählpfeil-Systems bedienen (s. Abschn. 1.2.2 und [14]).

Wenn man eine Schaltung ausschließlich durch Anwendung der Kirchhoffschen Gesetze berechnen will, muss man außerdem be- achten:

d) Es werden zunächst alle voneinander unabhängigen Knotenpunkt- gleichungen aufgestellt. Alle Ströme, deren Zählpfeile auf den betrachteten Knotenpunkt gerichtet sind, werden mit positivem Vorzeichen, die Ströme mit vom Knoten-punkt weggerichteten Zählpfeilen mit dem negativen Vorzeichen berücksichtigt.

e) Für alle zu betrachtenden **Maschen** wählt man einen **Umlaufsinn.** Zweck-mäßig sollte man ihn stets im Uhrzeigersinn ansetzen. Dann können die voneinander unabhängigen Maschengleichungen aufgestellt werden. Spannung $\underline{U}_{q\mu}$ oder $\underline{U}_{\mu} = \underline{Z}_{\mu}\,\underline{I}_{\mu}$, deren Spannungs- oder Stromzählpfeile dem gewählten Umlauf-sinn folgen, werden mit positivem Vorzeichen und alle Spannungen, deren Zähl-pfeile dem Umlaufsinn entgegengerichtet sind, mit negativem Vorzeichen ein-geführt.

f) Sind beispielsweise alle komplexen Widerstände $\underline{Z}_{\mu}$ und komplexen Quellen-spannung $\underline{U}_{q\mu}$ bekannt, erhält man für die n unbekannten komplexen Zweigströme $\underline{I}_{\mu}$ ein System von n Gleichungen, das mit den bekannten Ver-fahren (s. z. B. Anhang und [3]) gelöst werden kann.

Gegenüber Gleichstrom [14] müssen bei Wechselstrom alle Gleichungen komplex angesetzt werden. Durch Einführen der Real- und Imaginärteile bzw. der Wirk- und Blindkomponenten (s. Abschn. 2.4) kann man jedoch dieses System aus n komplexen Gleichungen in ein System von 2n reellen Gleichungen überführen. Für weitere Einzelheiten zum Aufstellen der Gleichungen s. [14].

Beispiel 65 Die Schaltung von Abb. 3.1 besteht aus dem Wirkwiderstand $R = 5\,\Omega$ und den Blindwiderständen $X_L = 10\,\Omega$ und $X_C = -20\,\Omega$ und führt die Ströme $\underline{I}_b = -j\,4\,A$ und $\underline{I}_c = 3\,A$. Die übrigen Ströme sollen bestimmt und zusammen mit den zugehörigen Spannungen dargestellt werden.

Zunächst vervollständigen wir mit Abb. 3.1 b die Zählpfeile und tragen dort den Umlaufsinn ein. Dann finden wir sofort den Strom $\underline{I}_a = \underline{I}_b + \underline{I}_c = -j\,4\,A + 3\,A = 5\,A\angle -53,13°$. Für die Knotenpunkte b und c machen wir die Ansätze $\underline{I}_1 - \underline{I}_2 = \underline{I}_b$ und $\underline{I}_2 - \underline{I}_3 = \underline{I}_c$

Außerdem gilt die Maschengleichung

$$j\,X_L\,\underline{I}_1 + R\,\underline{I}_2 + j\,X_C\,\underline{I}_3 = 0[]$$

so dass wir die Matrix (s. Anhang)

$$\begin{bmatrix} 1 & -1 & 0 \\ 0 & 1 & -1 \\ j\,X_R & R & j\,X_C \end{bmatrix} \cdot \begin{bmatrix} \underline{I}_1 \\ \underline{I}_2 \\ \underline{I}_3 \end{bmatrix} = \begin{bmatrix} \underline{I}_b \\ \underline{I}_c \\ 0 \end{bmatrix}$$

erhalten. Die Lösung diese Gleichungssystems findet man leicht mit der komplexen Koeffizienten-Determinante [3, 14]

$$\underline{D} = \begin{vmatrix} 1 & -1 & 0 \\ 0 & 1 & -1 \\ j\,X_L & R & j\,X_C \end{vmatrix}$$

$$= j\,X_C + j\,X_L + R = j\,(-20\,\Omega + 10\,\Omega) + 5\,\Omega$$

$$= 5\,\Omega - j\,10\,\Omega = 11,18\,\Omega\angle -63,43°$$

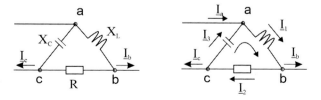

Abb. 3.1 Netzmasche (**a**) mit Zählpfeilen (**b**)

und den komplexen Zähler-Determinanten

$$\underline{D}_1 = \begin{vmatrix} \underline{I}_b & -1 & 0 \\ \underline{I}_c & 1 & -1 \\ 0 & R & j\,X_C \end{vmatrix}$$

$$= j\,X_C\,\underline{I}_b + R\,\underline{I}_b + j\,X_C\underline{I}_C = j\,20\,\Omega\,(-j\,4\,A + 3\,A)$$

$$= 5\,\Omega\,(-j\,4\,A) = -80\,V - j\,80\,V = 113,14\,V\angle -135°$$

$$\underline{D}_2 = \begin{vmatrix} 1 & \underline{I}_b & 0 \\ 0 & \underline{I}_c & -1 \\ j\,X_L & 0 & j\,X_C \end{vmatrix}$$

$$= j\,X_C\,\underline{I}_c - j\,X_L\,\underline{I}_b = j\,[-20\,\Omega\cdot 3\,A - 10\,\Omega\,(-j\,4\,A)]$$

$$= -40\,V - j\,60\,V = 72,11\,V\angle -123,69°$$

$$\underline{D}_3 = \begin{vmatrix} 1 & -1 & \underline{I}_b \\ 0 & 1 & \underline{I}_c \\ j\,X_L & 0 & j\,X_C \end{vmatrix}$$

$$= -j\,X_L\,\underline{I}_c - j\,X_L\,\underline{I}_b - R\,\underline{I}_c = j\,10\,\Omega\,[3\,A + (-j\,4\,\Omega)] - 5\,\Omega\cdot 3\,A$$

$$= -55\,V - j\,30\,V = 62,65\,V\angle -151,9°$$

Es gilt dann für die Ströme [3, 14]

$$\underline{I}_1 = \underline{D}_1/\underline{D} = 113,14\,V\angle -135°/11,18\,\Omega\,\angle -63,43°$$
$$= 10,12\,A\,\angle -71,58°$$
$$\underline{I}_2 = \underline{D}_2/\underline{D} = 72,11\,V\angle -123,69°/11,18\,\Omega\,\angle -63,43°$$
$$= 6,45\,A\,\angle -60,26°$$
$$\underline{I}_3 = \underline{D}_3/\underline{D} = 62,65\,V\angle -151,93°/11,18\,\Omega\,\angle -63,43°$$
$$= 5,6\,A\,\angle -88,5°$$

Diese Ströme verursachen die Spannungen

$$\underline{U}_1 = j\,X_L\,\underline{I}_1 = j\,10\,\Omega\cdot 10,12\,A\,\angle -71,57°$$
$$= 101,2\,V\,\angle 18,43°$$
$$\underline{U}_2 = R\,\underline{I}_2 = 5\,\Omega\cdot 6,45\,A\,\angle -60,26°$$
$$= 32,25\,V\,\angle -60,26°$$
$$\underline{U}_3 = j\,X_C\,\underline{I}_3 = -j\,20\,\Omega\cdot 5,6\,A\,\angle -88,5°$$
$$= 112\,V\,\angle -178,5°$$

Strom- und Spannungszeiger sind in Abb. 3.2 dargestellt. Dieses Zeigerdiagramm beweist, dass die aufgestellten Knotenpunkt- und Maschengleichungen erfüllt sind.

3.1.2 Komplexe Spannungs- und Stromteilerregel

Netzwerke bestehen vielfach aus Spannungs- und Stromteilern. Zu ihrer Berechung braucht man nur die für Gleichstrom in [14] abgeleiteten und zusammengestellten Verhältnisgleichungen auf Wechselstrom zu übertragen. Die Ergebnisse enthält Tafel 3.1. Sie zeigt wieder das duale Verhalten von Reihenschaltungen und Parallelschaltungen.

Beispiel 66 Für die Schaltung in Abb. 3.3 a bestimme man die allgemeine Gleichung für den Strom $\underline{I}_3$.
Nach Tafel 3.1 gilt für das Stromverhältnis

$$\frac{\underline{I}_3}{\underline{I}_1} = \frac{\underline{Y}_3}{\underline{Y}_2 + \underline{Y}_3} = \frac{\underline{Z}_2}{\underline{Z}_2 + \underline{Z}_3}$$

wobei mit dem komplexen Gesamtwiderstand

$$\underline{Z} = \underline{Z}_1 = \frac{\underline{Z}_2\,\underline{Z}_3}{\underline{Z}_2 + \underline{Z}_3} = \frac{\underline{Z}_1\,\underline{Z}_2 + \underline{Z}_1\,\underline{Z}_3 + \underline{Z}_2\,\underline{Z}_3}{\underline{Z}_2 + \underline{Z}_3}$$

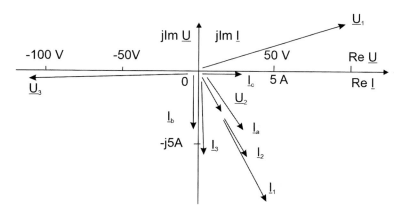

Abb. 3.2 Zeigerdiagramm für Beispiel 65

Tab. 3.1 Komplexe Spannungs- und Stromteilergleichungen

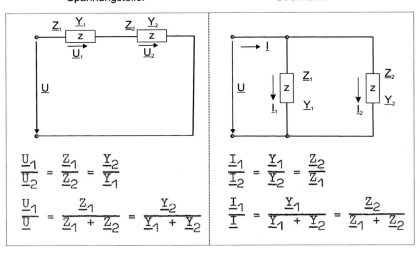

der Strom $\underline{I}_1 = \underline{U}/\underline{Z}$ fließt. Daher erhält man nach Erweiterung mit $\underline{Y}_1\,\underline{Y}_2\,\underline{Y}_3/$
$(\underline{Y}_1\,\underline{Y}_2\,\underline{Y}_3)$ bei $\underline{Y}_1 = 1/\underline{Z}_1, \underline{Y}_2 = 1/\underline{Z}_2, \underline{Y}_3 = 1/\underline{Z}_3$ den gesuchten komplexen
Strom

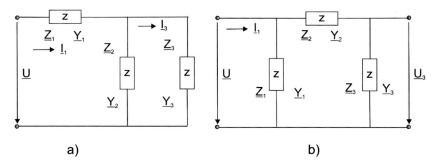

Abb. 3.3 Duale Netzwerke

$$\underline{I}_3 = \underline{I}_1 \frac{\underline{Z}_1}{\underline{Z}_2 + \underline{Z}_3} = \frac{\underline{U}\,\underline{Z}_2}{\underline{Z}_1\,\underline{Z}_2 + \underline{Z}_2\,\underline{Z}_3 + \underline{Z}_1\,\underline{Z}_3} = \frac{\underline{U}\,\underline{Y}_1\,\underline{Y}_3}{\underline{Y}_1 + \underline{Y}_2 + \underline{Y}_3} \qquad (3.1)$$

Beispiel 67 Man bestimme für die Schaltung in Abb. 3.3 b die allgemeine Gleichung für die Spannung $\underline{U}_3$.

Da der Reihenzweig $\underline{Z}_1$ in Abb. 3.3 a zum Parallelzweig in Abb. 3.3 b und die Parallelschaltung der Widerstände $\underline{Z}_2$ und $\underline{Z}_3$ in Abb. 3.3 a zur Reihenschaltung in Abb. 3.3 b umgewandelt worden sind, sind beide Schaltungen dual. Wir brauchen daher in der Bestimmungsgleichung 3.1 nur Leitwerte und Widerstände bzw. Spannungen und Ströme gegeneinander zu vertauschen und erhalten so sofort die gesuchte komplexe Spannung

$$\underline{U}_3 = \frac{\underline{I}\,\underline{Y}_2}{\underline{Y}_1\,\underline{Y}_2 + \underline{Y}_2\,\underline{Y}_3 + \underline{Y}_3\,\underline{Y}_1} = \frac{\underline{I}\,\underline{Z}_1\,\underline{Z}_3}{\underline{Y}_1 + \underline{Y}_2 + \underline{Y}_3} \qquad (3.2)$$

Beispiel 68 Die Schaltung in Abb. 3.4 besteht aus Wirkwiderstand $R = 5\,\Omega$ und den Blindwiderständen $X_L = 10\,\Omega$ und $X_C = -20\,\Omega$ und führt den Strom $\underline{I} = 3\,A$. Die Teilströme $\underline{I}_1$ und $\underline{I}_3$ sollen bestimmt werden.

Wir wollen die Stromteilerregel von Tafel 3.1 anwenden und bilden daher zunächst $\underline{Z}_1 = R + j\,X_L = 5\,\Omega + j\,10\,\Omega = 11{,}18\,\Omega\,\angle 63{,}43°$ und $\underline{Z}_1 + \underline{Z}_3 = R + j\,X_L + j\,X_C = 5\,\Omega + j\,(10\,\Omega - 20\,\Omega) = 5\,\Omega - j\,10\,\Omega = 11{,}18\,\Omega\,\angle -63{,}43°$. Hiermit finden wir die Ströme

$$\underline{I}_1 = \frac{\underline{I}\,j\,X_C}{\underline{Z}_1 + \underline{Z}_3} = \frac{3\,A \cdot 20\,\Omega\angle -90°}{11{,}18\,\Omega\angle -63{,}43°} = 5{,}37\,A\angle -26{,}57°$$

$$\underline{I}_3 = \frac{\underline{I}\,\underline{Z}_1}{\underline{Z}_1 + \underline{Z}_3} = \frac{3\,A \cdot 11{,}18\,\Omega\angle 63{,}43°}{11{,}18\,\Omega\angle -63{,}43°} = 3\,A\angle 126{,}83°$$

Abb. 3.4 Stromteiler

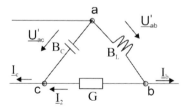

3.1.3 Überlagerungsgesetz

Wenn mehrere Quellen (Spannungs- oder Stromquellen – s. Abschn. 3.1.5 beliebiger Größe oder Frequenz in einem Netzwerk zusammenwirken, benutzt man zur Berechnung der Ströme oder Spannungen gern das Überlagerungsgesetz. Man darf es aber nur in **linearen Schaltungen** und für **lineare Größen** anwenden [7, 14]. Linear ist eine Schaltung, wenn die eingebauten Zweipole Wirkwiderstand R, Induktivität L und Kapazität C unabhängig von Strom I und Spannung U feste Werte behalten und die Quellen unabhängig von der Last feste Quellenspannungen U_q oder Quellenströme I_q liefern. Lineare Größen, die überlagert werden dürfen, sind Spannungen U und Strom I, die nach dem Ohmschen Gesetz in linearen Zweipolen linear voneinander abhängen. Die **Wirkleistung,** die sich nach Gl. 2.120 bzw. 2.130 quadratisch mit Spannung U oder Strom I ändert, darf demgegenüber nicht überlagert werden.

Wenn also in einem umfangreichen Netzwerk ein System linearer Gleichungen das Verhalten beschreibt, darf man die einzelnen Einflussgrößen nacheinander getrennt betrachten. Dadurch erspart man sich die Auflösung eines Gleichungssystems mit vielen Unbekannten, deren Anzahl bei Wechselstrom gegenüber Gleichstrom wegen Real- und Imaginärteil meist doppelt so groß ist. Die resultierenden Wirkungen findet man durch Überlagerung der Einzelwirkungen.

Ein Netzwerk mit mehreren Quellen wird bei Anwendung des Überlagerungsgesetzes nacheinander jeweils für den Pall berechnet, dass nur eine Quelle wirksam ist. Alle übrigen idealen Spannungsquellen werden alle spannungslos (bzw. kurzgeschlossen), alle übrigen idealen Stromquellen dagegen als stromlos (bzw. unterbrochen) angesehen, während die zugehörigen inneren Widerstände und Leitwerte (in Reihe zur Spannungsquelle bzw. parallel zur Stromquelle) natürlich wirksam bleiben. Wenn n Quellen auftreten, müssen auch n Überlagerungen vorgenommen werden. Jede Rechnung liefert für jeden Zweig (bis auf die Stromquellenzweige) n Teilströme, die als Summe – unter Beachtung der Phasenlage – den tatsächlichen Zweigstrom ergeben.

Die **Schnittmethode** [14] stellt die Umkehrung des Überlagerungsverfahrens dar. Sie wird bei der Behandlung von unsymmetrischen Belastungen in Dreiphasennetzen angewandt und dort ausführlich betrachtet. Für den normalen sinusstrom ist sie nicht wichtig.

Beispiel 69 Das Netzwerk in Abb. 3.5 a besteht aus Wirkwiderstand $R = 5\,\Omega$, den Blindwiderständen $X_L = 10\,\Omega$ und $X_C = -20\,\Omega$ sowie den komplexen Widerständen $\underline{Z}_b = 100\,\Omega \, \angle -30°$ und $\underline{Z}_c = 50\,\Omega \, \angle 50°$ und führt die Ströme $\underline{I}_{qb} = -j\,4\,A$ und $\underline{I}_{qc} = 3\,A$. Es sollen alle Ströme berechnet werden.

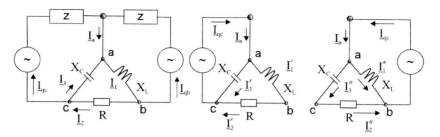

Abb. 3.5 Netzwerk (**a**) und Teilschaltungen (**b,c**) für Überlagerungsverfahren

Wir betrachten für die Überlagerung nach Abb. 3.5 b und c und dürfen hier die Widerstände $\underline{Z}_c$ und $\underline{Z}_b$ unbeachtet lassen. da sie die Stromverteiler nicht beeinflussen. Wir erkennen, dass Abb. 3.5 b mit Abb. 3.4 übereinstimmt. Daher liefert Beispiel 65 schon die Teilergebnisse $\underline{I}'_1 = \underline{I}'_2 = 5{,}37\,A\,\angle -26{,}57° = 4{,}8\,A - j\,2{,}4\,A$ und $\underline{I}'_3 = 3\,A\,\angle 126{,}83° = -1{,}8\,A - j\,2{,}4\,A$.

In analoger Weise findet man mit $\underline{Z}_2 = R + j\,X_C = 5\,\Omega - j\,20\,\Omega = 20{,}62\,\Omega\,\angle -76°$ und $\underline{Z}_1 + \underline{Z}_2 = R + j\,X_L + j\,X_C = 11{,}18\,\Omega\,\angle -63{,}43°$ die Teilströme

$$I''_1 = \frac{\underline{I}_{qb}\,\underline{Z}_2}{\underline{Z}_1 + \underline{Z}_2} = \frac{-j\,4\,A \cdot 20{,}62\,\Omega\,\angle -76°}{11{,}18\,\Omega\,\angle -63{,}43°}$$
$$= 7{,}38\,A\angle -102{,}57° = -1{,}61\,A - j\,7{,}2\,A$$

$$I''_2 = I''_3 = \frac{\underline{I}_{qb}\,j\,X_L}{\underline{Z}_1 + \underline{Z}_2} = \frac{-j\,4\,A \cdot j\,10\,\Omega}{11{,}18\,\Omega\,\angle -63{,}43°}$$
$$= 3{,}58\,A\,\angle 63{,}43° = 1{,}6\,A + j\,3{,}2\,A$$

Die resultierenden Ströme finden wir durch Überlagerung. Nach Abb. 3.5 gilt

$$\underline{I}_1 = \underline{I}'_1 + \underline{I}''_1 = 4{,}8\,A - j\,2{,}4\,A - 1{,}61\,A - j\,7{,}2\,A$$
$$= 3{,}19\,A - j\,9{,}6\,A = 10{,}12\,A\,\angle -71{,}62°$$
$$\underline{I}_2 = \underline{I}'_2 - \underline{I}''_2 = 4{,}8\,A - j\,2{,}4\,A - 1{,}6\,A - j\,3{,}2\,A$$
$$= 3{,}2\,A - j\,5{,}6\,A = 6{,}45\,A\,\angle -60{,}26°$$
$$\underline{I}_3 = -\underline{I}'_3 - \underline{I}''_3 = 1{,}8\,A - j\,2{,}4\,A - 1{,}6\,A - j\,3{,}2\,A$$
$$= 0{,}2\,A - j\,5{,}6\,A = 5{,}6\,A\,\angle -88°$$

Die Ergebnisse stimmen mit denen von Beispiel 65 überein, da hier dieselbe Aufgabe behandelt worden ist. Es gilt wieder das Zeigerdiagramm von Abb. 3.2.

3.1.4 Netzumformung

Jede Sternschaltung kann für eine feste Frequenz in eine (bedingt) äquivalente Dreieckschaltung umgerechnet werden und umgekehrt ebenso. Wir stellen zu diesem Zweck die in [14] für Gleichstrom abgeleiteten Umrechnungsformeln auf Sinusstrom um und erhalten unter Benutzung der in Abb. 3.6 angegebenen Formelzeichen bei Umrechnung einer Dreieckschaltung in eine **Sternschaltung** für die komplexen Widerstände bzw. Leitwerte

$$\underline{Z}_a = \frac{\underline{Z}_{ab}\,\underline{Z}_{ca}}{\underline{Z}_{ab} + \underline{Z}_{bc} + \underline{Z}_{ca}} \tag{3.3}$$

$$\underline{Y}_a = \underline{Y}_{ab} + \underline{Y}_{ca} + \frac{\underline{Y}_{ab}\,\underline{Y}_{ca}}{\underline{Y}_{bc}} \tag{3.4}$$

Die übrigen Widerstände findet man durch zyklisches Vertauschen der Indizes. Der komplexe Sternschaltungswiderstand $\underline{Z}_k$ zwischen den Knotenpunkten k und Mp ergibt sich also, wenn man das komplexe Produkt der am Knoten k liegenden komplexen Dreieckschaltungswiderstände durch die komplexe Summe aller Dreieckschaltungswiderstände dividiert.

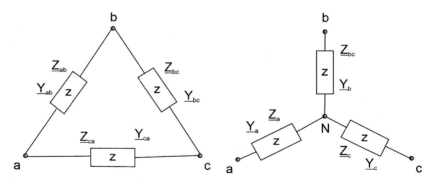

Abb. 3.6 Bedingt äquivalente Dreieck- (**a**) und Sternschaltung (**b**)

Analog sind bei einer Umwandlung einer Sternschaltung in eine bedingt äquivalente **Dreieckschaltung** die komplexen Widerstände bzw. Leitwerte

$$\underline{Z}_{ab} = \underline{Z}_a + \underline{Z}_b + \frac{\underline{Z}_a \, \underline{Z}_b}{\underline{Z}_c} \tag{3.5}$$

$$\underline{Y}_{ab} = \frac{\underline{Y}_a \, \underline{Y}_b}{\underline{Y}_a + \underline{Y}_b + \underline{Y}_c} \tag{3.6}$$

Den komplexen Dreiecksschaltungsleitwert zwischen den Knotenpunkten i und k erhält man also, indem man das komplexe Produkt der an den knoten i und k liegenden komplexen Sternschaltungsleitwerte durch die komplexe Summe aller Sternschaltungsleitwerte dividiert.

Da bei diesen Umwandlung jeweils eine Masche durch einen Knotenpunkt und umgekehrt ersetzt werden, zeigen Stern- und Dreieckschaltung wieder ein duales Verhalten: Gl. 3.3 und 3.6 bzw. 3.4 und 3.5 haben also einen jeweils gleichen Aufbau; man erhält die eine aus der anderen, wenn man Widertände und Leitwerte gegeneinander vertauscht.

Wenn die komplexen Widerstände $\underline{Z}_\curlywedge$ bzw. $\underline{Z}_\triangle$ oder Leitwerte $\underline{Y}_\curlywedge$ bzw. $\underline{Y}_\triangle$ untereinander gleich groß sind, gilt außerdem

$$\underline{Z}_\triangle = 3 \, \underline{Z}_\curlywedge \qquad \text{und} \qquad \underline{Y}_\curlywedge = 3 \, \underline{Y}_\triangle \tag{3.7}$$

Beispiel 70 Passive Vierpole, d.s. Schaltungen mit 4 Anschlussklemmen, werden in Ersatzschaltungen meist als T- oder π-Schaltung aufgefasst. Die π-Schaltung in Abb. 3.7 a besteht aus Wirkwiderstand $R = 5\,k\Omega$ und in den Blindwiderständen $X_L = 10\,k\Omega$ und $X_C = -20\,k\Omega$. Sie soll in die bedingt äquivalente T-Schaltung von Abb. 3.7 b umgerechnet werden.

Die π-Schaltung nach Abb. 3.7 a ist eine Dreieckschaltung die T-Schaltung nach 3.7 b eine Sternschaltung. Daher gilt mit $R + j\,X_L + j\,X_C = 5\,k\Omega + j\,(10\,k\Omega - 20\,k\Omega) = 11,18\,k\Omega \angle - 63,43°$ und Gl. 3.3 für die komplexen Widerstände der T-Schaltung

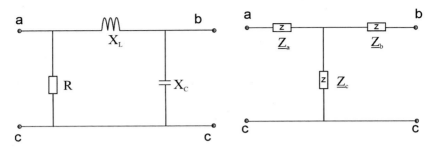

Abb. 3.7 Vierpol in π-Schaltung (**a**) und T-Schaltung (**b**)

$$\underline{Z}_a = \frac{j\, X_L\, R}{R + j\, X_L + j\, X_C} = \frac{j\, 10\,k\Omega \cdot 5\,k\Omega}{11{,}18\,k\Omega\ \angle - 63{,}43°}$$
$$= 4{,}47\,k\Omega\ \angle 153{,}43°$$

$$\underline{Z}_b = \frac{j\, X_L\, X_C}{R + j\, X_L + j\, X_C} = \frac{j\, 10\,k\Omega \cdot (-20\,k\Omega)}{11{,}18\,k\Omega\ \angle - 63{,}43°}$$
$$= 17{,}89\,k\Omega\ \angle 63{,}43°$$

$$\underline{Z}_c = \frac{j\, X_C\, R}{R + j\, X_L + j\, X_C} = \frac{-j\, 20\,k\Omega \cdot 5\,k\Omega}{11{,}18\,k\Omega\ \angle - 63{,}43°}$$
$$= 8{,}94\,k\Omega\ \angle - 26{,}57°$$

Wie bei dem komplexen Widerstand $\underline{Z}_a$ können also bei einer solchen Umwandlung Phasenwinkel $|\varphi_Y| = |\varphi| > 90°$ auftreten.

Beispiel 71 Die Schaltung in Abb. 3.8 enthält den Wirkwiderstand $R = 5\,k\Omega$ und die Blindwiderstände $X_L = 10\,k\Omega$ und $X_C = -20\,k\Omega$ und liegt an der Spannung $\underline{U} = 100\,V$. Es soll der Gesamtstrom $\underline{I}$ bestimmt werden.

Man kann beispielsweise die obere Dreieckschaltung in Abb. 3.8 a in eine bedingt äquivalente Sternschaltung umwandeln und erhält dann Abb. 3.8 b. Da hier die gleichen Zahlenwerte wie in Beispiel 70 vorliegen, dürfen wir von dort auch die komplexen Sternschaltungswiderstände $\underline{Z}_a = 4{,}47\,k\Omega\ \angle 153{,}43° = -4{,}0\,k\Omega + j\, 2{,}0\,k\Omega$, $\underline{Z}_b = 17{,}89\,k\Omega\ \angle 63{,}43° = 8{,}0\,k\Omega + j\, 16{,}0\,k\Omega$ und $\underline{Z}_a = 8{,}94\,k\Omega\ \angle - 26{,}57° = 8{,}0\,k\Omega - j\, 4{,}0\,k\Omega$ übernehmen. Hiermit finden wir die Teilwiderstände $\underline{Z}_a + j\, X_C = -4\,k\Omega + j\, 2\,k\Omega - j\, 20\,k\Omega = -4\,k\Omega - j\, 18\,k\Omega = 18{,}44\,k\Omega\ \angle - 102{,}33°$ und $\underline{Z}_c + j\, X_L = 8\,k\Omega - j\, 4\,k\Omega + j\, 10\,k\Omega = 8\,k\Omega + j\, 6\,k\Omega = 10\,k\Omega\ \angle 36{,}87°$. Beide liegen parallel und bilden mit $\underline{Z}_a + j\, X_C + \underline{Z}_c + j\, X_L =$

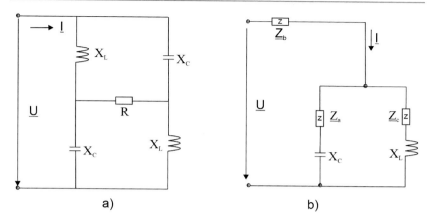

Abb. 3.8 Netzwerk (**a**) mit Ersatzschaltung (**b**)

$$-4\,k\Omega - j\,18\,k\Omega + 8\,k\Omega + j\,6\,k\Omega = 4\,k\Omega - j\,12\,k\Omega = 12{,}65\,k\Omega\;\angle -71{,}57°$$
den Widerstand

$$\underline{Z}_p = \frac{(\underline{Z}_a + j\,X_C)(\underline{Z}_c + j\,X_L)}{\underline{Z}_a + j\,X_C + \underline{Z}_c + j\,X_L} =$$
$$= \frac{18{,}44\,k\Omega\;\angle -102{,}53° \cdot 10\,k\Omega\;\angle 36{,}87°}{12{,}65\,k\Omega\;\angle -71{,}57°}$$
$$= 14{,}58\,k\Omega\;\angle 5{,}91° = 14{,}5\,k\Omega + j\,1{,}5\,k\Omega$$

so dass insgesamt der Widerstand $\underline{Z} = \underline{Z}_b + \underline{Z}_p = 8{,}0\,k\Omega + j\,16{,}0\,k\Omega + 14{,}5\,k\Omega + j\,1{,}5\,k\Omega = 22{,}5\,k\Omega + j\,17{,}5\,k\Omega = 28{,}5\,k\Omega\;\angle 37{,}87°$ auftritt und der Strom $\underline{I} = \underline{U}/\underline{Z} = 100\,V/(28{,}5\,k\Omega\;\angle 37{,}87°) = 3{,}51\,mA\;\angle -37{,}87°$ fließt.

3.1.5 Ersatzquellen

Nach [2, 7, 11, 13, 14] kann man jedes Sinusstromnetzwerk, das die bedien Anschlussklemmen a und b und beliebig viele Quellen enthält, als aktiv wirkenden **Zweipol** ansehen und daher für diese Klemmen a und b durch eine Ersatz-Spannungsquelle mit der ideellen Quellenspannung $\underline{U}_{qi}$ oder durch eine Ersatz-Stromquelle mit dem ideellen Quellenstrom $\underline{I}_{qi}$ völlig gleichwertig ersetzen. Beide

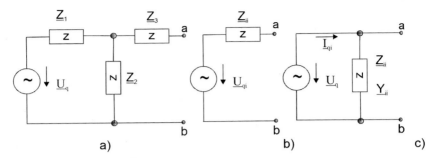

Abb. 3.9 Aktives Wechselstrom-Netzwerk (**a**) mit Ersatz-Spannungsquelle (**b**) und Ersatz-Stromquelle (**c**)

Ersatzschaltungen haben den gleichen komplexen inneren Widerstand $\underline{Z}_{ii} = 1/\underline{Y}_{ii}$ und nach Abb. 3.9 b und c geschaltet.

Die Kennwerte der Ersatzquellen erhält man, wie in Abb. 3.10 für das Beispiel von Abb. 3.9 a dargestellt, durch die folgenden Überlegungen: Im **Leerlauf**, also bei offenen Klemmen a und b, müssen in den Schaltungen von Abb. 3.9 b und 3.10 a die gleichen komplexen Spannungen

$$\underline{U}_{qi} = \underline{U}_1 \tag{3.8}$$

auftreten. Man findet also die komplexe ideelle Quellenspannung $\underline{U}_{qi}$ als Leerlaufspannung $\underline{U}_l$ an den Klemmen a und b.

Bei **Kurzschluss** der Klemmen a und b fließt in Abb. 3.9 c über diese Klemmen der komplexe ideelle Quellenstrom $\underline{I}_{qi}$ und in 3.10 b der Kurzschlussstrom $\underline{I}_k$. Beide müssen mit

$$\underline{I}_{qi} = \underline{I}_k \tag{3.9}$$

gleich sein, so dass der gesuchte Quellenstrom der Kurzschlussstrom über die Klemmen a und b ist.

Für den komplexen ideellen Innenwiderstand von Abb. 3.9 b und c gilt in gleicher Weise

$$\underline{Z}_{ii} = 1/\underline{Y}_{ii} = \underline{U}_{qi}/\underline{I}_{qi} = \underline{U}_l/\underline{I}_k \tag{3.10}$$

wobei man bei der Ersatz-Stromquelle besser mit dem komplexen ideellen Innenleitwert $\underline{Y}_{ii} = 1/\underline{Z}_{ii}$ abreitet. Den inneren Widerstand $\underline{Z}_{ii}$ findet man auch durch eine Betrachtung nach Abb. 3.10 c, wenn man den Widerstand zwischen den

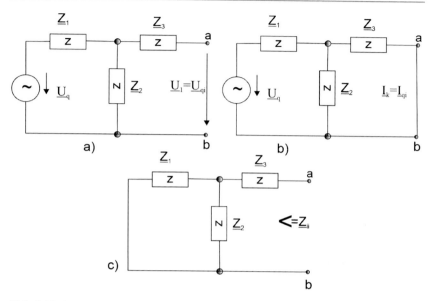

Abb. 3.10 Bestimmung der Ersatzquellen-Kenngrößen **a)** Leerlauf an den Klemmen a und b **b)** Kurzschluss an den Klemmen a und b **c)** komplexer ideeller innerer Widerstand $\underline{Z}_{ii}$

Klemmen a und b bestimmt. Spannungquellen müssen hierbei widerstandslos überbrückt, Stromquellen dagegen als Unterbrechungen gewertet werden.

Beispiel 72 Die Schaltung von Abb. 3.11 besteht aus Wirkwiderstand $R = 5\,k\Omega$ und den Blindwiderständen $X_L = 10\,k\Omega$ und $X_C = -20\,k\Omega$. Es fließt der Strom $\underline{I}_q = 10\,mA$. Die Kenngrößen der Ersatzquellen von Abb. 3.9 b und c sollen bestimmt werden.

Abb. 3.11 Netzwerk

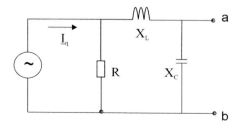

Beim Kurzschluss der Klemmen a und b ist auch der Blindwiderstand X_C widerstandslos überbrückt. Es liegt ein Stromteiler vor, und mit dem Widerstand $R + j\,X_L = 5\,k\Omega + j\,10\,k\Omega = 11,18\,k\Omega \,\angle 63,43°$ ergeben sich nach Tafel 3.1 Kurzschlussstrom bzw. ideeller Quellenstrom

$$\underline{I}_{qi} = \underline{I}_k = \frac{\underline{I}_q\,R}{R + j\,X_L} = \frac{10\,mA \cdot 5\,k\Omega}{11,18\,k\Omega \,\angle 63,43°} = 4,5\,mA \,\angle - 63,43°$$

Außerdem beträgt der komplexe ideelle Innenwiderstand

$$\underline{Z}_{ii} = \frac{j\,X_C(R + j\,X_L)}{R + j(X_L + X_C)} = \frac{-j\,20\,k\Omega \cdot 11,18\,k\Omega \,\angle 63,43°}{11,18\,k\Omega \,\angle - 63,43°}$$

$$= 20\,k\Omega \,\angle 36,86° = 16\,k\Omega + j\,12\,k\Omega$$

Dann kann man nach Gl. 3.10 auch mit der ideellen Quellenspannung $\underline{U}_{qi} =$ $\underline{Z}_{ii}\,\underline{I}_{qi} = 20\,k\Omega \,\angle 36,86° \cdot 4,5\,mA \,\angle - 63,43° = 90\,V \,\angle - 26,57°$ arbeiten.

Beispiel 73 An die Klemmen a und b der Schaltung in Abb. 3.11 sollen Wirkwiderstände $R_a = 0$ bis ∞ angeschlossen werden. Die Stromfunktion $I_a = f(R_a)$ soll bestimmt werden.

Mit der ideellen Quellenspannung $U_{qi} = 90\,V$ und dem ideellen Innenwiderstand $\underline{Z}_{ii} = R_{ii} + j\,X_{ii} = 16\,k\Omega + j\,12\,k\Omega$ liegt eine Schaltung wie in Abb. 2.31 a bzw. Abb. 3.12 a vor, für deren Strom gilt $\underline{I}_a = \underline{U}_{qi}/(R_{ii} + j\,X_{ii} + R_a)$ Es muss sich daher eine Stromortskurve wie in Abb. 2.32 ergeben, wenn wir, da es hier nur auf die Beträge ankommt, eine reelle Quellenspannung $\underline{U}_{qi} = 90\,V$ voraussetzen. Die Stromortskurve ist Teil eines Kreises, der den Durchmesser $U_{qi}/X_{ii} = 90\,V/(12\,k\Omega) = 7,5\,mA$ hat und daher wie in Abb. 3.12 b gezeichnet werden kann. Für die (reziproke) Bezifferung des Kreises können wir eine waagerechte Hilfsgerade HG angeben. Da sich für $R_{ii} + R_a = X_{ii} = 12\,k\Omega$ der Phasenwinkel Q $\varphi = -45°$ ergeben muss, können wir die Hilfsgerade HG linear in Widerstandswerte unterteilen und die Werte $R_a = (R_{ii} + R_a) - R_{ii}$ auf den Kreis übertragen. Die so gefundenen Beträge I_a sind in Abb. 3.12 c dargestellt.

3.1.6 Vergleich

Die **Kirchhoffschen Gesetze** stellen die Grundlage für jedes Berechnungsverfahren für elektrische Netzwerke dar. Durch Aufstellen der möglichen und hinreichenden

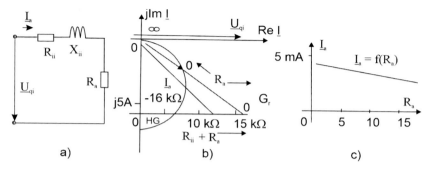

Abb. 3.12 Ersatzschaltung (**a**) mit Stromortskurve (**b**) und Stromfunktion $I_a = f(R_a)$ (**c**)

Strom- und Spannungsgleichungen kann man jede Netzwerkaufgabe lösen. Dies wird aber wegen des großen Rechnungsaufwands nur selten angewandt. Umfangreiche Maschennetze werden vielmehr mit den in Abschn. 3.2 behandelten Verfahren untersucht.

Das **Überlagerungsverfahren** eignet sich besonders für die Berechnung von Netzwerken mit mehreren Spannungs- oder Stromquellen, wenn die Wirkungen der einzelnen Quellen einfach zu bestimmen sind und auch wenn diese Quellen verschieden frequente Ströme liefern z. b. Überlagerung von Gleich- und Wechselstrom oder Wechselströmen verschiedener Frequenz [7]). Einzelne Zweigströme können leicht berechnet werden.

Wenn sich die Widerstände von Netzwerken nicht mit den Gesetzen für Parallel- und Reihenschaltungen zusammenfassen lassen und somit der Gesamtwiderstand nicht einfach berechnet werden kann, kann man auf Netzteile u. U. mit Vorteil die **Netzumformung** anwenden.

Ersatzquellen werden vorteilhaft eingesetzt, wenn an den Klemmen a und b einer Schaltung veränderbare Widerstände angeschlossen und ihre Wirkungen berechnet werden sollen. Sie sind notwendig, wenn z. B. für Leistungsanpassung (s. Abschn. 4.3) der äußere Widerstand $\underline{Z}_a$ bestimmt werden soll. Man kann auf diese Weise auch nur einen Zweigstrom ermitteln.

Wechselstromaufgaben können meist sowohl mit der komplexen Rechnung als auch mit Zeigerdiagrammen gelöst werden. Für die Wahl des zweckmäßigen Vorgehens sind folgende Gesichtspunkte maßgebend:

Mit **Zeigerdiagrammen** kann man die Phasenwinkel und Beträge der Ströme und Spannungen besonders anschaulich bestimmen, wie dies z. B. die Abb. 2.37, 2.38, 2.41, 2.42 und die Beispiele 6, 8, 12, 29 deutlich zeigen. Wenn Spannungen

und Ströme eine bestimmte Phasenbedingung erfüllen sollen, lassen sich die Verhältnisse meist mit einem Zeigerdiagramm gut überblicken und schnelle Lösungswege
angeben. Auch empfiehlt es sich, mit Zeigerdiagrammen umfangreiche komplexe
Durchrechnungen zu überprüfen, wie dies z. B. in Abb. 3.2 für Beispiel 65 geschieht.
Anfänger machen bei komplexen Rechnungen leicht Fehler, die durch Zeigerdiagramme erkannt werden können. Wenn ein Zeigerdiagramm groß und sorgfältig
gezeichnet wird, reicht seine Genauigkeit meist aus.

Die **komplexe Rechnung** ermöglicht eine noch größere Genauigkeit, insbesondere wenn ein Taschenrechner zur Verfügung steht, mit dem Polarkoordinaten
schnell in kartesische Koordinaten, also die Exponentialform in die Komponenten,
und umgekehrt umgerechnet werden kann. Da komplexe Gleichungen in Real- und
Imaginärteil aufgespalten werden können (s. Anhang), verschwindet bei den Pha-
senbedingungen $\varphi = 0$ oder $|\varphi| = 90°$ eine der beiden Gleichungen, und man erhält
schnell eine Bestimmungsgleichung für die gesuchte Größe. Entsprechend muss bei
der Bedingung $|\varphi| = 45°$ das Verhältnis von Imaginär- zu Realteil $\tan 45° = 1$ wer-
den. Allgemein mit Formelzeichen versehene Lösungsgleichungen findet man meist
ebenfalls nur mit der komplexen Rechnung (s. Beispiel 65; Beispiel 66; Beispiel
67,; Abschn. 3.1.4).

Die folgenden Beispiele sollen diese Feststellungen erläutern.

Beispiel 74 Die Schaltung Abb. 3.13 besteht aus den Wirkwiderständen $R_1 = 100\,\Omega$ und $R_2 = 80\,\Omega$ sowie aus den Blindwiderständen $X_L = 200\,\Omega$ und
$X_C = -120\,\Omega$ und liegt an der Spannung $\underline{U} = 100\,V$. Die Spannung $\underline{U}_{ab}$ ist
nach Betrag und Phase zu bestimmen.

Mit dem Scheinwiderstand $Z_1 = \sqrt{R_1^2 + X_L^2} = \sqrt{100^2 + 200^2}\,\Omega = 224\,\Omega$ bei
dem Phasenwinkel $\varphi_1 = \arctan(X_L/R_1) = \arctan(200\,\Omega/100\,\Omega) = 63,43°$ erhält

Abb. 3.13 Brückens-
chaltung

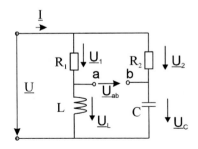

man den Strom $I_1 = U/Z_1 = 150\,V/224\,\Omega = 0,67\,A$ und die Teilspannung $U_1 = R_1\,I_1 = 100\,\Omega \cdot 0,67\,A = 67\,V$ und $U_L = X_L\,I_1 = 200\,\Omega \cdot 0,67\,A = 134\,V$. Ebenso findet man mit dem Scheinwiderstand $Z_2 = \sqrt{R_2^2 + X_C^2} = \sqrt{80^2 + 120^2}\,\Omega = 144,2\,\Omega$ bei dem Phasenwinkel $\varphi_2 = \arctan(X_C/R_2) = \arctan(-120\,\Omega/80\,\Omega) = -56,31°$ den Strom $I_2 = U/Z_2 = 150\,V/144,2\,\Omega = 1,04\,A$ und die Teilspannung $U_2 = R_2\,I_2 = 80\,\Omega \cdot 1,04\,A = 83,22\,V$ und $U_C = -X_C\,I_2 = 120\,\Omega \cdot 1,04\,A = 124,83\,V$.

Mit diesen Spannungen kann man unter Berücksichtigung der durch die Phasenwinkel $\varphi_1 = 63,43°$ und $\varphi_2 = -56,31°$ bzw. mit dem Abb. 3.14 angegebenen Thaleskreis das Zeigerdiagramm der Spannung in Abb. 3.14 zeichnen. Es liefert die Spannung $\underline{U}_{ab} = 129\,V \angle 83,5°$.

Beispiel 75 Beispiel 74 soll jetzt mit Hilfe der komplexen Rechnung gelöst werden.
Nach Beispiel 74 ergeben sich die Teilspannungen $U_1 = 67\,V \angle -63,43° = 29,57\,V - j\,59,92\,V$ und $U_2 = 83,22\,V \angle 56,32° = 46,16\,V + j\,69,24\,V$. Nach Abb. 3.13 ist daher $\underline{U}_{ab} = \underline{U}_2 - \underline{U}_1 = 46,16\,V + j\,69,24 - 29,57\,V + j\,59,92\,V = 16,19\,V + j\,129,16\,V = 130,17 \angle 83,86°$.

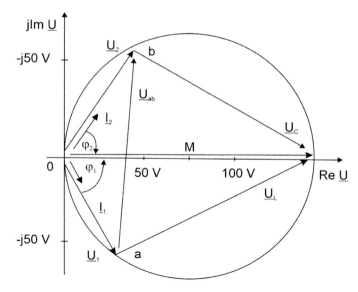

Abb. 3.14 Zeigerdiagramm für Beispiel 74

Beispiel 76 Die Schaltung in Abb. 3.13 besteht aus den Wirkwiderständen $R_1 = 1\,k\Omega$ und $R_2 = 2\,k\Omega$, der Induktivität L = 1 mH und der Kapazität $C = 10\,\mu F$.

a) Die allgemeine komplexe Gleichung für den Widerstand $\underline{Z}$ und die Gleichungen für seinen Betrag Z und seinen Phasenwinkel φ sollen bestimmt werden.

Nach Gl. 2.73 ist der komplexe Widerstand

$$\underline{Z} = \frac{(R_1 + j\,\omega\,L)[R_2 + 1/(j\,\omega\,C)]}{R_1 + R_2 + j[\omega\,L - 1/(\omega\,C)]}$$
$$= \frac{R_1\,R_2 + (L/C) + j[\omega\,L\,R_2 - R_1/(\omega\,C)]}{R_1 + R_2 + j[\omega\,L - 1/(\omega\,C)]}$$

Daher gilt für seinen Betrag

$$Z = \sqrt{\frac{(R_1\,R_2 + L/C)^2 + [\omega\,L\,R_2 - R_1/(\omega\,C)]^2}{(R_1 + R_2)^2 + [\omega\,L - 1/(\omega\,C)]^2}}$$

und seinem Phasenwinkel

$$\varphi = \arctan\frac{\omega\,L\,R_2 - R_1/(\omega\,C)}{R_1\,R_2 + (L/C)} - \arctan\frac{\omega\,L - 1/(\omega\,C)}{R_1 + R_2}$$

b) Bei welcher Kreisfrequenz ω_o sind Spannung $\underline{U}$ und Strom $\underline{I}$ in Phase?

Der Phasenwinkel φ verschwindet für

$$\frac{\omega_o\,L\,R_2 - R_1/(\omega_o\,C)}{R_1\,R_2 + (L/C)} = \frac{\omega_o\,L - 1/(\omega_o\,C)}{R_1 + R_2}$$

Wir multiplizieren beide Gleichungsseiten mit ω_o und erhalten so eine quadratische Gleichung für ω_o. Sie ergibt schließlich die Kreisfrequenz

$$\omega_o = \sqrt{\frac{1}{L\,C} \cdot \frac{R_1^2 - L/C}{R_2^2 - L/C}}$$
$$= \sqrt{\frac{1}{1mH \cdot 10\,\mu F} \cdot \frac{(1\,k\Omega)^2 - (1\,mH/10\,\mu F)}{(2\,k\Omega)^2 - (1\,mH/10\,\mu F)}} = 5 \cdot 10^3\,s^{-1}$$

Negative Werte sind technisch nicht möglich.

Beispiel 77 Die Schaltung in Abb. 3.15 enthält die Wirkwiderstände $R_1 = 10\,\Omega$ und $R_2 = 100\,\Omega$ sowie die Blindwiderstände $X_L = 50\,\Omega$ und $X_C = -200\,\Omega$ und liegt an der Spannung $\underline{U} = 230\,\text{V}$. Die Spannung $\underline{U}_2$ soll nach Betrag und Phase bestimmt werden.

Hier empfiehlt sich eine Lösung mit dem Zeigerdiagramm, wobei zunächst die Spannung $\underline{U}_2' = 100\,V$ angenommen wird. Es fließen dann die Ströme $\underline{I}_C' = U_2'/(-X_C) = 100\,V/(200\,\Omega) = 0,5\,A$ und $I_2' = U_2'/R_C = 100\,V/(100\,\Omega) = 1\,A$, die nach Abb. 3.15 a den Strom $\underline{I} = \underline{I}_2' + \underline{I}_C'$ mit dem Betrag

$$I' = \sqrt{I_2'^2 + I_C'^2} = \sqrt{1^2\,A^2 + 0,5^2\,A^2} = 1,12\,A$$

und dem Phasenwinkel $\varphi_2 = \arctan(I_C'/I_2') = \arctan(0,5\,A/1\,A) = 26,57°$ ergeben. Dieser Strom führt zu den Teilspannungen $U_L' = X_L\,I' = 50\,\Omega \cdot 1,12\,A = 56\,V$ und $U_1' = R\,I' = 10\,\Omega \cdot 1,12\,A = 11,2\,V$. Nach Abb. 3.15 a gilt für die Gesamtspannung $\underline{U}' = \underline{U}_2' + \underline{U}_L' + \underline{U}_1'$, die daher mit dem Zeigerdiagramm in Abb. 3.15 b gebildet werden kann.

Man findet U' = 101 V bei dem Phasenwinkel $\varphi = 33°$. Das Zeigerdiagramm ist also mit einem falschen Maßstab gezeichnet; man braucht daher nur umzurechnen auf die tatsächliche Spannung $U_2 = U_2'\,U/U' = 100\,V \cdot 230\,V/101\,V = 227,72\,V$.

Beispiel 78 Wie groß müssen in der Schaltung von Abb. 3.15 a Wirkwiderstand R_1 und Blindwiderstand X_L sein, wenn zwischen den Spannungen $\underline{U}$ und $\underline{U}_2$ der

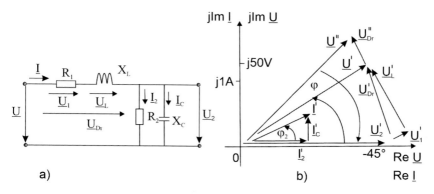

Abb. 3.15 Netzwerk (**a**) mit Zeigerdiagramm (**b**)

Phasenwinkel $\varphi' = -45°$ herrschen soll und hierbei das vorliegende Verhältnis $R_1/X_L = 10\,\Omega/50\,\Omega = 0,2$ (z. B. in einer Drossel) bestehen bleibt. Wir können das Zeigerdiagramm in Abb. 3.15 b zu Lösung heranziehen, wenn noch der Spannungszeiger $\underline{U}''$ mit dem gewünschten Phasenwinkel eingetragen wird. Die Spannung $U'_{Dr} = 56\,V$ muss dann auf $U''_{Dr} = 81\,V$ vergrößert werden, was bedeutet, dass die zugehörigen Widerstände im gleichen Verhältnis vergrößert werden müssen. Daher sind erforderlich der der Wirkwiderstand $R''_1 = R_1\,U''_{Dr}/U_{Dr} = 10\,\Omega \cdot 81\,V/56\,V = 14,45\,\Omega$ und der Blindwiderstand $X_L = 50\,\Omega \cdot 81\,V/56\,V = 72,3\,\Omega$.

Beispiel 79 Das Ergebnis von Beispiel 78 soll jetzt mit der komplexen Rechnung gefunden werden.

Wir setze auf die Schaltung in Abb. 3.15 a die Spannungsteilerregel an und finden so das Spannungsverhältnis

$$\frac{\underline{U}}{\underline{U}_2} = \frac{R_1 + j\,X_L + j\,X_C\,R_2/(R_2 + j\,X_C)}{j\,X_C\,R_2/(R_2 + j\,X_C)}$$

$$= \frac{1}{j\,X_C\,R_2}\,[(R_1 + j\,X_L)(R_2 + j\,X_C) + j\,X_C\,R_2]$$

$$= \frac{1}{X_C\,R_2}\,[(X_L\,R_2 + X_C\,R_1 + X_C\,R_2) - j(R_1\,R_2 - X_L\,X_C)]$$

Wegen der Bedingung $\varphi = 45°$ muss das Verhältnis von Imaginär- zu Realteil 1 sein. Daher wird
$-R_1R_2 + X_LX_C = X_LR_2 + X_CR_1 + X_CR_2$
Nach Einsetzen der Bedingung $X_L = 5\,R_1$ findet man über $-R_1R_2 + 5\,R_1X_C = 5\,R_1R_2 + X_CR_1 + X_CR_2$ und $4\,R_1X_C - 6\,R_1R_2 = X_CR_2$ die Bestimmungsgleichung für den Wirkwiderstand

$$R_1 = \frac{X_C R_2}{4\,X_C - 6\,R_2} = \frac{-200\,\Omega \cdot 100\,\Omega}{-4 \cdot 200\,\Omega - 6 \cdot 100\,\Omega} = 14,29\,\Omega$$

sowie den Blindwiderstand $X_L = 5\,R_1 = 5 \cdot 14,29\,\Omega = 71,45\,\Omega$.

Beispiel 80 Die Abgleichbedingungen für die allgemeine Sinusstrom-Brücken-schaltung in Abb. 3.16 sollen abgeleitet werden.

Man spricht vom Abgleich einer Brückenschaltung, wenn die Spannung im Null-zweig $\underline{U}_g = 0$ verschwindet, also für die Ströme $\underline{I}_1 = \underline{I}_2$ und $\underline{I}_3 = \underline{I}_4$ gilt und die Spannungen an den parallelen Brückenzweig $\underline{U}_1 = \underline{U}_2$ und $\underline{U}_3 = \underline{U}_4$ gleich sind.

Abb. 3.16 Allgemeine
Wechselstrom-
Brückenschaltung

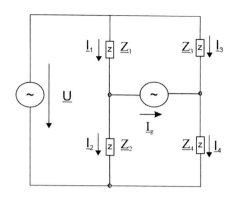

Es muss also $\underline{Z}_1\,\underline{I}_1 = \underline{Z}_3 = \underline{I}_3$ und $\underline{Z}_2\,\underline{I}_2 = \underline{Z}_4 = \underline{I}_4$ oder nach Division beider
Gleichungen

$$\underline{Z}_1/\underline{Z}_2 = \underline{Z}_3/\underline{Z}_4 \qquad\text{oder}\qquad \underline{Z}_1\,\underline{Z}_4 = \underline{Z}_2\,\underline{Z}_3 \tag{3.11}$$

sein. Dies verlangt auch $Z_1\angle\varphi_1\,Z_4\angle\varphi_4 = Z_2\angle\varphi_2\,Z_3\angle\varphi_3$ oder für die **Beträge** der
Widerstände

$$Z_1 Z_4 = Z_2 Z_3 \tag{3.12}$$

und ihre Phasenwinkel

$$\varphi_1 + \varphi_4 = \varphi_2 + \varphi_3 \tag{3.13}$$

Beispiel 81 Man gebe für die Kapazitätsmessbrücke in Abb. 3.17 die Bestimmungsgleichung für die Kapazität C_1 und den Verlustfaktor $\tan\delta$ an.
   Gl. 3.12 ergibt, wenn ein gegenüber $\omega\,C_2$ vernachlässigbar großer Leitwert G_2
vorausgesetzt wird, für die Beträge $R_4/(\omega\,C_1) = R_3/(\omega\,C_2)$ und somit die Kapazität $C_1 = C_2\,R_4/R_3$.
   Die Wirkwiderstände R_3 und R_4 haben die Phasenwinkel $\varphi_3 = \varphi_4 = 0$, und für
die Verlustwinkel gilt wegen ihrer Definition $\delta_1 = 90° + \varphi_1$ bzw. $\delta_2 = 90° + \varphi_2$ nach
Gl. 3.13 auch $\delta_1 = \delta_2$. Daher findet man den Verlustfaktor $\tan\delta_1 = G_2/(\omega\,C_2)$.
   Weitere durchgerechnete Beispiele und Übungsaufgaben enthalten u. a. [7].

Abb. 3.17 Wien-
Kapazitätmessbrück mit
Parallelabgleich

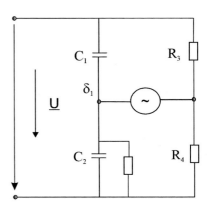

Übungsaufgaben zu Abschn. 3.1 (Lösung im Anhang):

Beispiel 82 Man bestimme für die Schaltung in Abb. 3.18 die allgemeine Gleichung für das Spannungsverhältnis $\underline{U}_a/\underline{U}_e$.

Beispiel 83 Die Stromquelle in Abb. 3.19 enthält als Innenwiderstand Wirkwiderstand $R_i = 50\,\Omega$ und Induktivität $L_i = 0,1\,H$ und liefert den Quellenstrom $\underline{I}_q = 0,8\,A$ bei der Frequenz f = 500 Hz. Der Verbraucher besteht aus Wirkwiderstand $R_a = 200\,\Omega$ und Kapazität $C_a = 1,5\,\mu F$. Welche Wirkleistung P_a wird im Verbraucher gemessen?

Beispiel 84 In der Schaltung von Abb. 3.20 fließt der Strom $\underline{I}$ = 2 A. Wie groß muss der Blindwiderstand X_C gewählt werden, damit an die Wirkwiderstände $R_1 = 40\,\Omega$ und $R_2 = 16\,\Omega$ gleiche Wirkleistungen abgegeben werden?

Beispiel 85 Die Schaltung in Abb. 3.21 besteht aus den komplexen Widerständen $\underline{Z}_1 = 30\,\Omega\angle - 70°$, $\underline{Z}_2 = 60\,\Omega\angle 40°$, $\underline{Z}_3 = 100\,\Omega$ und zwei Quellen mit den

Abb. 3.18 Netzwerk

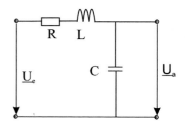

Abb. 3.19 Netzwerk

Abb. 3.20 RC-Schaltung

Abb. 3.21 Netzwerk

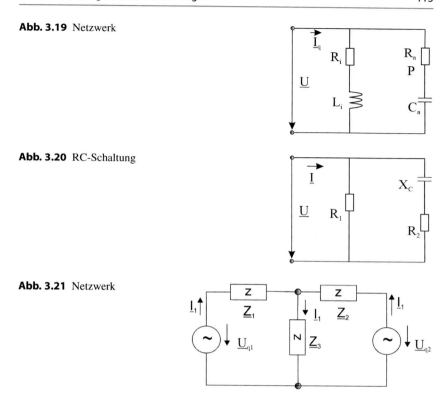

Quellenspannungen $\underline{U}_{q1} = 10\,V$ und $\underline{U}_{q2} = 40\,V\angle 50°$. Es sind alle Ströme und Spannungen zu bestimmen und in einem Zeigerdiagramm darzustellen.

Beispiel 86 Die Schaltung in Abb. 3.22 enthält die Wirkwiderstände $R_1 = R_2 = 1\,k\Omega$ und die Blindwiderstände $X_L = -X_C = 1\,k\Omega$. In ihr wird die Leistung P = 1,8 W umgesetzt. Der Quellenstrom I_q ist zu bestimmen.

Beispiel 87 Für das Netzwerk in Abb. 3.22 sind die Kennwerte der Ersatzquellen zu berechnen.

Beispiel 88 Die Wine-Robinsons-Brückenschaltung nach Abb. 3.23 wird zur Messung von Frequenzen f benutzt. Die Wirkwiderstände R sind miteinander mechanisch gekoppelt; mit ihnen wir der Abgleich hergestellt. Welche Bedingungen muss

Abb. 3.22 RC-Schaltung

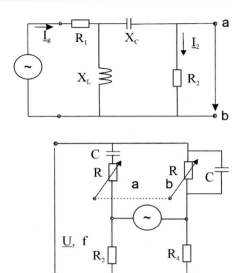

Abb. 3.23 Netzwerk

man dann für die Widerstände R_2 und R_4 einhalten? Wie lautet die Bestimmungsgleichung für die Frequenz f?

3.2   Berechnung von Maschen

Mit den Maschenstrom- und Knotenpunktpotential-Verfahren kann man in umfangreichen Netzwerken die Anzahl der aufzustellenden Strom- und Spannungsgleichungen entscheidend verringern und durch Schematisierung des Vorgehens diese
Netzwerkaufgaben der Lösung mit dem Digitalrechner zugänglich machen [13].
Gegenüber Gleichstrom [14] müssen bei Sinusstrom alle Gleichungen komplex
angesetzt werden. Wir wollen zunächst nochmals die wichtigen Grundbegriffe klä-
ren.

3.2.1   Begriffe

Die Behandlung umfangreicher Maschennetze wird durch Einführung der folgenden
Begriffe erleichtert: Die rein geometrische Anordnung eines Netzwerks, z. B. nach

Abb. 3.24 a, also die Streckenführung einer Schaltung bzw. die Verbindung der **Knotenpunkte** durch die **Zweige**, nennt man Streckenkomplex oder **Graph.** Der ungerichtete Graph nach Abb. 3.24 b gibt nur die Leistungsführung wieder, während ein gerichteter Graph noch die Zählpfeile für die Zweigströme enthält.

Ein System von Zweigen, das alle knoten miteinander verbindet, ohne dass geschlossene Maschen entstehen, nennt nan einen vollständigen Baum. Die Zweige des Netzwerks, die nicht zum vollständigen Baum gehören, bilden ein System unabhängiger Zweige. Abb. 3.24 c zeigt als Beispiel einen vollständigen Baum für die schaltung in Abb. 3.24 a; man könnte aber weitere vollständige Bäume angeben.

Das Netzwerk in Abb. 3.24 a enthält k = 4 Knotenpunkte und z = 6 Zweige. Meist besteht die Aufgabe, bei bekannten komplexen Widerständen $\underline{Z}_\mu$ und bekannten komplexen Quellenspannungen $\underline{U}_{q\mu}$ die z = 6 unbekannten komplexen Zweigströme $\underline{I}_\mu$, zu bestimmen. Dann benötigt man ein System von z = 6 voneinander unabhängigen Gleichungen (s. Abschn. 3.1.1).

Die k Knotenpunkte liefern allgemein

$$r = k - 1 \tag{3.14}$$

voneinander unabhängige komplexe Knotenpunktsgleichungen für die Zweigströme $\underline{I}$. Der vollständige Baum enthält ebenfalls I = k - 1 Zweige, so dass

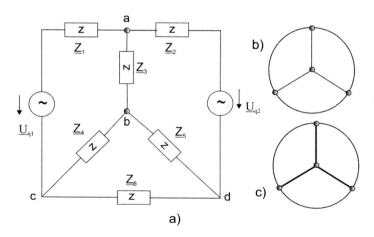

Abb. 3.24 Netzwerk (**a**) mit ungerichtetem Graph (**b**) und einem möglichen vollständigen Baum (■■■) und unabhängigen Zweigen (────) (**c**)

mit ihm die Anzahl der möglichen Knotenpunktsgleichungen anschaulich bestimmt werden kann.

Da insgesamt z Gleichungen benötigt werden, müssen außer den r Knotenpunktsgleichungen noch

$$m = z - r = z - (k - 1) = z + 1 - k \qquad (3.15)$$

voneinander unabhängige komplexe Maschengleichungen für die Zweigspannungen aufgestellt werden. Der Graph mit dem vollständigen Baum enthält ein System m unabhängiger Zweige, so dass man mit ihnen m unabhängige Maschen in den Graph eintragen und für sie die Maschengleichungen angeben kann. Mit dem vollständigen Baum und den unabhängigen Zweigen wird daher die Anwendung der Kirchhoffschen Gesetze auf Maschennetze erheblich erleichtert.

Übungsaufgaben zum Aufstellen von Graphen mit vollständigem Baum und unabhängigen Zweigen findet man in [14].

3.2.2 Maschenstrom-Verfahren

Zur lösung von Netzwerkaufgaben mit den Kirchhoffschen Gesetzen benötigt man mit r Knotenpunktgleichungen und m Maschengleichungen für die z Zweigströme $\underline{I}_\mu$ ein lineares Gleichungssystem mit z = r + m Gleichungen. Führt man jedoch, z. B. wie in Abb. 3.25, m Maschenströme $\underline{I}'$ ein, genügt es, ein Gleichungssystem mit m = z + 1 - k Maschengleichungen zu lösen.

Abb. 3.25 Netzwerk mit Maschenströmen

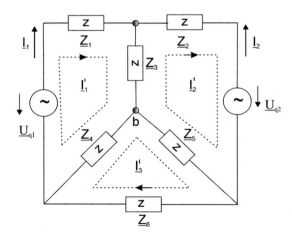

Die tatsächlich fließenden Zweigströme findet man anschließend durch Überlagerung der Maschenströme. Hierdurch würde z. B. bei der Schaltung von Abb. 3.25 das Gleichungssystem von 6 auf 3 Gleichungen reduziert. Es empfiehlt sich das folgende Vorgehen:

a) In das Schaltbild des Netzwerks werden die **Zählpfeile** für die komplexen **Quellenspannungen** $\underline{U}_q$, und die durchnumerierten komplexen **Zweigströme** $\underline{I}_\mu$ eingetragen.

b) Es wird ein **Graph** mit einem vollständigen Baum und einem System von m unabhängigen Zweigen gebildet (s. Abb. 3.24 c). Wenn nur ein Zweigstrom berechnet werden soll, wird der vollständige Baum so gewählt, daass dieser Zweigstrom in einem unabhängigen Zweig fließt, also mit einem Maschenstrom identisch ist.

c) Mit jedem unabhängigen Zweig wird eine Masche gebildet und für sie ein durchnumerierter Maschenstrom **$\underline{I}$'** eingezeichnet. Der **Umlaufsinn** der Maschenströme wird zweckmäßig stets **im Uhrzeigersinn** gewählt.

d) Anschließend müssen unter Beachtung der Kirchhoffschen Maschenregel die m komplexen **Maschengleichungen** aufgestellt werden. Fließen durch einen Widerstand mehrere Maschenströme, so sind die durch sie verursachten Spannungen vorzeichenrichtig einzuführen; d. h., Maschenströme, die den Widerstand entgegengesetzt wie der eigentliche Maschenstrom durchlaufen, erhalten ein negatives Vorzeichen.

e) Man kann das Aufstellen der Spannungsgleichungen auch schematisieren und sofort die komplexe Matrizengleichung

$$\begin{bmatrix} \underline{Z}_{11} & \underline{Z}_{12} & \cdots & \underline{Z}_{1n} \\ \underline{Z}_{21} & \underline{Z}_{22} & \cdots & \underline{Z}_{2n} \\ \vdots & \vdots & & \vdots \\ \underline{Z}_{n1} & \underline{Z}_{n2} & \cdots & \underline{Z}_{nn} \end{bmatrix} \cdot \begin{bmatrix} \underline{I}'_1 \\ \underline{I}'_2 \\ \vdots \\ \underline{I}'_n \end{bmatrix} = \begin{bmatrix} -\underline{U}'_{q1} \\ -\underline{U}'_{q2} \\ \vdots \\ -\underline{U}'_{qn} \end{bmatrix} \qquad (3.16)$$

ansetzen. Die Hauptdiagonale der komplexen Widerstandsmatrix (Koeffizienten-Determinante – s. Anhang und [3, 13, 14]) ist mit den komplexen Summenwiderständen $\underline{Z}_{11}, \underline{Z}_{22} \cdots \underline{Z}_{nn}$ der gewählten Maschen besetzt. Die Nebendiagonalen enthalten komplexe Widerstände $\underline{Z}_{ik}$, die von mindestens zwei Maschenströmen durchflossen werden. Sind die Zählpfeile für die Maschenströme $\underline{I}'_i$ und $\underline{I}'_k$ an diesen Koppelwiderständen $\underline{Z}_{ik}$ gleichsinnig, so erhält dieser Widerstand das positive, andernfalls das negative Vorzeichen. Spiegelbildlich zur Hauptdiagonalen liegende Koppelwiderstände $\underline{Z}_{ik} = \underline{Z}_{ki}$ sind Gleich. Die Spannungen

$\underline{U}'_{q\mu}$ stellen die Summen der komplexen Quellenspannungen in den betrachteten Maschen dar. Die einzelnen Quellenspannungen $\underline{U}_q$ erscheinen hierbei mit positivem Vorzeichen, wenn ihr Zählpfeil mit dem Zählpfeil des zugehörigen Maschenstroms $\underline{I}'_\mu$ übereinstimmt; sie erhalten das negative Vorzeichen, wenn die Zählrichtungen entgegengesetzt sind.

f) Ein Gleichungssystem mit drei komplexen Gleichungen kann man noch einfach durch Anwenden der Determinantenrechnung (s. Anhang) lösen. Bei einer größeren Anzahl komplexer Gleichungen empfiehlt sich die Auflösung in Real- und Imaginärteil, wodurch doppelt so viele reelle Gleichungen entstehen. Umfangreiche Netzwerke werden dann mit Digitalrechnern berechnet [13].

g) Durch **Überlagerung** der komplexen Maschenströme $\underline{I}'$ (oder ihrer Komponenten) erhält man die komplexen Zweigströme $\underline{I}_\mu$.

Beispiel 89 Für die Schaltung in Abb. 3.25 sind die komplexen Matrizengleichung der Maschenströme und die zugehörigen reelle Matrizengleichungen anzugeben. Analog zu Gl. 3.16 und mit den angegebenen Regeln findet man

$$\begin{bmatrix} \underline{Z}_1+\underline{Z}_3+\underline{Z}_4 & -\underline{Z}_3 & -\underline{Z}_4 \\ -\underline{Z}_3 & \underline{Z}_2+\underline{Z}_3+\underline{Z}_5 & -\underline{Z}_5 \\ -\underline{Z}_4 & -\underline{Z}_5 & \underline{Z}_4+\underline{Z}_5+\underline{Z}_6 \end{bmatrix} \cdot \begin{bmatrix} \underline{I}'_1 \\ \underline{I}'_2 \\ \underline{I}'_3 \end{bmatrix} = \begin{bmatrix} \underline{U}_{q1} \\ -\underline{U}_{q2} \\ 0 \end{bmatrix}$$

Für die 1. Gleichung gilt daher
$(\underline{Z}_1+\underline{Z}_3+\underline{Z}_4)\underline{I}'_1 - \underline{Z}_3\underline{I}'_2 - \underline{Z}_4\underline{I}'_3 = \underline{U}_{q1}$
Mit den zugehörigen Wirk- und Blindkomponenten ist auch

$$(R_1+jX_1+R_3+jX_3+R_4+jX_4)(I'_{1w}+jI'_{1b})$$
$$-(R_3+jX_3)(I'_{2w}+jI'_{2b})-(R_4+jX_4)(I'_{3w}+jI'_{3b})$$
$$=(U_{q1w}+jU_{q1b})$$

was man in Realteil

$$(R_1+R_3+R_4)I'_{1w}-(X_1+X_3+X_4)I'_{1b}-R_3I'_{2w}+X_3I'_{2b}$$
$$-R_4I'_{3w}+X_4I'_{3b}=U_{q1w}$$

und Imaginärteil

$$(X_1+X_3+X_4)I'_{1w}+(R_1+R_3+R_4)I'_{1b}-X_3I'_{2w}-R_3I'_{2b}$$
$$-X_4I'_{3w}-R_4I'_{3b}=U_{q1b}$$

auflösen kann. Daher gilt mit $R_{134} = R_1 + R_3 + R_4$, $R_{235} = R_2 + R_3 + R_5$, $R_{456} = R_4 + R_5 + R_6$ und $X_{134} = X_1 + X_3 + X_4$, $X_{235} = X_2 + X_3 + X_5$, $X_{456} = X_4 + X_5 + X_6$ auch die reelle Matrizengleichung

$$\begin{bmatrix} R_{134} & -X_{134} & -R_3 & X_3 & -R_4 & X_4 \\ X_{134} & R_{134} & -X_3 & -R_3 & -X_4 & -R_4 \\ -R_3 & X_3 & R_{235} & -X_{235} & -R_5 & X_5 \\ -X_3 & -R_3 & X_{235} & R_{235} & -X_5 & -R_5 \\ -R_4 & X_4 & -R_5 & X_5 & R_{456} & -X_{456} \\ -X_4 & -R_4 & -X_5 & -R_5 & X_{456} & R_{456} \end{bmatrix} \cdot \begin{bmatrix} I'_{1w} \\ I'_{1b} \\ I'_{2w} \\ I'_{2b} \\ I'_{3w} \\ I'_{3b} \end{bmatrix} = \begin{bmatrix} U_{q1w} \\ U_{q1b} \\ -U_{q2w} \\ -U_{q2b} \\ 0 \\ 0 \end{bmatrix}$$

Beispiel 90 Beispiel 71 soll jetzt mit dem Maschenstrom-Verfahren gelöst werden. Wir zeichnen für das Netzwerk in Abb. 3.26 a zunächst den Graph in Abb. 3.26 b mit einem vollständigen Baum und wählen in Abb. 3.26 a die Maschenströme so, dass $\underline{I}'_1 = \underline{I}$ ist. Analog zu Gl. 3.16 und mit den angegebenen Regeln finden wir die Matrizengleichung

$$\begin{bmatrix} j\,X_L + j\,X_C & -j\,X_L & -j\,X_C \\ -j\,X_C & R + j\,X_L + j\,X_C & -R \\ -j\,X_C & -R & R + j\,X_L + j\,X_C \end{bmatrix} \cdot \begin{bmatrix} \underline{I}'_1 \\ \underline{I}'_2 \\ \underline{I}'_3 \end{bmatrix} = \begin{bmatrix} \underline{U}_q \\ 0 \\ 0 \end{bmatrix}$$

Mit $R = 5\,k\Omega$, $X_L = 10\,k\Omega$ und $X_C = -20\,k\Omega$ sowie $j\,X_L + j\,X_C = j(10\,k\Omega - 20\,k\Omega) = -j\,10\,k\Omega$ und $R + j\,X_L + j\,X_C = 5\,k\Omega - j\,10\,k\Omega = 11,18\,k\Omega\angle-63,43°$ können wir sofort Zahlenwerte einsetzen und erhalten

$$\begin{bmatrix} -j\,10\,k\Omega & -j\,10\,k\Omega & j\,20\,k\Omega \\ -j\,10\,k\Omega & 11,18\,k\Omega\angle - 63,43° & -5\,k\Omega \\ j\,20\,k\Omega & -5\,k\Omega & 11,18\,k\Omega\angle - 63,43° \end{bmatrix} \cdot \begin{bmatrix} \underline{I}'_1 \\ \underline{I}'_2 \\ \underline{I}'_3 \end{bmatrix} = \begin{bmatrix} 100\,V \\ 0 \\ 0 \end{bmatrix}$$

Abb. 3.26 Netzwerk mit Zeigströmen (**a**) und vollständigem Baum (**b**)

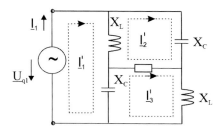

Die Koeffizienten-Matrix hat den Wert

$$\underline{D} = \begin{vmatrix} -j\,10 & -j\,10 & j\,20 \\ -j\,10 & 11,18\angle-63,43° & -5 \\ j\,20 & -5 & 11,18\angle-63,43° \end{vmatrix} (k\Omega)^3$$

$$= [-j\,10 \cdot 11,18^2 \angle -2 \cdot 63,43° - 10 \cdot 5 \cdot 20 - 20 \cdot 10 \cdot 5$$

$$+ 20^2 \cdot 11,18\angle -63,43° + j\,5^2 \cdot 10 + 10^2 \cdot 11,18\angle -63,43°]$$

$$(k\Omega)^3 = 4031(k\Omega)^3 \angle - 97,13°$$

Für die Zähler-Determinante ergibt sich

$$\underline{D}_1 = \begin{vmatrix} 100V & -j\,10\,k\Omega & j\,20\,k\Omega \\ 0 & 11,18\,k\Omega\angle-63,43° & -5\,k\Omega \\ 0 & -5\,k\Omega & 11,18\,k\Omega\angle-63,43° \end{vmatrix}$$

$$= 100V[11,18^2 \angle -2 \cdot 63,43° - 5^2](k\Omega)^2$$

$$= 14\,142V(k\Omega)^2 \angle - 135°$$

und daher für den gesuchten Strom

$$\underline{I} = \underline{I}_1' = \frac{\underline{D}_1}{\underline{D}} = \frac{14\,142\,V(k\Omega)^2 \angle - 135°}{4031(k\Omega)^3 \angle - 97,13°} = 3,51mA\angle - 37,87°$$

Diese Ergebnis stimmt mit dem von Beispiel 71, S. 100 überein.

3.2.3 Knotenpunktpotential-Verfahren

Wenn man in dem Netzwerk von Abb. 3.24 a einem der Knotenpunkte, z. B. dem Knoten c, willkürlich das Potential $\underline{U}_c' = 0$ zuordnet, haben die übrigen Knotenpunkte a, b, d gegenüber diesem Bezugs-Knotenpunkt die Potentiale $\underline{U}_{ca}'$, $\underline{U}_{cb}'$ und $\underline{U}_{cd}'$. Gelingt es, diese Spannungen $\underline{U}_{ca}'$, $\underline{U}_{cb}'$, $\underline{U}_{cd}'$ zu bestimmen, so können auch die übrigen Teilspannungen und die Zweigströme leicht berechnet werden. Hierdurch hat man die ursprüngliche Aufgabe, wie in Abb. 3.27 insgesamt 6 unbekannte Zweigströme durch das Läsen eines Gleichungssystems mit 6 Gleichungen zu finden, auf die Lösung eines Systems von 3 Gleichungen reduziert.

Abb. 3.27 Netzwerk

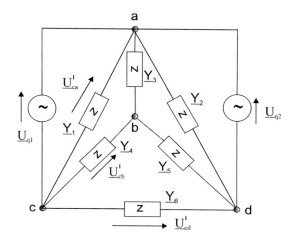

Ganz allgemein findet man das reduzierte Gleichungssystem bei insgesamt k Knoten durch Aufstellen der r = (k - 1) Knotonpunktsgleichungen. Das Knotenpunkt-potential-Verfahren hat also Vorteile, wenn die Anzahl r der unabhängigen Knotenpunktgleichungen kleiner ist als die Anzahl m der unabhängigen Maschengleichungen , was man wieder am einfachsten mit einem Graph untersuchen kann.

Um ein übersichtliches Koeffizientenschema zu erhalten, müssen im betrachteten Netzwerk alle Spannungsquellen in Stromquellen mit den komplexen Quellenströmen $\underline{I}_q$ umgewandelt und die komplexen Widerstände in die komplexen Leitwerte $\underline{Y}$ umgerechnet werden (s. Abb. 3.27). Es empfiehlt sich das folgende Vorgehen:

a) Zunächst werden alle komplexen Widerstände in komplexe Leitwerte und alle Spannungsquellen in Stromquellen umgerechnet. Parallele Leitwerte und Stromquellen werden zusammengefasst.

b) Für einen beliebig wählbaren Bezugs-Knotenpunkt wird das Potential $\varphi' = 0$ festgelegt. Wenn man den Knoten mit den meisten Zweiganschlüssen als Bezugs-Knotenpunkt wählt, ergibt sich das einfachste Gleichungssystem.

c) Vom Bezugs-Knotenpunkt aus werden strahlenförmig zu allen übrigen Knotenpunkten durchnumerierte Spannungs-Zählpfeile für die komplexen Knotenpunktpotentiale $\underline{U}'_\mu$ eingetragen. Dies sind gleichzeitig die Strom-Zählpfeil-Richtungen für die betreffenden Zweige. Die Strom-Zählpfeile für die übrigen Zweige können beliebig gewählt werden.

d) Für die r = (k − 1) Knotenpunkte sind anschließend die Stromgleichungen unter
   Beachtung der durch die Zählpfeile festgelegten Vorzeichen aufzustellen. (Für
   den Bezugs-Knotenpunkt entfällt dies!)
e) Meist wird man jedoch sofort die komplexe Matrizengleichung bilden.

$$
\begin{bmatrix}
\underline{Y}_{11} & -\underline{Y}_{12} & \cdots & -\underline{Y}_{1n} \\
-\underline{Y}_{21} & \underline{Y}_{22} & \cdots & -\underline{Y}_{2n} \\
\vdots & \vdots & & \vdots \\
-\underline{Y}_{n1} & -\underline{Y}_{n2} & \cdots & \underline{Y}_{nn}
\end{bmatrix}
\cdot
\begin{bmatrix}
\underline{U}'_1 \\ \underline{U}'_2 \\ \vdots \\ \underline{U}'_3
\end{bmatrix}
=
\begin{bmatrix}
-\underline{I}'_{q1} \\ -\underline{I}'_{q2} \\ \vdots \\ -\underline{I}'_{qn}
\end{bmatrix}
\tag{3.17}
$$

Hierbei ist jedes Knotenpunktpotential $\underline{U}'_k$ mit allen komplexen Leitwerten,
die mit dem betrachteten Knotenpunkt unmittelbar verbunden sind, verknüpft.
Die Hauptdiagonale der Leitwertmatrix (bzw. Koeffizienten-Determinante) ist
mit den komplexen Summenleitwerten $\underline{Y}$ der benachbarten (also verbundenen)
Zweige besetzt. Die Nebendiagonalen der Leitwertmatrix enthalten die stets mit
einem negativen Vorzeichen behafteten Koppelleitwerte $\underline{Y}_{ik}$ die zwischen zwei
Knotenpunkten liegen. Befindet sich zwischen zwei Knotenpunkten unmittelbar
kein Leitwert, so wird an die entsprechende Stelle er Leitwertmatrix eine Null
gesetzt. Spiegelbildlich zur Hauptdiagonale liegende Koppelleitwerte $\underline{Y}_{ik} = \underline{Y}_{ki}$
sind gleich. Die Ströme $\underline{I}'_{qk}$ stellen die Summe der den Knotenpunkten aufge-
prägten Quellenströme dar. Sie werden positiv gezählt, wenn ihre Zählpfeile auf
den Knoten weisen, und negativ, wenn sie vom Knoten weg weisen.
f) Für das Lösen der Matrix bzw. des Gleichungssystems gilt wieder Abschn. 3.2.2
   unter f.
g) Mit den Knotenpunktpotentialen $\underline{U}'_\mu$ kann man die übrigen Zweigspannungen
   und die Zweigströme bestimmen.

Beispiel 91 Für die Schaltung in Abb. 3.27 ist die komplexe Matrix der Knotenpunktpotentiale anzugeben.
Analog zu Gl. 3.17 und mit den angegebenen Regeln findet man

$$
\begin{bmatrix}
\underline{Y}_1+\underline{Y}_2+\underline{Y}_3 & -\underline{Y}_3 & -\underline{Y}_2 \\
-\underline{Y}_3 & \underline{Y}_3+\underline{Y}_4+\underline{Y}_5 & -\underline{Y}_5 \\
-\underline{Y}_2 & -\underline{Y}_5 & \underline{Y}_2+\underline{Y}_5+\underline{Y}_6
\end{bmatrix}
\cdot
\begin{bmatrix}
\underline{U}'_{ca} \\ \underline{U}'_{cb} \\ \underline{U}'_{cd}
\end{bmatrix}
=
\begin{bmatrix}
-\underline{I}'_{q1}-\underline{I}'_{q2} \\ 0 \\ \underline{I}'_{q2}
\end{bmatrix}
$$

Mit dem Bezugs-Knotenpunkt a hätte sich ein etwas einfacheres Gleichungssystem ergeben.

Beispiel 92 Man löse das Beispiel 65 mit dem Knotenpunktpotential-Verfahren.
Wir vervollständigen Abb. 3.1 entsprechend Abb. 3.28, wählen also den Bezugsknotenpunkt a. Wirksam sind dann die Leitwerte $G = 1/R = 1/(5\,\Omega) = 0,2S$, $B_L = -1/X_L = -1/(10\,\Omega) = -0,1\,S$ und $B_C = -1/X_C = -1/(-20\,\Omega) = 0,05S$.
Somit finden wir die komplexe Matrizengleichung

$$\begin{bmatrix} G + j\,B_L & -G \\ -G & G + j\,B_C \end{bmatrix} \cdot \begin{bmatrix} \underline{U}'_{ab} \\ \underline{U}'_{ac} \end{bmatrix} = \begin{bmatrix} \underline{I}_b \\ \underline{I}_c \end{bmatrix}$$

bzw. mit $G + j\,B_L = 0,2S - j\,0,1S = 0,22S\angle - 26,57°$ und $G + j\,B_C = 0,2S + j\,0,05S = 0,206S\angle 14,04°$ und den übrigen Zahlenwerten

$$\begin{bmatrix} 0,224S\angle - 26,57° & -0,2S \\ -0,2S & 0,206S\angle 14,04° \end{bmatrix} \cdot \begin{bmatrix} \underline{U}'_{ab} \\ \underline{U}'_{ac} \end{bmatrix} = \begin{bmatrix} -j\,4A \\ 3A \end{bmatrix}$$

Wir erhalten die Koeffizienten-Determinante

$$\underline{D} = \begin{vmatrix} 0,224S\angle - 26,57° & -0,2S \\ -0,2S & 0,206S\angle 14,04° \end{vmatrix}$$

$$= 0,224S \cdot 0,206S\angle - 26,57° + 14,04° - 0,2^2S^2$$

$$= (0,005044 - j\,0,10011)S^2 = 0,01121\angle - 63,26°$$

und die Zähler-Determinante

Abb. 3.28 Netzmasche

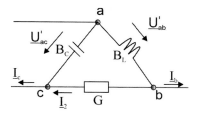

$$\underline{D}'_{ab} = \begin{vmatrix} -j\,4A & -0,2S \\ 3A & 0,206S\angle 14,04° \end{vmatrix}$$

$$= -j\,4A \cdot 0,206S\angle 14,04° + 3A \cdot 0,2S$$

$$= (0,7999 - j\,0,7994)AS = 1,131AS\angle -44,98°$$

$$\underline{D}'_{ac} = \begin{vmatrix} 0,224S\angle -26,57° & -j\,4A \\ -0,2 & 3A \end{vmatrix}$$

$$= 3A \cdot 0,224S\angle -26,57° - j\,4A \cdot 0,2S$$

$$= (0,601 - j\,1,101)AS = 1,253AS\angle -61,35°$$

Daher sind die Spannungen

$$\underline{U}'_{ab} = \underline{D}'_{ab}/\underline{D} = 1,131AS\angle -44,98°/0,01121S^2\angle -63,26°$$
$$= 100,9V\angle 18,28°$$

$$\underline{U}'_{ac} = \underline{D}'_{ac}/\underline{D} = 1,253AS\angle -61,68°/0,01121S^2\angle -63,26°$$
$$= 111,8V\angle 1,58°$$

Diese Spannungen müssten mit $\underline{U}_1 = 101,2V\angle 18,43°$ und $\underline{U}_3 = -112\,V\angle$ 178,5° $= 112V\angle 1,5°$ von Beispiel 65 übereinstimmen. Wegen der geringen Abweichungen dürfen wir die weiteren Berechnungen unterlassen.

Übungsaufgaben zu Abschn. 3.2 (Lösungen im Anhang):

Beispiel 93 Die Schaltung in Abb. 3.29 enthält den Wirkwiderstand $R = 10/\Omega$ und die Blindwiderstände $X_L = 5\,\Omega$, $X_C = -20\,\Omega$ und wird durch die Spannung $\underline{U}_{q1} = 380\,V$ und $\underline{U}_{q2} = 380\,V\angle -120°$ gespeist. Es sind die Verbraucherströme zu bestimmen.

Beispiel 94 Die Schaltung in Abb. 3.30 stellt die allgemeine Belastung eines Drei-leiternetzes mit einem in Stern geschalteten beliebigen Verbraucher dar (s. [21]). Ein Dreiphasengenerator erzeugt die Spannungen $\underline{U}_{q1}, \underline{U}_{q2} = \underline{U}_{q1}\angle -120°$ und $\underline{U}_{q3} = \underline{U}_{q1}\angle 120°$. Es sind die allgemeinen Gleichungen für die komplexe Ströme $\underline{I}_1, \underline{I}_2$ und $\underline{I}_3$ abzuleiten.

Beispiel 95 Man löse Beispiel 85 mit dem Maschenstrom-Verfahren.

Abb. 3.29 Netzwerk

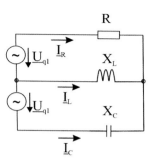

Abb. 3.30 Allgemeines
Dreileiternetz

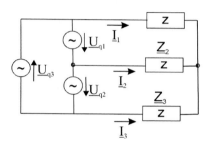

Beispiel 96 Die Schaltung in Abb. 3.31 enthält die Wirkleitwerte $G = 1\,mS$ und die Blindleitwerte $B_L = -10\,mS$, $B_C = 5\,mS$ und führt die Ströme $\underline{I}_a = 10\,A$, $\underline{I}_b = -j\,20\,A$ und $\underline{I}_c = j\,30\,A$. Der Strom $\underline{I}_3$ ist zu bestimmen.

Abb. 3.31 Maschennetz

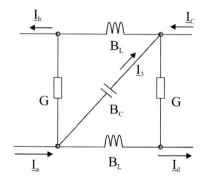

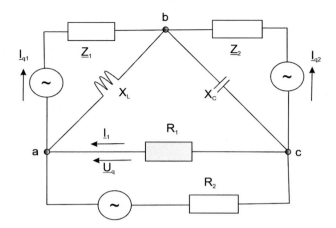

Abb. 3.32 Netzwerk

Beispiel 97 Das Netzwerk in Abb. 3.32 besteht aus den Wirkwiderständen $R_1 = 10\,\Omega$, $R_2 = 20\,\Omega$, den Blindwiderständen $X_L = 10\,\Omega$, $X_C = -20\,\Omega$ und den komplexen Widerständen $\underline{Z}_1 = 10\,\Omega\angle 30°$, $\underline{Z}_2 = 20\,\Omega\angle - 60°$. Es fließen die Quellenströme $\underline{I}_{q1} = 3\,A$ und $\underline{I}_{q2} = -j\,4\,A$; es herrscht die Quellenspannung $\underline{U}_q = j\,20\,V$. Der komplexe Strom $\underline{I}_1$ soll bestimmt werden.

3.3   Ortskurven

Schon in Abb. 2.3, 2.5 und 3.12 sowie in Abschn. 2.2.4, 2.3.4 2.4.5, 4.2.5, 4.3.3 werden Wechselstromschaltungen mit veränderbarer Schaltungselementen oder für variable Frequenzen betrachtet. Das Verhalten lässt sich in diesen Fällen besonders übersichtlich mit Ortskurven darstellen. Wir wollen nun unter Beachtung der im Anhang zusammengestellten mathematischen Regeln noch einige Netzwerke nach diesen Gesichtspunkten behandeln.

Man beachte noch, dass wegen des Ohmschen Gesetzes Strom-Ortskurve $\underline{I}$ und Leitwerts-Ortskurve $\underline{Y}=\underline{I}/\underline{U}$ bei fester Spannung $\underline{U}$ den gleichen Verlauf zeigen müssen und auch Spannungs-Ortskurve $\underline{U}$ und Widerstands-Ortskurve $\underline{Z}=\underline{U}/\underline{I}$ bei festem eingeprägten Strom $\underline{I}$ bis auf den Faktor $1/\underline{I}$ identisch sind.

3.3.1 Veränderung der Schaltungselemente

Einfachere Schaltungen mit ein oder zwei Schaltungselementen sind schon in den Beispielen 23, 24, 33, 37, 38, 43, 44, 50, 62, 73 ausführlich behandelt. Hier sollen daher nur noch einige umfangreichere Netzwerke zusammenhängend in mehreren Beispielen untersucht werden.

Beispiel 98 Die Schaltung in Abb. 3.33 a enthält Wirkwiderstand $R = 100\,\Omega$ und Induktivität L = 0,3 H und liegt bei der Kreisfrequenz $\omega = 200s^{-1}$ an der Netzspannung U = 50 V. Die Kapazität ist im Bereich $C_{min} = 10\,\mu F$ bis $C_{max} = 100\,\mu F$ veränderbar. Die Ortskurve des Netzstromes $\underline{I}$ soll bestimmt werden.

Mit dem induktiven Blindwiderstand $X_L = \omega L = 200s^{-1} \cdot 0,3\,H = 60\,\Omega$ und den komplexen Widerstand

$$\underline{Z}_L = \sqrt{R^2 + X_L^2}\ \arctan(X_L/R)$$
$$= \sqrt{100^2 + 60^2}\ \Omega\ \arctan(60\,\Omega/100\Omega) = 116,6\,\Omega\angle 31°$$

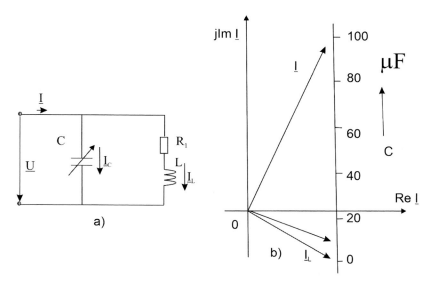

Abb. 3.33 Netzwerk (**a**) mit Stromortskurve (**b**)

erhält man den stets fließenden Strom $\underline{I}_L = \underline{U}/\underline{Z}_L = 50\,V/(116{,}6\,\Omega\angle 31°) = 0{,}429\,A\angle -31°$, der in Abb. 3.33 b als Zeiger eingetragen ist. Zusätzlich fließt bei der Kapazität C_{min} der kapazitive Strom $\underline{I}_{Cmin} = j\,\underline{U}\,\omega\,C_{min} = j\,50\,V\cdot 200s^{-1}\cdot 10\,\mu F = j\,0{,}1\,A$ bzw. bei C_{max} der Strom $\underline{I}_{Cmax} = j\,\underline{U}\,\omega\,C_{max} = j\,50V\cdot 200s^{-1}\cdot 100\,\mu F = j\,1\,A$. Da der Strom $\underline{I}_C$ linear von der Kapazität C abhängt, dürfen wir in Abb. 3.33 b an den Stromzeiger $\underline{I}_L$ in Richtung der positiven Imaginärachse die Zeiger $\underline{I}_C$ antragen und erhalten so die gesuchte Strom-Ortskurve.

Beispiel 99 Die Schaltung in Abb. 3.34 a enthält Wirkwiderstand $R = 100\,\Omega$ und Kapazität $C = 40\,\mu F$ und liegt bei der Kreisfrequenz $\omega = 200s^{-1}$ an der Netzspannung $\underline{U} = 50\,V$. Die Induktivität kann im Bereich L = 0 bis L = ∞ verändert werden. Die Ortskurven von Netzstrom $\underline{I}$ und Schaltungswiderstand $\underline{Z}$ sollen bestimmt werden.

Der Widerstand $\underline{Z}_L = R + j\,\omega\,L = 100\,\Omega + j\,200s^{-1}\,L$ folgt in Abb. 3.34 b dargestellten Ortsgeraden, die für L = 0 bei $\underline{Z}_L = R = 100\,\Omega$ beginnt. Hiermit ist auch der Maßstab festgelegt.

Der Strom $\underline{I}_L = \underline{U}/\underline{Z}_L$ hat daher als Ortskurve einen Halbkreis, der, wie in Abb. 3.34 b dargestellt, bei L = ∞ durch den Koordinaten-Nullpunkt verläuft, im 4. Quadranten liegt und bei L = 0 den Maximalwert $\underline{I}_{Lmax} = \underline{U}/R = 50\,V/100\,\Omega = 0{,}5\,A$ erreicht, so dass hiermit der Maßstab gegeben ist.

Die Ortskurve des Netzstromes $\underline{I}$ ist wegen $\underline{Y} = \underline{I}/\underline{U}$ bei fester Spannung $\underline{U} = 50\,V$ bis auf den Faktor $1/(50\,V) = 0{,}02\,V^{-1}$ mit der Leitwert-Ortskurve $\underline{Y}$ identisch. Die Widerstands-Ortskurve $\underline{Z} = 1/\underline{Y}$ in Abb. 3.34 c unten erhält man daher durch Inversion der Strom-Ortskurve; sie stellt wieder einen Kreis dar. Den Maßstab findet man am einfachsten für L = ∞ mit $\underline{Z}_\infty = -j\,/(\omega\,C) =$

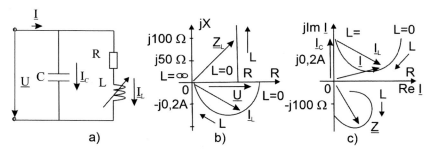

Abb. 3.34 Netzwerk (**a**) mit Widerstands- und Strom-Ortskurve für Zweig RL (**b**) sowie für die gesamte Schaltung (**c**)

$-j/(200s^{-1} \cdot 40\,\mu F) = -j\,125\,\Omega$. Wir bilden noch mit den Strömen $\underline{I} = 0{,}5\,A + j\,0{,}4\,A = 0{,}64\,A\angle 38{,}7°$ (für L = 0) und $\underline{I} = 0{,}25\,A + j\,0{,}15\,A = 0{,}292\,A\angle 30{,}1°$ die Widerstände $\underline{Z} = \underline{U}/\underline{I} = 50\,V/(0{,}64\,A\angle 38{,}7°) = 78{,}1\,\Omega\angle -38{,}7°$ und $\underline{Z} = 50\,V/(0{,}292\,A\angle 30{,}1°) = 171{,}2\,\Omega\angle -30{,}1°$, so dass mit 3 Punkten die Widerstands-Ortskurve als Kreis in Abb. 3.34 c festliegt und z. B. mit einer Mittelsenkrechten-Konstruktion gezeichnet werden kann.

Beispiel 100 Für den Transformator [1, 2, 7] kann nach [2] die Ersatzschaltung von Abb. 3.35 angegeben werden. Der Primärkreis (Index 1) enthält den Wicklungswiderstand R_1 und den induktiven Blindwiderstand X_1, der mit dem Gesamtstreufaktor σ in die Anteile σX_1 und $(1-\sigma)X_1$ aufgeteilt werden kann. Der Wicklungswiderstand R_2' der Sekundärseite (Index 2) ist ebenso wie der Belastungswiderstand R_a' auf die Primärseite umgerechnet. Die Eisenverluste sind in dieser Ersatzschaltung vernachlässigt.

Es soll die Ortskurve des komplexen Eingangswiderstands $\underline{Z}_e$ für den Belastungsbereich $R_a = 0$ bis ∞ bestimmt werden.

Für den Eingangswiderstand gilt

$$\underline{Z}_e = R_1 + j\,\sigma\,X_1 + \frac{j(1-\sigma)X_1(R_2' + R_a')}{R_2' + R_a' + j\,(1-\sigma)X_1} \qquad (3.18)$$

Eine Erweiterung mit $j(1-\sigma)X_1 - j(1-\sigma)X_1[R_2' + R_a' + j\,(1-\sigma)X_1]/[R_2' + R_a' + j\,(1-\sigma)X_1]$ ergibt

$$\underline{Z}_e = R_1 + j\,X_1 + \frac{(1-\sigma)^2 X_1^2}{R_2' + R_a' + j(1-\sigma)X_1} \qquad (3.19)$$

Für die einzige Veränderliche R_a' ist der Anteil

$$\underline{Z}_T = \frac{(1-\sigma)^2 X_1^2}{R_2' + R_a' + j(1-\sigma)X_1} \qquad (3.20)$$

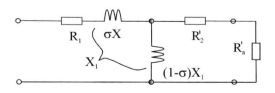

Abb. 3.35 Ersatzschaltung des belasteten Transformators

augenscheinlich ein Halbkreis durch den Koordinaten-Nullpunkt; er hat den Durchmesser $(1 - \sigma)X_1$ bzw. den Mittelpunkt

$$\underline{M}_T = -j(1 - \sigma)X_1/2 \qquad (3.21)$$

Die gesuchte Widerstands-Ortskurve stellt daher einen Halbkreis dar, der nur um den konstanten Zeiger $R_1 + j\,X_1$ zu verschieben ist, also den Mittelpunkt

$$\underline{M}_e = R_1 + j\,X_1 + \underline{M}_T = R_1 + j\,X_1 - j(1 - \sigma)X_1/2$$
$$= R_1 + j\,\frac{1-\sigma}{2}\,X_1 \qquad (3.22)$$

hat. Man erhält die in Abb. 3.36 eingetragene Ortskurve, für die eingezeichnete waagerechte, lienear unterteilte Parametrierungsgerade HG angegeben werden kann.

Abb. 3.36 zeigt auch, dass nach einem Leerlaufversuch , der den Widerstands-zeiger $\underline{Z}_{e\infty}$ liefert, und einem Kurzschlussversuch , der den Zeiger $\underline{Z}_{e0}$ ergibt, der Kreismittelpunkt $\underline{M}_e$ nach Zeichnen der Mittelsenkrechten zur Verbindungsstrecke der beiden Zeigerspitzen als Schnittpunkt mit dem Wirkanteil R_1 gefunden und der Widerstands-Ortskreis sofort gezeichnet werden kann. Er ermöglicht dann die Bestimmung der Wirkwiderstände R_1 und R_2', des primären Blindwiderstands X_1 und des Gesamtstreufaktors σ.

Beispiel 101 Nach [1, 13] gilt für eine Mehrphasen-Asynchronmaschine die Ersatzschaltung von Abb. 3.37. Es soll die Stromortskurve bestimmt werden, wenn der Parameter Schlupf s den Bereich von $-\infty$ bis $+\infty$ durchlaufen kann.

Die Schaltung in Abb. 3.37 hat den Eingangswiderstand

$$\underline{Z} = R_1 + j\,X_{1\sigma} + \frac{j\,X_h[(R_2'/s) + j\,X_{2\sigma}']}{(R_2'/s) + j\,X_{2\sigma}' + j\,X_h}$$

$$= \frac{(R_1 + j\,X_{1\sigma})[(R_2'/s) + j(X_{2\sigma}' + X_h)] + j\,X_h[(R_2'/s) + j\,X_{2\sigma}']}{(R_2'/s) + j(X_{2\sigma}' + X_h)}$$

$$= \frac{(R_1 + j\,X_{1\sigma})[R_2' + js(X_{2\sigma}' + X_h)] + j\,X_h(R_2' + jsX_{2\sigma}')}{R_2' + js(X_{2\sigma}' + X_h)}$$

$$= \frac{R_1R_2' + jR_2'(X_{1\sigma} + X_h) - s[X_{1\sigma}(X_{2\sigma}' + X_h) + X_hX_{2\sigma}' - j\,R_1(X_{2\sigma}' + X_h)]}{R_2' + js(X_{2\sigma}' + X_h)}$$

bzw. führ den Strom

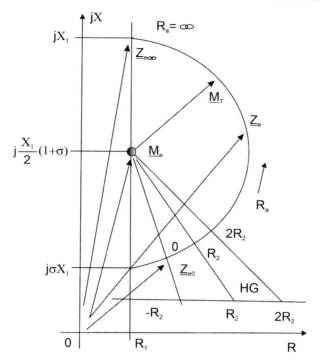

Abb. 3.36 Ortskurve des komplexen Eingangswiderstands $\underline{Z}_e$ von Transformatoren

Abb. 3.37 Einphasige
Ersatzschaltung der
Mehrphasen-
Asynchronmaschine

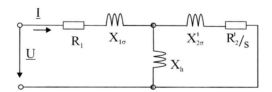

$$I = \underline{U}/\underline{Z}$$

$$= \frac{\underline{U}[R_2' + j\,s(X_{2\sigma}' + X_h)]}{R_1 R_2' + j R_2'(X_{1\sigma} + X_h) - s[X_{1\sigma}(X_{2\sigma}' + X_h) + X_h X_{2\sigma}' - j R_1(X_{2\sigma}' + X_h)]}$$

Dies ist nach Gl. (A 58) die Gleichung eines Kreises

$$\underline{I} = \frac{\underline{r}_1 + s\,\underline{r}_2}{\underline{r}_3 + s\,\underline{r}_4}\,U \tag{3.23}$$

mit den Kenngrößen

$$\underline{r}_1 = R_2' \tag{3.24}$$

$$\underline{r}_2 = j(X_{2\sigma}' + X_h) \tag{3.25}$$

$$\underline{r}_3 = R_2'[R_1 + j(X_{1\sigma} + X_h]] \tag{3.26}$$

$$\underline{r}_4 = -X_{1\sigma}(X_{2\sigma}' + X_h) - X_h X_{2\sigma}' + jR_1(X_{2\sigma}' + X_h) \tag{3.27}$$

Mit dem Nenner

$$N = 2\{R_2'R_1^2(X_{2\sigma}' + X_h) + [X_{1\sigma}(X_{2\sigma}' + X_h) + X_h X_{2\sigma}']R_2'(X_{1\sigma} + X_h)\} \tag{3.28}$$

erhält man nach Gl. (A 60) den Kreismittelpunkt

$$\begin{aligned}\underline{M} &= \frac{U}{N}\{2R_2'R_1(X_{2\sigma}' + X_h) - j[R_2'X_{1\sigma}(X_{2\sigma}' + X_h)+ \\ &\quad + R_1(X_{1\sigma} + X_h)(X_{2\sigma}' + X_h)]\} \\ &= \frac{U}{N}(X_{2\sigma}' + X_h)\{2R_1R_2' - j[R_2'X_{1\sigma} + R_1(X_{1\sigma} + X_h)]\}\end{aligned} \tag{3.29}$$

Für den Fall $X_{1\sigma} = X_{2\sigma}'$ findet man mit

$$\underline{M} = U\,\frac{2R_1R_2' - j[R_2'X_{1\sigma} + R_1(X_{1\sigma} + X_h]}{2R_2'(R_1^2 + X_{1\sigma}^2 + 2X_{1\sigma}X_h)} \tag{3.30}$$

immer noch einen umständlichen Ausdruck. Einfachere Ausdrücke ergeben sich nach Gl. (A 62) bis (A 64) bzw. nach Einsetzen der entsprechenden Werte in Gl. 3.23 für die Schlupfwerte

$$s = 0: \quad \underline{I}_L = U\,\underline{r}_1/\underline{r}_3 = U/[R_1 + j(X_{1\sigma} + X_h)] \tag{3.31}$$

$$s = 1: \quad \underline{I}_A = U(\underline{r}_1 + \underline{r}_2)/(\underline{r}_3 + \underline{r}_4)$$

$$= \frac{[R_2' + j(X_{2\sigma}' + X_h)]\,U}{R_1R_2' - X_{1\sigma}(X_{2\sigma}' + X_h) - X_h X_{2\sigma}' + j[R_2'(X_{1\sigma} + X_h) + R_1(X_{2\sigma}' + X_h)]} \tag{3.32}$$

$$s = \infty : \underline{I}_U = \frac{r_2}{r_4} U = \frac{j(X'_{2\sigma} + X_h) U}{-X_{1\sigma}(X'_{2\sigma} + X_h) - X_h X'_{2\sigma} + j R_1 (X'_{2\sigma} + X_h)}$$

$$(3.33)$$

Der Schlupfwert s = 0 entspricht dem Synchronlauf (d.i. Leerlauf), der Schlupfwert s = 1 dem Stillstand (das entspricht dem Kurzschlussfall); beide Punkte können experimentell leicht bestimmt werden.

Beispiel 102 Die Ersatzschaltung von Abb. 3.37 enthalte die Widerstände $R_1 = R'_2 = 1\,\Omega$, $X_{1\sigma} = X'_{2\sigma} = 3\,\Omega$, $X_h = 80\,\Omega$ und liege an der Spannung U = 230 V. Die Strom-Ortskurve soll bestimmt und mit Schlupfwerten beziffert werden.

Nach Gl. 3.30 ergeben sich der Mittelpunktzeiger

$$\underline{M} = \frac{R_1 - j[X_{1\sigma} + X_h/2]}{R_1^2 + X_{1\sigma}^2 + 2X_{1\sigma}X_h} U = \frac{1\,\Omega - j(3\,\Omega + 80\,\Omega/2)}{1^2\,\Omega^2 + 3^2\,\Omega^2 + 2 \cdot 3\,\Omega \cdot 80\,\Omega} 230\,V$$

$$= 0,449\,A - j\,19,31\,A$$

nach Gl. 3.31 der Strom für s = 0

$$\underline{I}_L = \frac{U}{R_1 + j(X_{1\sigma} + X_h)}$$

$$= 0,032\,A - j\,2,65\,A$$

nach Gl. 3.32 der Strom für s = 1

$$\underline{I}_A = \frac{U\,[R'_2 + j(X'_{2\sigma} + X_h)]}{R_1 - X_{1\sigma}^2 - 2X_{1\sigma}X_h + j\,2R_1(X_{1\sigma} + X_h)]}$$

$$= \frac{230V[1\,\Omega + j(3\,\Omega + 80\,\Omega)]}{1^2\,\Omega^2 - 3^2\,\Omega^2 - 2 \cdot 3\,\Omega \cdot 80\,\Omega + j\,2 \cdot 1\,\Omega(3\,\Omega + 80\,\Omega)}$$

$$= 11,5\,A - j\,35,2\,A$$

und nach Gl. 3.33 der Strom für s = ∞

$$\underline{I}_U = \frac{j(X_{1\sigma} + X_h)\,U}{-X_{1\sigma}(X_{1\sigma} + 2X_h) + j R_1(X_{1\sigma} + X_h)}$$

$$= \frac{j(3\,\Omega + 80\,\Omega)230V}{-3\,\Omega(3\,\Omega + 2 \cdot 80\,\Omega) + j\,1\,\Omega(3\,\Omega + 80\,\Omega)}$$

$$= 6,44\,A - j\,37,9\,A$$

Dies drei Stromzeiger sind in Abb. 3.38 zusammen mit dem Mittelpunktzeiger eingetragen, so dass der Ortskreis des Stromes $\underline{I}_1$ gezeichnet werden kann.
Eine der vielen möglichen Parametrierungsgeraden HG ergibt sich, wenn man senkrecht über dem Punkt U den Hilfspunkt H auf dem Kreis wählt und von diesem Punkt Strahlen zu den Punkten L und A zieht. Parallel zu der Geraden HU können unendlich viele linear unterteilte Parametrierungsgeraden angegeben werden. Wir haben eine mit einer geeigneten Unterteilung eingetragen; ihr Maßstab ist durch die Strahlen LH (mit s = 0) und AH (mit s = 1) festgelegt. Der Ortskreis kann mithilfe weiterer Strahlen durch den Punkt H und entsprechende Skalenpunkte mit den zugehörigen Parameterwerten s versehen werden.

3.3.2 Frequenzgang

In Nachrichtentechnik, Messtechnik und Regelungstechnik wird meist nicht mit fester Frequenz gearbeitet. Dann muss man das von der Frequenz abhängige Verhalten

Abb. 3.38 Kreisdiagramm
für die Schaltung in Abb. 98

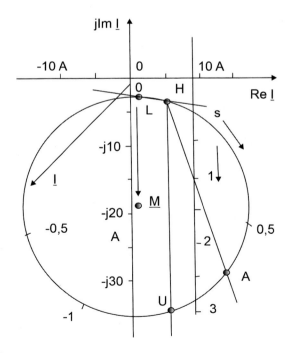

der elektrische Schaltungen kennen. Mann nennt es Frequenzgang und kann dieses Frequenzverhalten als Ortskurve oder im **Bodediagramm** als Amplituden- und Phasengang darstellen. Wir wollen hier noch einig Ortskurven betrachten; eine ausführliche Behandlung normierter Frequenzgänge und Bodediagramme findet man in [1].

Der Realteil der Frequenzgänge von komplexem Leitwert $\underline{Y}$ und komplexem Widerstand $\underline{Z}$ ist stets eine gerade Funktion und der Imaginärteil entsprechend eine ungerade Funktion der Kreisfrequenz ω. Die zugehörigen Ortskurven verlaufen daher bei $\omega = 0$ und $\omega = \infty$ entweder tangential oder senkrecht zur Real- bzw. Imaginärachse. Gleiches gilt für die bei festen Eingangsspannungen oder -strömen den Leitwert- bzw. Widerstands-Ortskurven proportionalen Strom- bzw. Spannungs-Ortskurven. Diese ermöglicht eine einfache Kontrolle der Ergebnisse.

Beispiel 103 Die Schaltung in Abb. 3.39 a enthält die Wirkwiderstände $R_i = 1\,k\Omega$ und $R_a = 2\,k\Omega$ sowie die Kapazität $C = 1\,mu F$ und wird von dem eingeprägten Strom $\underline{I}_e = 10\,mA$ gespeist. Der Frequenzgang der Spannung $\underline{U}_a$ ist zu bestimmen.

Nach der Stromteilerregel fließt der Strom

$$\underline{I}_C = \frac{R_i\,\underline{I}_e}{R_i + R_a + (1/j\,\omega\,C)}$$

Daher gilt für die Ausgangsspannung nach Erweiterung mit $j\,\omega\,C$

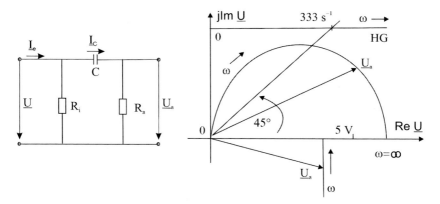

Abb. 3.39 Netzwerk (**a**) mit Ortskurve (**b**) der Ausgangsspannung $\underline{U}_a$

$$\underline{U}_a = R_a \, \underline{I}_C = \frac{R_a \, R_i \, \underline{I}_e}{R_i + R_a + (1/j\,\omega\,C)} = \frac{j\,\omega\,C\,R_a\,R_i\,\underline{I}_e}{1 + j\,\omega\,C(R_i + R_a)}$$

Für die inverse Größe

$$\underline{U}_a^{-1} = \frac{1}{\underline{U}_a} = \frac{1 + j\,\omega\,C(R_i + R_a)}{j\,\omega\,C\,R_i\,R_a\,\underline{I}_e}$$

$$= \frac{1}{j\,\omega\,C\,R_i + R_a} + \frac{R_i + R_a}{R_i\,R_a\,\underline{I}_e}$$

$$= \frac{1}{j\,\omega \cdot 1\,\mu F \cdot 1\,k\Omega \cdot 10\,mA} + \frac{1\,k\Omega + 2k\Omega}{1\,k\Omega \cdot 2\,k\Omega \cdot 10\,mA}$$

$$= 0,15\,V^{-1} - j\,\frac{50}{\omega\,Vs}$$

findet man sofort die Gerade parallel um negativen Teil der Imaginärachse in
Abb. 3.39 b. Daher muss die Ortskurve der Ausgangsspannung $\underline{U}_a$ ein Halbkreis
durch den Koordinaten-Nullpunkt mit dem Durchmesser $1/(0,15\,V^{-1} = 6,67\,V$
sein. Die linear unterteilte Parametrierungsgerade HG verläuft waagerecht zur
Realachse. Ihre Skaleneinteilung findet man am einfachsten durch Bestimmung
der Kreisfrequenz ω_{45} für den Phasenwinkel $\varphi = 45°$. Wegen $\tan 45° = 1$ muss
hierfür

$$\frac{1}{\omega_{45}\,C\,R_i\,R_a\,I_e} = \frac{R_i + R_a}{R_i\,R_a\,I_e}$$

sein, also diese Kreisfrequenz betragen

$$\omega_{45} = \frac{1}{C(R_i + R_a)} = \frac{1}{1\,\mu F(1\,k\Omega + 2\,k\Omega} = 333s^{-1}$$

Beispiel 104 Die Schaltung in Abb. 3.40 a enthält Wirkwiderstand $R = 100\,\Omega$,
Induktivität L = 0,3 H und Kapazität $C = 40\,\mu F$ und liegt an der Spannung $\underline{U}_e =
50\,V$. Der Frequenzgang der Ausgangsspannung $\underline{U}_a$ soll dargestellt werden.

Die Spannungsteilerregel ergibt für die Ausgangsspannung

$$\underline{U}_a = R\,\underline{U}_e/(R + j\,\omega\,L)$$

so dass die inverse Ortskurve

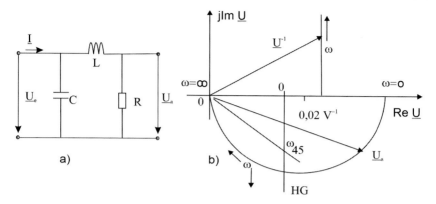

Abb. 3.40 Netzwerk (**a**) mit Frequenzgang (**b**) der Ausgangsspannung $\underline{U}_a$

$$\underline{U}_a^{-1} = \frac{1}{\underline{U}_a} = \frac{R + j\,\omega\,L}{R\,\underline{U}_e} = \frac{1}{U_e} + j\,\omega\,\frac{L}{R\,U_e}$$

$$= \frac{1}{50V} + j\,\omega\,\frac{0{,}3H}{100 \cdot 50\,V} = 0{,}02V^{-1} + j\,\omega\,0{,}06\,ms\ V^{-1}$$

sofort als Gerade in Abb. 3.40 b angegeben werden kann. Die Ortskurve der Ausgangsspannung ist daher ein Kreis durch den Koordinaten-Nullpunkt und hat den Durchmesser $1/(0{,}02\ V^{-1}) = 50\ V$ für die Kreisfrequenz $\omega = 0$.

Die Parametrierungsgerade HG verläuft in diesem Fall parallel zur Imaginärachse; ihre Unterteilung ist mit der Kreisfrequenz $\omega_{45} = R/L = 100\ \Omega/0{,}3\ H = 333s^{-1}$ festgelegt.

Beispiel 105 Die Schaltung in Abb. 3.41, (mit den Werten von Beispiel 104 soll jetzt nach Abb. 3.41 a durch den eingeprägten Strom $\underline{I}_e = 10mA$ gespeist werden. Hierfür ist der Frequenzgang der Ausgangsspannung zu bestimmen.

Die Stromteilerregel liefert nach Erweiterung mit $j\,\omega\,C$ die Ausgangsspannung

$$\underline{U}_a = \frac{-j(1/\omega\,C)R\,\underline{I}_e}{R + j\,\omega\,L - j/(\omega\,C)} = \frac{R\,\underline{I}_e}{1 + j\,\omega\,C - \omega^2\,L\,C}$$

$$= \frac{100\,\Omega \cdot 10\,mA}{1 + j\,\omega \cdot 100\,\Omega \cdot 40\,\mu F - \omega^2 \cdot 0{,}3\,H \cdot 40\,\mu F}$$

$$= \frac{1\,V}{1 + j\,\omega \cdot 4\,ms - \omega^2 \cdot 12(ms)^2}$$

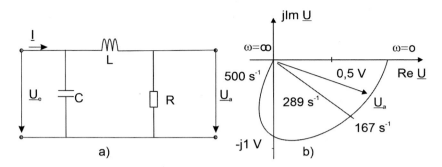

Abb. 3.41 Netzwerk (**a**) mit Frequenzgang (**b**) der Ausgangsspannung $\underline{U}_a$

Wir bestimmen jetzt einige Funktionswerte: Bei $\omega = 0$, also Gleichstrom, sperrt die Kapazität C, und der volle Strom $\underline{I}_e$ fließt durch den Widerstand R, so dass an ihm die Spannung $\underline{U}_a = R\,\underline{I}_e = 100\,\Omega \cdot 10\,mA = 1V$ liegt. Bei der Kreisfrequenz $\omega = \infty$ stellt die Kapazität C jedoch einen Kurzschluss dar, und der Strom durch den Widerstand R und die Ausgangsspannung $\underline{U}_a$ werden Null.

Wir wollen jetzt noch Real- und Imaginärteil betrachten und finden nach Erweitern mit dem konjugiert komplexen Nenner

$$\underline{U}_a = \frac{1\,V[1 - \omega^2 \cdot 12(ms)^2 - j\,\omega \cdot 4\,ms]}{[1 - \omega^2 \cdot 12(ms)^2]^2 + \omega^2 \cdot 16(ms)^2}$$

Der Imaginärteil verschwindet für die Kreisfrequenzen $\omega_r = 0$ und $\omega_r = \infty$, der Realteil außer für $\omega_i = \infty$ noch mit $1 - \omega_i \cdot 12(ms)^2 = 0$ für die Kreisfrequenz

$$\omega_i = 1/\sqrt{12(ms)^2} = 289s^{-1}$$

und hat dann den Wert $\underline{U}_a = 1\,V/(j\,\omega_i \cdot 4\,ms) = -j\,1\,V/(289s^{-1} \cdot 4\,ms) = -j\,0{,}866\,V$. Beim Phasenwinkel $|\varphi| = 45°$ sind Real- und Imaginärteil gleich groß, und es gilt $1 - \omega_{45}^2 \cdot 12(ms)^2 = \pm\omega_{45} \cdot 4\,ms$. Hierfür findet man daher über

$$\omega_{45}^2 - \frac{4\,ms}{12(ms)^2}\,\omega_{45} - \frac{1}{12(ms)^2} = 0$$

die Kreisfrequenzen

$$\omega_{451} = \frac{4\,ms}{2 \cdot 12(ms)^2} + \sqrt{\left[\frac{4\,ms}{2 \cdot 12(ms)^2}\right] + \frac{1}{12(ms)^2}}$$

$$= 500s^{-1} \qquad\qquad \text{bzw. } \omega_{452} = 167s^{-1}$$

bzw. mit

$$\omega_{45}^2 + \frac{4\,ms}{12(ms^2)}\,\omega_{45} - \frac{1}{12(ms)^2} = 0$$

noch $\omega_{452} = 167s^{-1}$

Negative Kreisfrequenzwerte können nicht auftreten. Für die Kreisfrequenzen ergeben sich die Beträge der Spannungen

$$U_a = \frac{\sqrt{2}\,\omega \cdot 4\,ms \cdot 1\,V}{[1 - \omega^2 \cdot 12(ms)^2]^2 + \omega^2 \cdot 16(ms)^2}$$

$$U_{a1} = \frac{\sqrt{2}\,500s^{-1} \cdot 4\,ms \cdot 1\,V}{[1 - 500^2 s^{-2} \cdot 12(ms)^2]^2 + 500^2 s^{-2} \cdot 16(ms)^2}$$

$$= 0{,}353\,V$$

$$U_{a2} = \frac{\sqrt{2}\,167s^{-1} \cdot 4\,ms \cdot 1\,V}{[1 - 167^2 s^{-2} \cdot 12(ms)^2]^2 + 167^2 s^{-2} \cdot 16(ms)^2}$$

$$= 1{,}05\,V$$

so dass wir mit den insgesamt bestimmten fünf Punkten die Spannungs-Ortskurve in Abb. 3.41 b zeichnen können.

Beispiel 98 und 105 machen deutlich, dass die gleiche Schaltung je nach Wahl der Eingangs- oder Ausgangsgröße sowie der Variablen sehr unterschiedliche Ortskurven verursachen können.

Übungsaufgaben zu Abschn. 3.3 (Lösungen findet man im Anhang und weitere Übungsaufgaben im Anschluss an Abschn. 4.2):

Beispiel 106 Für die Schaltung von Abb. 3.42 mit Wirkwiderstand $R_1 = 100\,\Omega$ und $R_2 = 500\,\Omega$ sowie Kapazität $C = 2\,\mu F$ ist bei dem festen eingeprägten Strom $\underline{I} = 10\,mA$ der Frequenzgang der Spannung $\underline{U}$ im Frequenzbereich $f = 100\,Hz$ bis $500\,Hz$ anzugeben.

Beispiel 107 Für die Schaltung in Abb. 3.43 sind Frequenzgang des Widerstands $\underline{Z}$ und des Leitwerts $\underline{Y}$ zu bestimmen.

Abb. 3.42 Netzwerk

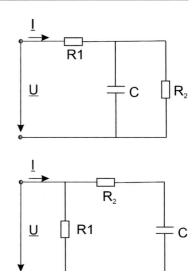

Abb. 3.43 Netzwerk

Beispiel 108 Für die Schaltung in Abb. 3.40 a ist mit den Kennwerten von Beispiel 104 der Frequenzgang des Stromes $\underline{I}$ zu ermitteln.

Beispiel 109 Die Schaltung in Abb. 3.44 enthält die Wirkwiderstände $R_1 = 50\,\Omega$ und $R_2 = 100\,\Omega$ sowie die Induktivität L = 0,3 H und die Kapazität C = 40 μF. Der Frequenzgang des komplexen Widerstands $\underline{Z}$ soll dargestellt werden.

Abb. 3.44 Netzwerk

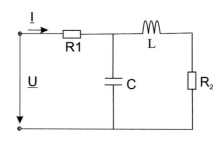

Abb. 3.45 Brücken-
schaltung

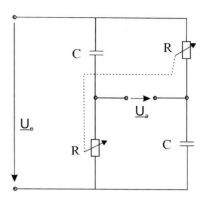

Beispiel 110 Die in Abb. 3.45 dargestellte Brückenschaltung enthält die Kapazität $C = 1\,\mu F$ und liegt an der Spannung $\underline{U}_e = 100\,V$ bei der Kreisfrequenz $\omega_e = 1000s^{-1}$. Die Wirkwiderstände sind mechanisch miteinander gekoppelt und nur gleichzeitig im Bereich $R = 0$ bis $1\,k\Omega$ veränderbar. Die Ortskurve der Ausgangsspannung $\underline{U}_e = f(R)$ soll bestimmt werden.
Hinweis Programmierbare Taschenrechner zeigen beim Lösen von Aufgaben der Sinusstromtechnik große Vorteile, wenn sie ein Programm für eine komplexe Arithmetik enthalten, mit dem man z. B. komplexe Additionen, Subtraktionen, Multiplikationen und Divisionen ausführen oder auch komplexe Reihen-, Parallel- und Kettenschaltungen sowie komplexe Strom- und Spannungsteiler sofort berechnen kann. Maschenstrom- und Knotenpunktpotential-Verfahren verlangen darüber hinaus das Aufstellen und Lösen komplexer Gleichungssysteme. Ausführliche Ableitungen, Programmbeschreibungen und Anleitungen, die dieses Buch sprengen würden, enthält z. B. [13]. Dort sowie in [7] findet man auch weitere Übungsaufgaben.

3.4 Zusammenfassung

Die Sinusstrom-Netzwerke enthalten frequenzabhängige Spulen und/oder Kondensatoren. Sie sind in Zweigen- und Maschen-Schaltungen geschaltet. In diesen Schaltungen werden die Zusammenhänge aller Schaltelemente mit den bekannten Werten sowie den vorgegebenen Quellgrößen alle Ströme und Spannungen berechnet. Das Verhalten der Wechselstrom-Schaltungen werden mit veränderbaren Elementen betrachtet. Als Berechnungsregel kommen verschiedene komplexe mathematische Modelle wie Überlagerungsgesetz, Maschenstrom- und Knotenpunktpotential-Verfahren zum Einsatz.

In diesem Teil des Buches sind viele Beispiele, die Fragestellungen, die Lösungen und die Berechnungsmethodik für das Selbststudium aufgezeigt und zusammengestellt. Die Aufgaben sollten zuerst selbstständig gelöst werden. Nur bei Schwierigkeiten ist der Lösungsweg heranzuziehen.

Literatur

1. Moeller, F.; Fricke, H.; Frohne, H.; Vaske, P.: Grundlagen der Elektrotechnik, ISBN 978-3834808981 Stuttgart 2011
2. M. Marinescu, Elektrische und magnetische Felder, Springer Vieweg Verlag, 2012
3. A. Fuhrer, K. Heidemann, W. Nerreter, Grundgebiete der Elektrotechnik, Band 3 (Aufgaben), Carl Hanser Verlag, 2008
4. Bosse, G.: Grundlagen der Elektrotechnik, Bände 1–4, 1997
5. Nelles, Dieter; Nelles Oliver: Grundlagen der Elektrotechnik zum Selbststudium (Set), Set bestehend aus: Band 1: Gleichstromkreise, 2., neu bearbeitete Auflage 2022, 280 Seiten, Din A5, Festeinband ISBN 978-3-8007-5640-7, E-Book: ISBN 978-3-8007-5641-4, Band 2: Elektrische Felder,2., neu bearbeitete Auflage 2022, 299 Seiten, Din A5, Festeinband ISBN 978-3-8007-5799-2, E-Book: ISBN 978-3-8007-5800-5, Band 3: Magnetische Felder, 2., neu bearbeitete Auflage 2023, 329 Seiten, Din A5, Festeinband, ISBN 978-3-8007-5802-9, E-Book: ISBN 978-3-8007-5803-6 und Band 4: Wechselstromkreise , 2., neu bearbeitete Auflage 2023, 341 Seiten, Din A5, Festeinband, ISBN 978-3-8007-5805-0, E-Book: ISBN 978-3-8007-5806-7, 2023, 4 Bände
6. W. Weißgerber: Elektrotechnik für Ingenieure, Band 1, Vieweg+Teubner Verlag, 2009
7. W. Nerreter, K. Heidemann, A. Fuhrer: Grundgebiete der Elektrotechnik, Band 1, Carl Hanser Verlag, 2011
8. H. Frohne, K.-H. Löcherer, H. Müller, T. Harriehausen, D. Schwarzenau, Moeller Grundlagen der Elektrotechnik, Vieweg+Teubner Verlag, 2011
9. D. Zastrow, Elektrotechnik, Ein Grundlagen Lehrbuch, Vieweg+Teubner Verlag 2012
10. M. Albach, Elektrotechnik, Pearson Studium, 2011
11. M. Vömel, D. Zastrow, Aufgabensammlung Elektrotechnik 1, Vieweg+Teubner Verlag 2010
12. W. Weißgerber, Elektrotechnik für Ingenieure – Klausurenrechnen, Vieweg+Teubner Verlag, 2008 ISBN 3-8022-0650-9, 2001
13. Vaske, P.: Elektrotechnik mit BASIC-Rechnern (SHARP), Stuttgart 1984
14. I. Kasikci, Gleichstromschaltungen, Analyse und Berechnung mit vielen Beispielen 6. Auflage, 2025, ISBN 978-3-662-70036-5

Schwingkreise 4

Es soll nun das Zusammenwirken von Induktivität L und Kapazität C näher untersucht werden. Hierbei haben wir zu beachten, dass mit dem Scheitelwert des Stromes i_m die **Induktivität** L bei sinusförmigem Stromverlauf den Scheitelwert der **magnetischen Energie**

$$W_{mm} = i_m^2 \, L/2 \tag{4.1}$$

und die **Kapazität** C bei dem Scheitwert der Spannung u_m den Scheitelwert der **elektrischen Energie**

$$W_{em} = u_m^2 \, L/2 \tag{4.2}$$

speichern kann. Wie schon in Abschn. 2.1.2 und 2.1.3 2.2 erläutert und aus Abb. 2.2 und 2.4 ersichtlich, treten diese Scheitelwerte der Energie zu verschiedenen Zeiten auf.

Wir betrachten zunächst Schaltungen, die keine Wirkwiderstände enthalten, die also verlustlos sind, und anschließend den allgemeinen verlustbehafteten Schwingkreis.

4.1 Verlustlose Schwingkreise

Da die (idealisierten) Zweipole Induktivität L und Kapazität C verlustfrei sind, bleibt jede Kombination dieser Blindwiderstände ebenfalls ohne bleibende Energieumwandlung. Wir wollen nun das Verhalten solcher Blindwiderstandskombinationen bei veränderbarer Frequenz f bzw. Kreisfrequenz $\omega = 2\pi f$ untersuchen.

© Der/die Herausgeber bzw. der/die Autor(en), exklusiv lizenziert an Springer-Verlag GmbH, DE, ein Teil von Springer Nature 2025
I. Kasikci, *Wechselstromschaltungen*,
https://doi.org/10.1007/978-3-662-70035-8_4

4.1.1 Resonanz

Wir betrachten sofort in Abb. 4.1, Parallel- und Reihenschaltung von Induktivität L und Kapazität C nebeneinander, da ja Parallel- und Reihenschaltung sich dual verhalten und die verwendeten Zweipole außerdem duale Bauelemente sind.

In Abb. 4.1 sind die Ortskurven von Leitwert $\underline{Y}$ der Parallelschaltung sowie Widerstand $\underline{Z}$ der Reihenschaltung sowie die zugehörigen Amplituden- und Phasengänge dargestellt. Ortskurven und Amplitudengänge zeigen daher die gleichen Verläufe.

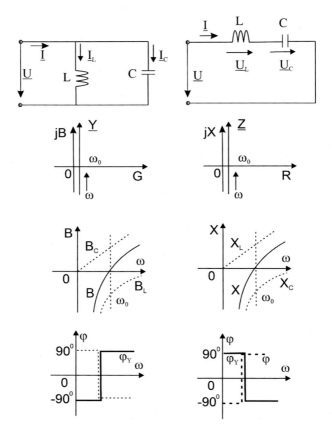

Abb. 4.1 Leitwert bzw. Widerstand einfacher verlutloser Schwingkreise

Für den Blindleitwert B = 0 verschwindet in der Parallelschaltung der Strom $\underline{I} = j\,B\,\underline{U}$; in diesem Fall wird also der Schaltung von außen keine Leistung zugeführt. Dann darf man aber auch die Eingangsklemmen von Generator lösen.

Ist nun z. B. die Kapazität C mit elektrischer Energie W geladen, so liegt trotzdem nach Gl. 4.2 an der Kapazität C die Spannung $u = \sqrt{2W_t/C}$, die in einer entsprechenden Spannung der Induktivität I ihr Gleichgewicht finden muss. Daher fließt ein Strom, der bei seinem Scheitelwert i_m die magnetische Energie nach Gl. 4.1 in der Induktivität I hervorruft. Auf diese Weise wird ständig elektrische Energie in magnetische (und umgekehrt) umgewandelt. Die Energie pendelt zwischen Kapazität C und Induktivität I, und daher nennt man eine solche Schaltung einen **Schwingkreis.**

In dem hier betrachteten Fall B = 0 findet ein vollständiger Energieaustausch ohne jede Beteiligung eines Generators statt. Man nennt daher diesen Zustand **Resonanz.**

Analog darf man in der **Reihenschaltung** die Eingangsklemmen für den Fall Blindwiderstand X = 0 kurzschließen. Parallelschaltung mit offenen und Reihenschaltung mit kurzgeschlossenen Eingangsklemmen sind ja bei gleichen Größen L und C völlig identisch. Der Resonanzfall tritt auch bei der gleichen Kreisfrequenz auf, nämlich nach Abb. 4.1, für $\omega_o\,C = 1/(\omega_o\,L)$, also bei der **Kennkreisfrequenz**

$$\omega_o = 1/\sqrt{L\,C} \qquad (4.3)$$

bzw. bei der **Kennfrequenz**

$$f_o = \frac{\omega_o}{2\,\pi} = \frac{1}{2\,\pi\,\sqrt{L\,C}} \qquad (4.4)$$

Ganz allgemein spricht man bei verlustlosen Schwingkreisen von Parallelresonanz, wenn der Eingangsstrom mit I = 0 verschwindet, also der Blindleitwert B = 0 oder der Blindwider- stand X = ∞ wird, und von **Reihenresonanz,** wenn die Eingangsspannung mit U = 0 verschwindet, also B = ∞ oder X = 0 wird.

Nach Abb. 4.1 ist bei Resonanz der Phasenwinkel $\varphi = 0$; beim Parallelschwingkreis beträgt er $\varphi = 90°$ für Kreisfrequenzen $\omega < \omega_o$, beim Reihenschwingkreis dagegen für Kreisfrequenzen $\omega > \omega_o$. Bei der Resonanzfrequenz springt er um 180° von positiven 90° auf negative und umgekehrt.

4.1.2 Kennleitwert, Kennwiderstand und Verstimmung

Wir wollen nun noch die Leitwert- bzw. Widerstandsgleichungen in Abb. 4.1 mit der Kennkreisfrequenz ω_o erweitern und hierbei setzen

$$C = \frac{1}{\omega_o^2 L} \quad L = \frac{1}{\omega_o^2 C} \quad \frac{1}{\omega_o C} = \sqrt{\frac{C}{L}} \quad \frac{1}{\omega_o C} = \sqrt{\frac{L}{C}}$$

Somit wird

in der Parallelschaltung
$$B = \omega C - \frac{1}{\omega L}$$
$$= \frac{w_o}{w_o}\omega C - \frac{w_o}{w_o}\cdot\frac{1}{\omega L}$$
$$= \frac{w}{w_o}\cdot\frac{1}{\omega_o L} - \frac{w_o}{w}\cdot\frac{1}{\omega_o L}$$
$$= \frac{1}{\omega_o L}\left(\frac{w}{w_o} - \frac{w_o}{w}\right)$$
$$= \sqrt{\frac{C}{L}}\left(\frac{w}{w_o} - \frac{w_o}{w}\right)$$

in der Reihenschaltung
$$X = \omega L - \frac{1}{\omega C}$$
$$= \frac{w_o}{w_o}\omega L - \frac{w_o}{w_o}\cdot\frac{1}{\omega C}$$
$$= \frac{w}{w_o}\cdot\frac{1}{\omega_o C} - \frac{w_o}{w}\cdot\frac{1}{\omega_o C}$$
$$= \frac{1}{\omega_o C}\left(\frac{w}{w_o} - \frac{w_o}{w}\right)$$
$$= \sqrt{\frac{L}{C}}\left(\frac{w}{w_o} - \frac{w_o}{w}\right)$$

Hier führt man nun zweckmäßig ein den **Kennleitwert**

$$Y_o = \sqrt{C/L} = 1/Z_o = \omega_o C = 1/(\omega_o L) \tag{4.5}$$

den **Kennwiderstand**

$$Z_o = \sqrt{L/C} = 1/Y_o = \omega_o L = 1/(\omega_o C) \tag{4.6}$$

die **relative Frequenz**
$$\Omega = \omega/\omega_o = f/f_o \tag{4.7}$$

und die **Verstimmung**

$$v = \frac{w}{w_o} - \frac{w_o}{w} = \frac{f}{f_o} - \frac{f_o}{f} = \Omega - \frac{1}{\Omega} \tag{4.8}$$

Diese normierte Darstellung hat den Vorteil, dass man für

die Parallelschaltung
$$B = Y_o v$$

und die Reihenschaltung mit
$$X = Z_o v \tag{4.9}$$

völlig analoge Zusammenhänge erhält.

Häufig interessiert man sich nur für das Schwingkreisverhalten in der Nähe der Resonanz, also für kleine Kreisfrequenzabweichungen $\Delta\omega = |\omega - \omega_o|$ bzw. für kleine Verstimmungen v. Allgemein gilt

$$v = \frac{w}{w_o} - \frac{w_o}{w} = \frac{\omega^2 - \omega_o^2}{\omega\,\omega_o} = \frac{(\omega + \omega_o)(\omega - \omega_o)}{\omega\,\omega_o}$$

sowie mit $\omega + \omega_o \approx 2\,\omega$ die Näherung

$$v_n = \frac{2\,\omega(\omega - \omega_o)}{\omega\,\omega_o} = \frac{2(\omega - \omega_o)}{\omega_o} = 2\Big(\frac{\omega}{\omega_o} - 1\Big)$$

$$= \frac{2(f - f_o)}{f_o} = 2\Big(\frac{f}{f_o} - 1\Big) \qquad (4.10)$$

Aus Gl. 4.9 wir in diesem Fall

$$B = 2\,Y_o\,\Big(\frac{\omega}{\omega_o} - 1\Big) \qquad\qquad X = 2\,Z_o\,\Big(\frac{\omega}{\omega_o} - 1\Big) \qquad (4.11)$$

Beispiel 111 Ein Reihenresonanz-Schwingkreis besteht aus der Kapazität $C = 1\mu F$ und der Induktivität L = 0,5 mH. Kennkreisfrequenz ω_o, Kennfrequenz f_o, Kennwiderstand Z_o und Blindwiderstand X für die Kreisfrequenz $\omega = 0,9\,\omega_o$ sind zu bestimmen.

Nach Gl. 4.3 tritt Resonanz auf bei der Kreisfrequenz $\omega_o = 1/\sqrt{L\,C} = 1/\sqrt{o,5\,mH \cdot 1\,\mu F} = 44,7 \cdot 10^3\;s^{-1}$ bzw. bei der Kennfrequenz $f_o = \omega_o/(2\,\pi) = 44,7 \cdot 10^3\;s^{-1}/(2\,\pi) = 7,1\;kHz$. Weiterhin beträgt nach Gl. 4.6 der Kennwiderstand $Z_o = \sqrt{L/C} = \sqrt{0,5\,mH/(1\,\mu F)} = 22,36\;\Omega$.

Für die Kreisfrequenz $\omega = 0,9\omega_o$ haben wir nach Gl. 4.8 die Verstimmung $v = 0,9 - (1/0,9) = -0,211$ und somit nach Gl. 4.9 den Blindwiderstand $X = Z_o\,v = 22,36\Omega\,(-0,211) = -4,72\Omega$. Mit der Näherung von Gl. 4.11 ergäbe sich

$$X = 2\,Z_o\Big(\frac{\omega}{\omega_o} - 1\Big) = 2 \cdot 22,36\Omega\,(0,9 - 1) = -4,47\Omega$$

also eine Abweichung von 5,3 %.

4.1.3 Schwingkreise aus drei Blindwiderständen

Aus drei Reaktanzzweipolen L und C kann man insgesamt vier verschiedenartige Schaltungen bilden, die in Abb. 4.3 mit ihren Eigenschaften zusammenhängend dargestellt sind. Im folgenden Beispiel leiten wir ab, wie man diese Eigenschaften ermitteln kann.

Beispiel 112 Es soll der Verlauf des Blindwiderstands X als Funktion der Kreisfrequenz ω für die Schaltung in Abb. 4.2 bestimmt werden.

Für die gemischte Schaltung in Abb. 4.2 findet man nach Gl. 2.73 und 2.101 den komplexen Widerstand

$$\underline{Z} = j\,X_1 + \frac{j\,X_2\,j\,X_C}{j\,X_2 + j\,X_C} = j\,\omega L_1 + \frac{j\,\omega\,L_2(-j/\omega\,C)}{j\,\omega\,L_2 - j(1/\omega\,C)}$$

bzw. den Blindwiderstand

$$X = \omega L_1 - \frac{L_2/C}{\omega L_2 - (1/\omega C)}$$

Wir erweitern den Bruch mit $\omega\,C$ und erhalten schließlich, wenn wir den ganzen Ausdruck auf einen Nenner bringen, den Blindwiderstand

$$X = \omega L_1 - \frac{\omega\,L_2}{\omega^2\,L_2\,C - 1} = \frac{\omega^3\,L_1\,L_2\,C - \omega\,L_1 - \omega\,L_2}{\omega^2\,L_2\,C - 1} \qquad (4.12)$$

Nach Abschn. 4.1.1 liegt **Parallelresonanz** vor, wenn der Blindwiderstand $X = \infty$ wird, d. h., wenn nach der Funktionentheorie [3, 10] mit dem Nenner $\omega_p^2\,L_2\,C - 1 = 0$ ein Pol auftritt. Wir erhalten daher die 1. Kennkreisfrequenz

$$\omega_p = 1/\sqrt{L_2\,C} \qquad (4.13)$$

In analoger Weise ergibt sich eine Reihenresonanz, wenn der Blindwiderstand X = 0 wird, d. h., wenn nach der Funktionentheorie mit dem Zähler $\omega_r^3\,L_1\,L_2\,C - \omega_r\,L_2 = 0$ eine Nullstelle erscheint. Als Lösung der quadratischen Gleichung $\omega_r^2\,L_1\,L_2\,C - L_1 - L_2 = 0$ ergibt sich die 2. Kennkreisfrequenz

Abb. 4.2 Schwingkreis

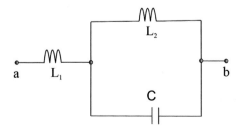

$$\omega_r = \sqrt{\frac{L_1 + L_2}{L_1\,L_2\,C}} = \frac{1}{\sqrt{\frac{L_1+L_2}{L_1\,L_2}}\,C} \qquad (4.14)$$

(Negative Frequenzwerte sind nicht möglich.) Diese Lösungen können wir auch einfacher finden: In Abb. 4.2 bilden bei den offenen Klemmen a und b Induktivität L_2 und die Kapazität C offenbar einen Parallelschwingkreis, für den man sofort mit Gl. 4.3 die Kennkreisfrequenz in Gl. 4.13 angeben kann. Bei kurzgeschlossenen Klemmen a und b liegen die Induktivitäten L_1 und L_2 parallel, ergeben also die resultierende Induktivität $L_1\,L_2/(L_1 + L_2)$, so dass wieder mit Gl. 4.3 sofort die Kennkreisfrequenz von Gl. 4.14 gefunden wird.

Bei den Polen geht die Funktion $X = f(\omega)$ jeweils mit wachsender Kreisfrequenz auf $+\infty$ und beginnt dann wieder mit $-\infty$. Gleiches gilt für die Funktion $B = f(\omega)$ bei den Nullstellen der Blindleitwertsfunktion.

Aussagen über die Steigung von Blindwiderstand X bzw. Blindleitwert B in der Näher von $\omega = 0$ bzw. $\omega = \infty$ erhält man durch Betrachtung an der Schaltung. Für $\omega \to 0$ geht z. B. in Abb. 4.3 A der Blindwiderstand $-1/(\omega\,C) \to -\infty$, so dass die Anfangssteigung von X durch eine Reihenschaltung mit $\omega(L_1 + L_2)$ festgelegt ist. Für $\omega \to \infty$ geht in Abb. 4.3 A dagegen $-1/(\omega\,C) \to -0$, und daher wird die Endsteigung von X allein durch $\omega\,L_1$ bestimmt.

Auf diese Weise ergeben sich die Amplitudengänge in Abb. 4.3.

4.1.4 Reaktanzsätze von Foster

Wir wollen nun die möglichen Schaltungen von Induktivität L und Kapazität C, die auch Reaktanzzweipole gennant werden, systematisch betrachten. In Abb. 2.3 und 2.5 sind der frequenzabhängige Verlauf von Blindleitwert B und Blindwiderstand X dargestellt. Sie haben bei $\omega = 0$ oder $\omega = \infty$ stets entweder die Werte 0 oder $\pm\infty$. Gleiches kann man für die Schaltung mit 2 Reaktanzzweipolen in Abb. 4.1 aussagen. Außerdem werden hier bei der Kennkreisfrequenz ω_o noch Leitwert B bzw. Widerstand X gleich 0 bzw. ∞.

Bei den Schwingreisen mit 3 Reaktanzzweipolen in Abschn. 4.1.3 und Abb. 4.3 gilt analoges, wobei hier noch jeweils 2 Kennfrequenzen auftreten. Außerdem können wir Gl. 4.12 durch Einsetzen der Kennkreisfrequenzen von Gl. 4.13 und 4.14 in die Form

$$X = \omega(L_1 + L_2)\frac{1 - (\omega/\omega_r)^2}{1 - (\omega/\omega_p)^2} \qquad (4.15)$$

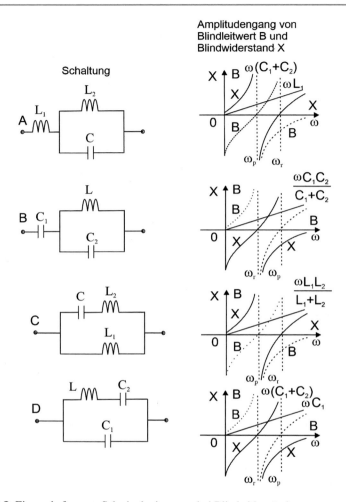

Abb. 4.3 Eigenschaften von Schwingkreisen aus drei Blindwiderständen

bringen. Ganz allgemein kann nun der Amplitudengang des Blindwiderstands eines verlustlosen Schwingkreises, der aus beliebig vielen Induktivitäten L und Kapazitäten C bestehen darf, mit

$$X = K \frac{\left[1 - (\frac{\omega}{\omega_{r1}})^2\right]\left[1 - (\frac{\omega}{\omega_{r2}})^2\right] \cdots \left[1 - (\frac{\omega}{\omega_{ri}})^2\right] \cdots}{\left[1 - (\frac{\omega}{\omega_{p1}})^2\right]\left[1 - (\frac{\omega}{\omega_{p2}})^2\right] \cdots \left[1 - (\frac{\omega}{\omega_{pi}})^2\right] \cdots} \qquad (4.16)$$

beschrieben werden, wobei die Kennkreisfrequenzen ω_{ri} zu Reihenresonanzen gehören, also Nullstellen bezeichnen, und die Kennkreisfrequenzen ω_{pi} zu Parallelresonanzen gehören, also Pole angeben. Die Schaltung in Abb. 4.2 hat den Kennwert $K = \omega(L_1 + L_2)$; d. i. der Blindwiderstand für sehr kleine Freqeuenzen weit unterhalb der niedrigsten Kreisfrequenz. Sie stellt demnach für Gleichstrom bzw. $\omega =$ O einen Kurzschluss dar, so dass in diesem Fall der Kennwert K einen induktiven Blindwiderstand ergibt. Wenn kein Gleichstrompfad in der Schaltung vorhanden ist, erhält man in Gl. 4.16 einen kapazitiven Blindwiderstand $K = X_C = -1/(\omega C)$. In entsprechender Weise enthält der Amplitudengang des Blindleitwerts B als K induktive oder kapazitive Blindleitwerte mit entgegengesetztem Vorzeichen.

Ganz allgemein geht der Bruch in Gl. 4.16 für $\omega \to 0$ gegen 1. Die Konstante K gibt daher den Blindwiderstand X bzw. Blindleitwert B für $\omega \to 0$ wieder. Man findet sie am einfachsten, indem man das Verhalten des Schwingkreises weit unterhalb der kleinsten Kennfrequenz untersucht und hierfür den Gesamtblindwiderstand $X_{\omega \to 0} = K$ bestimmt. Bei einer Reihenschaltung von Kapazität C und Induktivität I kann man dann L gegenüber C vernachlässigen, und bei einer Parallelschaltung schließt die Induktivität L die Kapazität C kurz.

Eine Verallgemeinerung der hier gefundenen Eigenschaften der Amplitudengänge von Blindwiderstand $X = f(\omega)$ bzw. Blindleitwert $B = f(\omega)$ führt zu den folgenden, von **Foster** gefundenen Reaktanzsätzen:

1. Die Differentialquotienten $dX/d\omega$ und $dB/d\omega$ sind stets positiv.
2. Blindwiderstand X und Blindleitwert B durchlaufen in Abhängigkeit von der Kreisfrequenz ω bzw. der Frequenz f abwechselnd Nullstellen (bei den Kennkreisfrequenzen ω_r für Reihenresonanz) und Pole bei den Kennkreisfrequenzen ω_p für Parallelresonanz.
3. Bei Gleichstrom (also f = 0 bzw. $\omega = 0$) sind Blindwiderstand X und Blindleitwert B entweder 0 oder $-\infty$.
4. Bei unendlich hohen Frequenzen (also f = ∞ bzw. $\omega = \infty$) sind Blindwiderstand X und Blindleitwert B entweder 0 oder $+\infty$.

Abb. 4.4 Schwingkreis

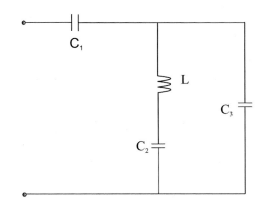

5. Die Amplitudengänge von Blindwiderstand $X = f(\omega)$ und Blindleitwert $B = f(\omega)$ sind durch die lage der Pole und Nullstellen sowie durch die Konstante K vollständig bestimmt.

6. In kanonischen[1] Schaltungen ist die Anzahl der Nullstellen und Pole (einschließlich der bei den Kreisfrequenzen $\omega = 0$ und $\omega = \infty$ auftretenden) stets um 1 größer als die Anzahl der in der Schaltung verwendeten Zweipole L und C.

Beispiel 113 Man bestimme für die Schaltung in Abb. 4.4 die Kennkreisfrequenzen und den Amplitudengang des Blindwiderstands.

Wir betrachten die Schaltung in Abb. 4.4 zunächst bei offenen Eingangsklemmen und finden dann für die Reihenschaltung von Induktivität I und Kapazitäten C_1 und C_2 bei der wirksamen Kapazität $C_2 C_3/(C_2 + C_3)$ eine Parallelresonanz mit der Kennkreisfrequenz

$$\omega_p = \frac{1}{\sqrt{\frac{L\,C_2\,C_3}{C_1+C_2+C_3}}} = \sqrt{\frac{C_2 + C_3}{L\,C_2\,C_3}}$$

Bei kurzgeschlossenen Eingangsklemmen liegen die Kapazitäten C_1 und C_3 parallel in Reihe mit C_2 und der Induktivität L. Es ist also ingesamt die Kapazität $C_2(C_1 + C_3)/(C_1 + C_2 + C_3)$ wirksam, und wir erhalten eine Reihenresonanz fir

---

[1] Ein Schwingkreis ist kanonisch, wenn das gewünschte Frequenzverhalten durch die kleinste Anzahl von Zweipolen erreicht ist. So lassen sich z. B. unmittelbar in Reihe oder parallel liegende, völlig gleichartige Zweipole zusammenfassen, also auch zwei Schwingkreise gleicher Kennfrequenz. Es ist daher oft nicht sofort zu erkennen, ob eine umfangreichere Schaltung kanonisch ist.

die Kreisfrequenz

$$\omega_r = \cfrac{1}{\sqrt{\cfrac{L\,C_2(C_1+C_3)}{C_1+C_2+C_3}}} = \sqrt{\frac{C_1+C_2+C_3}{L\,C_2(C_1+C_3)}}$$

Für $\omega \to 0$ ist ωL vernachlässigbar klein und daher der Blindwiderstand

$$K = \cfrac{-1}{\cfrac{\omega C_1(C_2+C_3)}{C_1+C_2+C_3}} = -\frac{C_1+C_2+C_3}{\omega C_1(C_2+C_3)}$$

anzusetzen. Der Amplitudengang $X = f(\omega)$ folgt deshalb Gl. 4.16. Bei $\omega = 0$ ist somit $X = -\infty$. Außerdem wird für $\omega = \infty$ nach Abb. 4.4 der Blindwiderstand $X = 0$, so dass insgesamt nur der Amplitudengang der Schaltung D in Abb. 4.3 möglich bleibt.

Man beachte, dass trotz der 4 Schaltungselemente nur 2 Kennkreisfrequenzen auftreten, Satz 6. von Foster also offenbar nicht anzuwenden ist, da es sich hier um keine kanonische Schaltung handelt.

Beispiel 114 Die Schaltung in Abb. 4.5 enthält die Kapazitäten $C_1 = 10\,\mu F$ und $C_2 = 5\,\mu F$ sowie die Induktivität $L_1 = 0,2\,H$ und $L_2 = 0,6\,H$. Die Kennkreisfrequenzen und der Amplitudengang des Blindwiderstands X sollen bestimmt werden.

Abb. 4.5 Schwingkreis

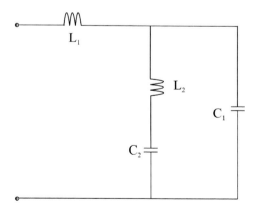

Analog zu Beispiel 112 findet man hier den Blindwiderstand, der wieder durch Erweitern auf die Normalform von Gl. 4.16 gebracht wird

$$X = \omega L_1 + \frac{-\frac{1}{\omega C_1}(\omega L_2 - \frac{1}{\omega C_2})}{\omega L_2 - (\frac{1}{\omega C_1} + \frac{1}{\omega C_2})}$$

$$= \omega L_1 + \frac{1 - \omega^2 L_2 C_2}{\omega(C_1 + C_2)(\omega^2 \cdot \frac{L_2 C_1 C_2}{C_1 + C_2} - 1)}$$

$$= \frac{-1}{\omega(C_1 + C_2)} \cdot \frac{-\omega^2 L_1(C_1 + C_2)(\omega^2 \cdot \frac{L_2 C_1 C_2}{C_1 + C_2} - 1) - 1 + \omega^2 L_2 C_2}{\omega^2 \cdot \frac{L_2 C_1 C_2}{C_1 + C_2} - 1}$$

$$= \frac{-1}{\omega(C_1 + C_2)} \cdot \frac{-\omega^4 L_1 L_2 C_1 C_2 + \omega^2 [L_2 C_2 + L_1(C_1 + C_2)] - 1}{\omega^2 \cdot \frac{L_2 C_1 C_2}{C_1 + C_2} - 1}$$

Parallelresonanz tritt für $X = \infty$ auf, also für $\omega L_1 = \infty$ bzw. $\omega = \infty$ oder

$$\frac{-\frac{1}{\omega C_1}(\omega L_2 - \frac{1}{\omega C_2})}{\omega L_2 - (\frac{1}{\omega C_1} + \frac{1}{\omega C_2})} = \infty \quad \text{also} \quad \omega L_2 - (\frac{1}{\omega C_1} + \frac{1}{\omega C_2}) = 0$$

woraus sich sofort die Parallelresonanz-Kennkreisfrequenzen ω_p errechnen ließe. Entsprechend haben wir Reihenresonanz für X = 0, d. h. für

$$\omega L_1 = \frac{\frac{1}{\omega C_1}(\omega L_2 - \frac{1}{\omega C_2})}{\omega L_2 - (\frac{1}{\omega C_1} + \frac{1}{\omega C_2})}$$

woraus wieder die Reihenresonanz-Kennkreisfrequenzen bestimmt werden könnten. Wir wählen hier den Weg über die Normalform, da sie anschließend eine leichtere Diskussion des Amplitudengangs erlaubt, und finden dann die Pole und Nullstellen durch Nullsetzen von Nenner und Zähler.

Es ist also
$K = -1/[\omega(C_1 + C_2)]$
und wir erhalten durch Nullsetzen des Nenners die Parallel-Kennkreisfrequenz

$$\omega_p = \sqrt{\frac{C_1 + C_2}{L_2 C_1 C_2}} = \sqrt{\frac{10\,\mu F + 5\,\mu F}{0,6\,H \cdot 10\,\mu F \cdot 5\,\mu F}} = 707\,s^{-1}$$

und durch Nullsetzen des Zählers die Quadrate der Reihenresonanz-Kennkreisfrequenzen

$$\omega_{r1,2}^2 = \frac{1}{2\,L_1 L_2 C_1 C_2}\Big\{ L_1(C_1 + C_2) + L_2 C_2$$

$$\pm\,\sqrt{[L_1(C_1 + C_2) + L_2 C_2]^2 - 4\,L_1 L_2 C_1 C_2}\Big\}$$

$$\omega_{r1}^2 = \frac{1}{2\cdot 0{,}2\,H\cdot 0{,}6\,H\cdot 10\,\mu F\cdot 5\,\mu F}\Big\{ 0{,}2\,H(10\,\mu F + 5\,\mu F) +$$

$$+\,0{,}6\,H\cdot 5\,\mu F + \sqrt{[0{,}2\,H(10\,\mu F + 5\,\mu F) +}$$

$$\overline{+\,0{,}6\,H\cdot 5\,\mu F]^2 - 4\cdot 0{,}2\,H\cdot 0{,}6\,H\cdot 10\,\mu F\cdot 5\,\mu F}\Big\} = 788\cdot 10^3 s^{-1}$$

$$\omega_{r2}^2 = 212\cdot 10^3 s^{-1}$$

Nur die positiven Wurzeln, nämlich $\omega_{r1} = 888\,s^{-1}$ und $\omega_{r2} = 460\,s^{-1}$, sind physikalisch real.

Die drei gefundenen Kennkreisfrequenzen sind in Abb. 4.6 eingetragen. Die
Funktion $X = f(\omega)$ geht mit dem ermittelten Faktor K für $\omega \to 0$ gegen $X = -\infty$
und außerdem ω^4 im Zähler gegenüber ω^3 im Nenner für $\omega \to \infty$ gegen $X = \infty$.
Weiterhin wird die Endsteigung durch ωL_1 festgelegt; denn für $\omega \to \infty$ wird L_2

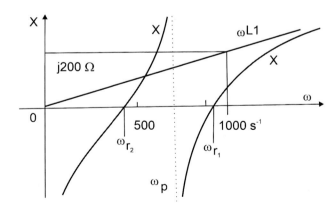

Abb. 4.6 Amplitudengang des Blindwidersrtands $X = f(\omega)$ zu Beispiel 114

durch C_1 überbrückt. Da bei ω_{r1} und ω_{r2} Nullstellen und bei ω_p ein Pol auftreten, lässt sich der Amplitudengang von Abb. 4.6 vollständig angeben.

Beispiel 115 Nach Abb. 4.3 zeigen Schaltungen B und D den gleichen Amplitudengang des Blindwiderstands $X = f(\omega)$, wenn die Kennkreisfrequenzen

$$\omega_p = \frac{1}{\sqrt{L_B C_{2b}}} = \sqrt{\frac{C_{1D} + C_{2D}}{C_{1D}\, C_{2D}\, C_{3D}}}$$

$$\omega_r = \frac{1}{\sqrt{L_B(C_{1B} + C_{2B})}} = \frac{1}{\sqrt{L_D C_{2D}}}$$

und die Faktoren

$$K = \frac{-1}{\omega\, C_{1B}} = \frac{1}{\omega(C_{1D} + C_{2D})}$$

übereinstimmen. Es ist zu untersuchen, unter welchen Bedingungen die eine Schaltung Vorteile vor der anderen hat.

Wenn wir voraussetzen, dass die Größen L_B, C_{1B} und C_{2B} bekannt sind, haben wir offenbar 3 Gleichungen für die 3 unbekannten Größen L_D, C_{1D} und C_{2D} der äquivalenten Schaltung. Wir beseitigen in den obigen Gleichungen die Wurzeln durch Quadrieren und die Brücke durch Erweitern und erhalten das Gleichungssystem

$$C_{1D}\, C_{2D}\, L_D = (C_{1D} + C_{2D}) L_B\, C_{2B} \tag{4.17}$$

$$L_D\, C2D = L_B(C_{1B} + C_{2B}) \tag{4.18}$$

$$C_{1D} + C_{2D} = C_{1B} \tag{4.19}$$

Durch Einsetzen von Gl. 4.19 in 4.17 wird

$$C_{2D}\, L_D(C_{1B} - C_{2D}) = C_{1B}\, L_B\, C_{2B} \tag{4.20}$$

Mit Gl. 4.18 ist gleichzeitig

$$L_D = (C_{1B} + C_{2B})\, L_B/C_{2D} \tag{4.21}$$

Eingesetzt in Gl. 4.20 findet man schließlich die Kapazität

$$C_{2D} = C_{1B}\, \frac{C_{1B}}{C_{1B} + C_{2B}} \tag{4.22}$$

Dies in Gl. 4.19 eingeführt, ergibt die Kapazität

$$C_{1D} = C_{1B} - \frac{C_{1B}^2}{C_{1B} + C_{2B}} = C_{2B}\frac{C_{1B}}{C_{1B} + C_{2B}} \qquad (4.23)$$

Mit Gl. 4.21 und 4.22 erhält man ferner die Induktivität

$$L_D = L_B \left(\frac{C_{1B} + C_{2B}}{C_{1B}}\right)^2 \qquad (4.24)$$

Es tritt hier also der Faktor $(C_{1B} + C_{2B})/C_{1B}$ auf, um den in Schaltung D die Induktivität quadratisch größer und die Kapazitäten reziprok kleiner werden. Da die Vergrößerung der Induktivität meist mehr Aufwand erfordert, als bei der Verkleinerung der Kapazität gewonnen wird, bevorzugt man meist die Schaltung B.

Übungsaufgaben zu Abschn. 4.1 (Lösungen im Anhang)

Beispiel 116 Ein Schwingkreis soll die Kennkreisfrequenzen $\omega_p = 200\,s^{-1}$ und $\omega_r = 500\,s^{-1}$ aufweisen und unter Verwendung der Induktivität L = 0,5 H aufgebaut werden. Welche Schaltungen ermöglichen dieses Verhalten, und wie groß müssen die übrigen Reaktanzzweipole sein?

Beispiel 117 Analog zu Beispiel 115 sollen die Schaltungen A und C in Abb. 4.3 miteinander verglichen werden.

Abb. 4.7 Schwingkreis

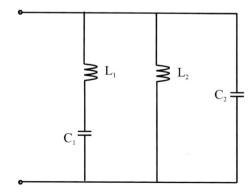

Beispiel 118 Für die Schaltung in Abb. 4.7 ist die Gleichung des Amplitudengangs des Blindwiderstands $X = f(\omega)$ in Normalform zu entwickeln und darzustellen, und es sind die Gleichungen für die Kennkreisfrequenzen abzuleiten.

Beispiel 119 Die Schaltung in Abb. 4.8 besteht aus den Induktivitäten L = 1 mH und der Kapazität $C = 1\,\mu F$ und liegt an einer sinusförmigen Wechselspannung $\underline{U}_e$. Für welche Kreisfrequenzen werden $U_a/U_e = 0$ bzw. $U_a/U_e = 1$?

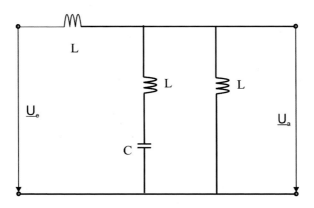

Abb. 4.8 Schwingkreis

Abb. 4.9 Schwingkreis

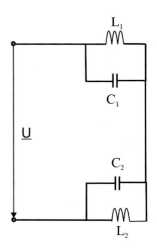

Beispiel 120 Der Schwingkreis in Abb. 4.9 enthält die Induktivitäten $L_1 = 50\,mH$ und $L_2 = 10\,mH$ sowie die Kapazitäten $C_1 = 65\,nF$ und $C_2 = 12\,nF$. Die Kennkreisfrequenzen sind zu bestimmen.

4.2 Verlustbehaftete Schwingkreise

In Abschn. 4.1 wird das grundsätzliche Zusammenwirken von Induktivität I und Kapazität C behandelt. Da aber in der Praxis derartige Schwingkreise auch stets Wirkwiderstände R enthalten und sonit Verluste auftreten, müssen wir jetzt die Überlegungen von Abschn. 4.1 auf Schwingkreise mit Wirkwierständen übertragen. Es sollen hierbei weiterhin die in Abschn. 4.1.2 eingeführten Kenngrößen, nämlich Kennleitwert Y_o, Kennwiderstand Z_o und Verstimmung v, benutzt werden. Als **Resonanz** wird hier ganz allgemein wieder der Fall angesehen, dass Blindwiderstand X = 0 bzw. Blindleitwert B = 0 werden, also mit Z_ρ = R bzw. Y_ρ = G rein reelle komplexe Widerstände $\underline{Z}_\rho$ bzw. Leitwerte $\underline{Y}_\rho$, also die Phasenwinkel $\varphi = \varphi_Z = 0$, bei der Resonanzkreisfrequenz ω_ρ bzw. der Resonanzfrequenz $f_\rho = \omega_\rho/2\pi$ auftreten. Wir untersuchen zunächst einfache Parallel- und Reihenschwingkreise.

4.2.1 Verhalten von Leitwert und Widerstand

Wir betrachten mit Abb. 4.10 wieder analog zu Abb. 4.1 Parallel- und Reihenschaltung von Wirkwiderstand R, Kapazität C und Induktivität I nebeneinander. Gleichungen, Zeigerdiagramme sowie Amplituden- und Phasengang für Leitwert $\underline{Y}$ bzw. Widerstand $\underline{Z}$ folgen unmittelbar aus Ohmschem Gesetz und Kirchhoffschen Regeln sowie Abschn. 2.2.3 und 2.3.3.

Parallelresonanz tritt nun wieder für B = 0 und Reihenresonanz für X = 0, d. h. nach Abschn. 4.1.1 und Gl. 4.3 und 4.4 für die Kennkreisfrequenz $\omega_o = 1/\sqrt{L\,C}$ bzw. bei der Kennfrequenz $f_o = \omega_o/(2\pi) = 1/(2\pi\,\sqrt{L\,C})$ auf. Man beachte jedoch, dass ganz allgemein Kennkreisfrequenz ω_o und Resonanzkreisfrequenz ω_ρ nicht übereinstimmen müssen.

Außerdem zeigt Abb. 4.10, dass sich Parallel- und Reihenschwingkreis auch unter Berücksichtigung des Wirkwiderstands R dual verhalten und daher gleich behandelt werden dürfen. Wir wollen daher anschließend die Betrachtungen normieren.

Beispiel 121 Einen Kondensator fasst man meist als Parallelschaltung von Kapazität C mit dem Wirkleitwert G_C und eine Drossel als Reihenschaltung von Induk-

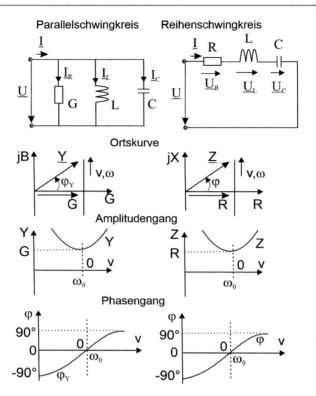

Abb. 4.10 Leitwert bzw. Widerstand einfacher verlustbehafteter Schwingkreise

tivität L und Wirkwiderstand R_L auf. Eine Parallelschaltung von Kondensator und
Drossel ergibt dann die Schaltung in Abb. 4.11. Für diesen Schwingkreis sind die
Gleichungen für Resonanzfrequenz ω_ρ und Resonanzleitwert G_ρ zu bestimmen.

Für den komplexen Leitwert der Schaltung in Abb. 4.11 finden wir

$$\underline{Y} = G_C + j\,\omega\,C + \frac{1}{R_L + j\,\omega\,L} \tag{4.25}$$

Die Resonanzkreisfrequenz ω_ρ tritt auf für

$$B = \omega_\rho\,C - \frac{\omega_\rho\,L}{R_L^2 + (\omega_\rho\,L)^2} = 0$$

Abb. 4.11 Schwingkreis

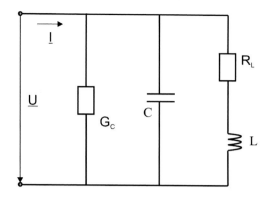

Über

$$\omega_\rho\, C = \frac{\omega_\rho\, L}{R_L^2 + (\omega_\rho\, L)^2}$$

und mit Kennkreisfrequenz $\omega_o = 1/\sqrt{L\,C}$ und Kennwiderstand $Z_o = \sqrt{L/C}$ finden wir daher die Resonanzkreisfrequenz

$$\omega_\rho = \sqrt{\frac{L - R_L^2\, C}{L^2\, C}} = \omega_o \sqrt{1 - (\frac{R_L}{Z_o})^2} \tag{4.26}$$

wobei für $R_L \ll Z_o$ das Glied $(R_L/Z_o)^2$ vernachlässigt werden darf. Für den Resonanzleitwert erhalten wir

$$G_\rho = G_C + \frac{R_L}{R_L^2 + (\omega_\rho\, L)^2}$$

bzw. mit $R_L^2 + \omega_\rho^2 L^2 = R_L^2 + \omega_o^2 L^2 (Z_o^2 - R_L^2)/Z_o^2 = Z_o^2$

$$G_\rho = G_C + (R_L/Z_o^2) \tag{4.27}$$

4.2.2 Güte und Dämpfung

Energiespeicherung in Kondensatoren und Drosseln ist mit Verlusten verbunden. Die Qualität eines technischen Energiespeichers wird daher durch das Verhältnis der maximal gespeicherten Energie W_m zu der in einer Periodendauer T verbrauchten Verlustenergie PT angegeben. Mit der Kreisfrequenz $\omega = 2\,\pi\,f = 2\,\pi/T$ gilt daher für die **Güte**

$$Q = 2\,\pi\,W_m/(P\,T) = \omega\,W_m/P \qquad (4.28)$$

bzw. für die reziproke Größe, den **Verlustfaktor**

$$\tan\delta = 1/Q = P/(\omega\,W_m) \qquad (4.29)$$

Für die normalen Ersatzschaltungen von Kondensator und Drossel erhält man daher die in Abb. 4.12 abgeleiteten Bestimmungsgleichungen für die Güte.

Reihen- und Parallel-Schwingkreise führen im **Resonanzfall** maximale Ströme bzw. Spannungen und speichern daher bei der Kennkreisfrequenz ω_o maximale Energien. Die Ersatzschaltung des Kondesators entspricht offenbar dem Parallelschwingkreis, wenn die Induktivität L gerade stromlos ist und die gesamte Energie in der Kapazität C gespeichert ist. Daher stellt die in Abb. 4.12 angegebene Güte für die Kennkreisfrequenz ω_o auch die Güte des Parallelschwingkreises dar. Analog gibt die Ersatzschaltung der Drossel den Reihenschwingkreis für den Augenblick wieder, in dem die Kapazität gerade spannungslos ist, die gesamte Energie also in der Induktivität L gespeichert ist. Somit gilt die in Abb. 4.12 vermerkte Güte auch für den Reihenschwingkreis.

Wenn wir jetzt noch Kennleitwert bzw. Kennwiderstand von Gl. 4.5 und 4.6 einführen, finden wir für die **Güte** von einfachem, verlustbehaftetem Parallel- bzw. Reihenschwingkreis

$$Q = \frac{\omega_o\,C}{G} = \frac{Y_o}{G} = \frac{\omega_o\,L}{R} = \frac{Z_o}{R} \qquad (4.30)$$

Bei Schwingkreisen arbeitet man außerdem noch gern mit den Begriffen **Dämpfung**

$$d = 1/Q = G/Y_o = R/Z_o \qquad (4.31)$$

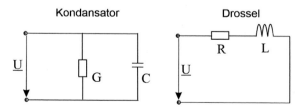

Abb. 4.12 Güte von Kondensator und Drossel

die also den Reziprokwert der Güte darstellt, und **Dämpfungsgrad**

$$\vartheta = d/2 = 1/(2\,Q) \tag{4.32}$$

der für die allgemeine Schwingungslehre Vorteil bietet.

Befinden sich in einer Schaltung mehrere Energieverbraucher mit den Verlustleistungen P_i und der Resonanzkreisfrequenz ω_ρ sowie der maximal gespeicherten Energie W_m, gilt in Erweiterung von Gl. 4.28 für die **Güte**

$$\frac{1}{Q} = \frac{1}{\omega_\rho\,W_m} \sum_{i=1}^{i=i} P_i = \sum_{i=1}^{i=i} \frac{1}{Q_i} \tag{4.33}$$

Zur Bestimmung der resultierenden Güte kann man daher die Kehrwerte der einzelnen Güten Q_i summieren. Die resultierende Güte ist daher stete geringer als die einzelnen Güten.

Beispiel 122 Man leite die Gleichung für die Güte Q der Schaltung in Abb. 4.11 ab.

Mit den Güten für den Kondensator $Q_C = \omega_\rho\,C/G_C$ und die Drossel $Q_L = \omega_\rho\,L/R_L$ erhalten wir nach Gl. 4.33

$$\frac{1}{Q} = \frac{1}{Q_L} + \frac{1}{Q_C} = \frac{R_L}{\omega_\rho\,L} + \frac{G_C}{\omega_\rho\,C} = \frac{1}{\omega_\rho\,C}(G_C + R_L\frac{C}{L})$$

Daher ist mit $Z_o = \sqrt{L/C}$ nach Gl. 4.6 und $G_\rho = G_C + (R_L/Z_o^2)$ nach Gl. 4.27 die Güte

$$Q = \frac{\omega_\rho\,C}{G_C + (R_L\,C/L)} = \frac{\omega_\rho\,C}{G_C + (R_L/Z_o^2)} = \frac{\omega_\rho\,C}{G_\rho} \tag{4.34}$$

4.2.3 Normierung

Wir führen nun noch mit Güte Q nach Gl. 4.28 bzw. Dämpfung d und Verstimmung v nach Gl. 4.8 die normierte Verstimmung

$$v_r = Q\,v = Q(\frac{\omega}{\omega_o} - \frac{\omega_o}{\omega}) = \frac{v}{d} \tag{4.35}$$

ein und dürfen dann für den normierten Leitwert- bzw. Widerstands-Frequenzgang
angeben

$$\underline{F} = \underline{Y}/G = \underline{Z}/R = 1 + j\,v\,Y_o/G = 1 + j\,v\,Z_o/R = 1 + j\,v_r \qquad (4.36)$$

Somit haben wir eine einheitliche Betrachtungs- und Darstellungsweise für Parallel-
und Reihenschwingkreis gefunden und können hiermit nun das charakteristische
Verhalten untersuchen (s. Abb. 4.13).

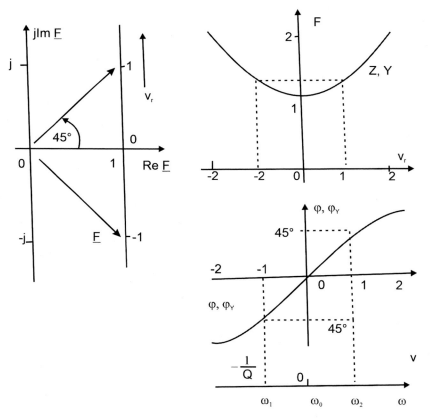

Abb. 4.13 Ortskurve **(a)**, Amplitudengang **(b)** und Phasengang **(c)** des normierten
Leitwert- und Widerstands-Frequenzgangs sowie zugehörige Verstimmungs- und Kreis-
frequenzskala **(d)**

4.2.4 Bandbreite

Aus Abb. 4.13 ergibt sich, dass Leitwert Y des Parallelschwingkreises und Widerstand Z des Reihenschwingkreises für die normierte Verstimmung $v_r = 0$ ein Minimum annehmen und bei $v_r = \pm 1$ um den Faktor $\sqrt{2}$ größer als dieses Minimum sind. Die zu der normierten Verstimmung $v_r = \pm 1$ gehörenden Kreisfrequenzen ω_1 und ω_2 werden Grenzfrequenzen genannt. (Da bei ihnen gleichzeitig die Phasenwinkel $\pm 45°$ auftreten, werden sie gelegentlich auch durch die Formelzeichen ω_{-45} und ω_{45} bezeichnet.) Mit Gl. 4.8 gilt daher für diese Grenzfrequenzen die Verstimmung

$$v_{1,2} = \left(\frac{\omega_{1,2}}{\omega_o} - \frac{\omega_o}{\omega_{1,2}} \right) = \pm \frac{1}{Q} \tag{4.37}$$

die zu der quadratischen Gleichung

$$\omega_{1,2}^2 \pm \frac{\omega_o}{Q} \omega_{1,2} - \omega_o^2 = 0$$

führt. Es können nur positive Werte der Grenzfrequenzen auftreten, so dass wir die Lösungen

$$\omega_{1,2} = \pm \frac{\omega_o}{2\,Q} + \omega_o \sqrt{1 + (1/4\,Q^2)}$$

$$= \omega_o \left[\pm \frac{1}{2\,Q} + \sqrt{1 + (1/4\,Q^2)} \right] \tag{4.38}$$

$$= \omega_o (\pm \vartheta + \sqrt{1 + \vartheta^2})$$

finden. Hier ergibt der Dämpfungsgrad ϑ eine besonderen einfachen Ausdruck.

Die Differenz der Grenzfrequenzen ω_1 und ω_2 bzw. f_1 und f_2 bezeichnet man als **Bandbreite**

$$b_\omega = \omega_2 - \omega_1 = \omega_o/Q = d\,\omega_o = 2\,\vartheta\,\omega_o \tag{4.39}$$

oder

$$b_f = f_2 - f_1 = f_o/Q = d\,f_o = 2\,\vartheta\,f_o \tag{4.40}$$

Daher gilt auch allgemein für die Güte

$$Q = b_\omega/\omega_o = b_f/f_o \tag{4.41}$$

Außerdem ist mit Gl. 4.38

$$\omega_1\,\omega_2 = \omega_o^2 \tag{4.42}$$

und es gilt für die **Kennkreisfrequenz**

$$\omega_o = \sqrt{\omega_1 \, \omega_2} \qquad (4.43)$$

Meist interessiert nur das Verhalten des Schwingkreises in der Näher der Resonanz. Dann kann man mit der angenäherten Verstimmung v_n nach Gl. 4.10 arbeiten. Wenn wir den relativen Fehler der Näherung

$$p = \frac{v_n - v}{v} = \frac{v_n}{v} - 1 = \frac{2\,\omega}{\omega + \omega_o} - 1 = \frac{2\,\omega - \omega - \omega_o}{\omega + \omega_o}$$
$$= \frac{\omega - \omega_o}{\omega + \omega_o} = \frac{\Delta\,\omega}{2\,\omega_o + \Delta\,\omega} \qquad (4.44)$$

zulassen und die Kreisfrequenzabweichung $\Delta\,\omega = \omega - \omega_o$ einführen, erhalten wir hiermit die relative Kreisfrequenzabweichung

$$\Delta\,\Omega = \Delta\,\omega/\omega_o = \Delta f / f_o = 2\,p/(1 - p) \qquad (4.45)$$

Für die Grenzfrequenzen ω_1 und ω_2 ist mit der Bandbreite b_ω nach Gl. 4.39 die Kreisfrequenzabweichung $\Delta\,\omega_b = |\omega_1 - \omega_o| = \omega_2 - \omega_o = b_\omega/2$. Daher gilt mit Gl. 4.44 bei Anwendung der Näherung für den hier auftretenden Fehler

$$p = \frac{b_\omega/2}{2\,\omega_o + (b_\omega/2)} = \frac{1}{(4\,\omega_o/b_\omega) + 1} = \frac{1}{1 + 4\,Q} \qquad (4.46)$$

Beispiel 123 Ein Parallelschwingkreis nach Abb. 4.10 besteht aus Wirkleitwert $G = \mu S$, Induktivität L = 1,5 mH und Kapazität C = 120 pF. Kennkreisfrequenz ω_o, Kennfrequenz f_o, Güte Q, Dämpfung d, Dämpfungsgrad ϑ, Bandbreiten b_ω und b_f sowie die Grenzfrequenzen f_1 und f_2 sind zu bestimmen. Gleichzeitig soll ermittelt werden, welche Frequenzabweichung Δf bei Anwendung der Näherungs-formel für die Verstimmung zugelassen werden darf, wenn der Fehler nicht größer als p = 0,05 werden soll und welcher Fehler bei Anwendung dieser Näherung an der Bandbreitengrenze auftritt.

Nach Gl. 4.3 erhalten wir die Kennkreisfrequenz

$$\omega_o = 1/\sqrt{L\,C} = 1/\sqrt{1,5\,mH \cdot 120\,pF} = 2,36 \cdot 10^6 s^{-1}$$

und mit Gl. 4.4 die Kennfrequenz

$$f_o = \omega_o/(2\,\pi) = 2{,}36 \cdot 10^6 s^{-1}/(2\,\pi) = 375\,kHz$$

Ferner ist nach Gl. 4.30 die Güte

$$Q = \omega_o\,C/G = 2{,}36 \cdot 10^6 s^{-1} \cdot 120 pF/(3 \cdot 10^{-6}\,S) = 94{,}4$$

bzw. nach Gl. 4.31 die Dämpfung

$$d = 1/Q = 1/94{,}4 = 0{,}01059$$

und nach Gl. 4.32 der Dämpfungsgrad

$$\vartheta = d/2 = 0{,}01059/2 = 0{,}0053$$

Gleichzeitig ergeben sich mit Gl. 4.39 und 4.40 die Bandbreiten

$$b_\omega = d\,\omega_o = 0{,}01059 \cdot 2{,}36 \cdot 10^6 s^{-1} = 25 \cdot 10^3 s^{-1}$$
$$b_f = d\,f_o = 0{,}01059 \cdot 375\,kHz = 3{,}97\,khZ$$

Daher betragen die Grenzfrequenzen

$$f_1 = f_o - b_f/2 = 375\,kHz - 3{,}97\,kHz/2 = 373\,kHz$$
$$f_2 = f_o + b_f/2 = 375\,kHz + 3{,}97\,kHz/2 = 376{,}985\,kHz$$

Nach Gl. 4.45 darf man unterhalb der Kreisfrequenzabweichung
$$\Delta f = 2\,p\,f_o/(1-p) = 2 \cdot 0{,}05 \cdot 375\,khZ/(1-0{,}05) = 39{,}5\,kHz$$
mit der angenäherten Verstimmung v_n arbeiten, und bei den Grenzfrequenzen machen wir mit der angenäherten Verstimmung nach Gl. 4.46 den Fehler

$$p = 1/(1+4\,Q) = 1/(1+4 \cdot 94{,}4) = 0{,}00264 = 2{,}64\,0/00.$$

4.2.5 Ortskurven

Wir betrachten mit Abb. 4.14 die Ortskurven der Teilspannungen des Reihenschwingkreises bei fester Eingangsspannung $\underline{U}$. Dann unterscheiden sich wegen $\underline{U}_R = R\,\underline{I}$ die Stromortskurve $\underline{I} = f(\omega)$ nur durch den Faktor $1/R$ von der Spannungsortskurve $\underline{U}_R = f(\omega)$. Auch können die so gewonnenen Ergebnisse nach Abschn. 4.2.1 unmittelbar auf die ströme des Parallelschwingkreises bei festem Eingangsstrom übertragen werden.

Die Verhältnisse Teilspannung zu Eingangsspannung in Abb. 4.14 lassen sich mit der Spannungsteilerregel (s. Abschn. 3.2.1) sofort angeben. Wir führen dann mit Gl. 4.3 die Kennkreisfrequenz $\omega_o = 1/\sqrt{L\,C}$ mit Gl. 4.7 die relative Frequenz $\Omega = \omega/\omega_o = f/f_o$ und mit Gl. 4.31 die Dämpfung $d = 1/Q = R/Z_o = R\,\omega_o\,C$ ein und finden auf diese Weise die Normalformen der Ortskurven der relativen Teilspannungen in Abb. 4.14.

Durch Bildung der Grenzwerte für $\Omega = 0, 1, \infty$ und Bestimmung einiger Zwischenwerte erhält man die in Abb. 4.14 dargestellten Ortskurven. Nach Abb. 4.13 stellt die Ortskurve des komplexen Widerstands $\underline{Z}$ eine Gerade parallel zur Imaginärachse dar. Daher muss die Ortskurve für $R/\underline{Z}$ ein Kreis durch den Koordinaten-Nullpunkt und durch 1 sein, den Mittelpunkt also bei 0,5 haben. Für $\Omega = 1$ ist auch $R/\underline{Z} = 1$ und bei $\Omega = 0$ bzw. $\Omega = \infty$ ferner $R/\underline{Z} = 0$. Bei dem Phasenwinkel $\varphi = 45°$ tritt nach Abschn. 4.2.4 die relative Grenzfrequenz $\Omega_1 = \omega_1/\omega_o$ und bei $\varphi = -45°$ entsprechend $\Omega_2 = \omega_2/\omega_o$ auf.

In den Ortskurven $\underline{U}_C = f(\omega)$ und $\underline{U}_L = f(\omega)$ tritt der Parameter d = 1/Q auf. Für die Dämpfung d = 0 bzw. die Güte Q = ∞ werden diese Ortskurven unendlich groß, Sie schneiden die Imaginärachse stets für $\Omega = 1$, also für Resonanz, und daher bei $-$ j Q bzw. j Q.

Beispiel 124 Für die Schaltung in Abb. 4.15 sollen die möglichen Widerstands-Frequenzgänge $\underline{Z} = f(\omega)$ allgemein als Ortskurven ermittelt werden.

Man findet sofort für den komplexen Widerstand

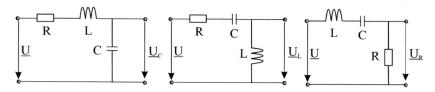

Abb. 4.14 Ortskurven der Teilspannungen des Reihenschwingkreises

Abb. 4.15 Schwingkreis

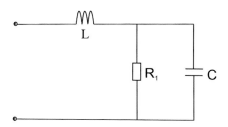

$$\underline{Z} = R + j\,X = j\,\omega\,L + \frac{1}{(1/R_1) + j\,\omega\,C}$$

$$= j\,\omega\,L + R_1\,\frac{1 - j\,\omega\,R_1}{1 + (\omega\,C\,R_1)^2}$$

$$= \frac{R_1}{1 + (\omega\,C\,R_1)^2} + j\,\omega\left[L - \frac{C\,R_1^2}{1 + (\omega\,C\,R_1)^2}\right]$$

der demnach den Realteil

$$R = \frac{R_1}{1 + (\omega\,C\,R_1)^2}$$

enthält, der somit für $0 \leqq \omega \leqq \infty$ im Bereich $R_1 \geqq R \geqq 0$ liegt. Dabei gilt für die Kreisfrequenz

$$\omega = \frac{1}{C\,R_1}\,\sqrt{(R_1/R) - 1}$$

Wir setzen dies in den Imaginärteil

$$X = \omega\left[L - \frac{C\,R_1^2}{1 + (\omega\,C\,R_1)^2}\right] = (\frac{L}{C\,R_1} - R)\,\sqrt{\frac{R_1}{R} - 1}$$

ein und erkennen, dass er für $\omega = 0$ ebenfalls $X = 0$ ist, für $\omega = \infty$ gegen $X = \infty$ geht und für die Kreisfrequenz

$$\omega_r = \frac{R_1}{1 + \frac{R_1^3\,C^3/L}{1 + C^2\,R_1^2}}$$

verschwindet. Im Bereich $0 < \omega < \omega_r$ nimmt daher der Blindwiderstand X negative Werte an. Wir bilden nun noch den Differentialquotienten

$$\frac{dX}{dR} = -\frac{R_1}{2\,R^2} \cdot \frac{(L/C\,R_1) - R}{\sqrt{R_1/R} - 1} - \sqrt{\frac{R_1}{R} - 1}$$

und sehen, dass für $R \to 0$, also $\omega \to \infty$, die Ortskurvensteigung dX/dR $\to -\infty$ geht. Für $R = R_1$, also $\omega = 0$, wird

$$\frac{dX}{dR} = -\frac{1}{2\,R} \cdot \frac{(L/C\,R) - R}{\sqrt{1 - 1}}$$

Daher sind nur drei Ortskurvensteigungen, nämlich für

$$R_1 < \sqrt{L/C} : (dX/dR)_R = R_1 = -\infty$$
$$R_1 = \sqrt{L/C} : (dX/dR)_R = R_1 = 0$$
$$R_1 > \sqrt{L/C} : (dx/dR)_R = R_1 = +\infty$$

möglich, und es kann der Ortskurvenverlauf in Abb. 4.16 angegeben werden. Dies entspricht auch dem in Abschn. 4.3.2 mitgeteiltem Satz, dass Widerstands-Ortskurven für $\omega = 0$ und $\omega = \infty$ stets tangential oder senkrecht in eine Koordinatenachse einmünden.

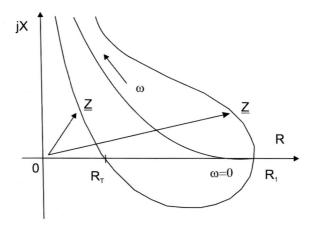

Abb. 4.16 Ortskurven zum Beispiel 124

4.2.6 Resonanzüberhöhung

Die Ortskurven in Abb. 4.14 zeigen, dass die Teilspannungen U_C, U_L – und entsprechend die Teilströme I_L, I_C – ihr Maximum i. allg. nicht im Resonanzfall, sondern für (meist gering) abweichende relative Frequenzen $\Omega_{\ddot{u}1} = \omega_{\ddot{u}1}/\omega_o = f_{\ddot{u}1}/f_o$ und $\Omega_{\ddot{u}2} = \omega_{\ddot{u}2}/\omega_o = f_{\ddot{u}2}/f_o$ annehmen. Hierbei treten für U_C und I_L noch $\Omega_{\ddot{u}2} > 1$ auf.

Die Maxima findet man, wenn man

$$\frac{U_C}{U} = \frac{I_L}{} = \frac{1}{\sqrt{(1 - \Omega^2)^2 + (d\,\Omega)^2}} \tag{4.47}$$

differenziert und den Differentialquotienten Null setzt. Es ist jedoch einfacher, mit

$$\frac{d(U/U_C)}{d\,\Omega} = \frac{d[(1 - \Omega^2)^2 + (d\,\Omega)^2]^{1/2}}{d\,\Omega}$$

$$= \frac{1}{2} \cdot \frac{2(1 - \Omega^2)(-2\,\Omega) + 2\,d^2\,\Omega}{(1 - \Omega^2)^2 + (d\,\Omega)^2}$$

das Minimum für $U/U_C = I/I_L$ zu suchen. Aus
$2(1 - \Omega^2)(-2\,\Omega) + 2\,d^2\,\Omega = 0$ und $d^2 + 2\,\Omega^2 - 2 = 0$
erhält man so die 1. relative **Frequenz** für die Resonanzüberhöhung

$$\Omega_{\ddot{u}1} = \frac{\omega_{\ddot{u}1}}{\omega_o} = \frac{f_{\ddot{u}1}}{f_o} = \sqrt{1 - \left(\frac{d^2}{2}\right)} = \sqrt{1 - \frac{1}{2\,Q^2}} \tag{4.48}$$

bzw. für kleine Dämpfungen d oder große Güten Q = 1/d die Näherung

$$\Omega_{\ddot{u}1} \approx 1 - \frac{d^2}{4} = 1 - \frac{1}{4\,Q^2} \tag{4.49}$$

Die 2. Resonanzüberhöhung findet man analog für

$$\frac{U_L}{U} = \frac{I_C}{} = \frac{-\Omega^2}{\sqrt{(1 - \Omega^2)^2 + d^2\Omega^2}} = \frac{1}{\sqrt{[(1/\Omega^2) - 1]^2 + (d/\Omega)^2}} \tag{4.50}$$

mit dem Differentialquotienten

$$\frac{d(U_L/U)}{d\,\Omega} = d\,\left\{[(1/\Omega^2) - 1]^2 + (d/\Omega)^2\right\}^{1/2}/d\,\Omega$$

$$= \frac{1}{2} \cdot \frac{2[(1/Q^2) - 1] - (-2/\Omega^3) - 2(d^2/\Omega^3)}{\sqrt{[(1/\Omega)^2 - 1]^2 + (d/Q)^2}}$$

wir setzen

$2[(1/\Omega^2) - 1](-2/\Omega^3) - 2(d^2/\Omega^3) = 0$ bzw. $d^2 + (2/\Omega^2) - 2 = 0$ und erhalten
die 2. relative Frequenz für die Resonanzüberhöhung

$$\Omega_{\ddot{u}2} = \frac{\omega_{\ddot{u}2}}{\omega_o} = \frac{f_{\ddot{u}2}}{f_o} = \frac{1}{\sqrt{1 - (d^2/2)}} = \frac{1}{\sqrt{1 - (1/2\,Q^2)}} \qquad (4.51)$$

sowie für kleine Dämpfungen d oder größere Güten Q = 1/d die Näherung

$$\Omega_{\ddot{u}2} \approx 1 + \frac{d^2}{4} = 1 + \frac{1}{4\,Q^2} \qquad (4.52)$$

Die nach Gl. 4.49 und 4.52 berechenbaren Frequenzen weichen von der Resonanzfrequenz um weniger als 0,25 % ab, wenn die Güte Q $\geq$ 10 ist, was für die meisten
Schwingkreise der Nachrichtentechnik zutrifft.

Wenn wir Gl. 4.48 und 4.51 in Gl. 4.47 und 4.50 einsetzen, erhalten wir die
größten auftretenden Teilspannungen und -ströme, also die Größe der Resonanzüberhöhung

$$(\frac{U_C}{U})_m = (\frac{I_L}{I})_m = (\frac{U_L}{U})_m = (\frac{I_C}{I})_m = \frac{1}{d\,\sqrt{1 - (d^2/4)}}$$

$$= \frac{Q}{\sqrt{1 - (1/4\,Q^2)}} \qquad (4.53)$$

Demgegenüber ergeben sich für **Resonanz,** also für $\Omega = 1$ bzw. $\omega = \omega_o$ und $f = f_o$,
aus Abb. 4.14 die Strom- und Spannungsverhältnisse

$$(\frac{U_C}{U})_\rho = (\frac{I_L}{I})_\rho = (\frac{U_L}{U})_\rho = (\frac{I_C}{I})_\rho = \frac{1}{d} = Q \qquad (4.54)$$

Beispiel 125 Ein Reihenschwingkreis nach Abb. 4.10 hat die Kennfrequenz f_o =
800 Hz bei der Güte Q = 2,5 und liegt an der Spannung U = 20 V. Bei welchen
Frequenzen $f_{\ddot{u}1}$ und $f_{\ddot{u}2}$ treten die Resonanzüberhöhungen auf, und wie groß sind
die Teilspannungen bei den Frequenzen f_o, f_1 und f_2?

Nach Gl. 4.48 ergibt sich die 1. Resonanzüberhöhung bei der Frequenz

$$f_{\ddot{u}1} = f_o \sqrt{1 - \frac{1}{2\,Q^2}} = 800\,Hz\,\sqrt{1 - \frac{1}{2\cdot2{,}5^2}} = 768\,Hz$$

und nach Gl. 4.51 die 2. Resonanzüberhöhung bei der Frequenz

$$f_{\ddot{u}2} = \frac{f_o}{\sqrt{1-(1/2\,Q^2)}} = \frac{800\,Hz}{\sqrt{1-(1/2\cdot2{,}5^2)}} = 834\,Hz$$

Bei diesen Frequenzen treten dann nach Gl. 4.53 die Spannungen

$$U_{Cm} = U_{Lm} = \frac{U\,Q}{\sqrt{1-(1/4\,Q^2)}} = \frac{20\,V\cdot2{,}5}{\sqrt{1-(1/2\cdot2{,}5^2)}} = 51\,V$$

auf, während nach Gl. 4.54 bei f_o, also Resonanz, $U_{Co} = U_{Lo} = Q\,U = 2{,}5\cdot20\,V = 50\,V$ ist und nach Abb. 4.14 die Teilspannung $U_{Ro} = U = 20\,V$ ihren Höchstwert erreicht.

Übungsaufgaben zu Abschn. 4.2 (Lösungen im Anhang):

Beispiel 126 Die Schaltung in 4.11 soll die Resonanzfrequenz f_ρ = 0,5 MHz bei der Güte Q $\geq$ 50 aufweisen. Welche Kapazität C und welcher Leitwert G_C sind hierfür erforderlich, wenn außerdem eine Drossel mit Wirkwiderstand R_L = 10 Ω und Induktivität L = 0,5 mH eingesetzt werden sollen?

Beispiel 127 Man bestimme für das Netzwerk von Abb. 4.17 die Ortskurve des komplexen Widerstands $\underline{Y}$.

Beispiel 128 Die Schaltung von Abb. 4.11 enthält Wirkwiderstand R_L = 10 Ω, Wirkleitwert G_C = 0,02 S, Induktivität L = 4 mH und Kapazität C = 20 μF. Die Ortskurve des Stromes $\underline{I}$ soll für den Frequenzbereich ω = 0 bis ω = 4000 s^{-1} bei der Eingangsspannung $\underline{U}$ = 100 V bestimmt werden.

Abb. 4.17 Schwingkreis

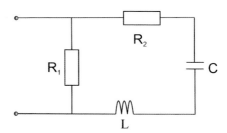

4.3   Leistungsspannung

In der Nachrichtentechnik besteht häufig die Aufgabe, von einem Sender, einer Quelle, die größtmögliche Leistung auf den Empfänger, einen Verbraucher, zu übertragen. In [1] wird gezeigt, dass hierfür Innenwiderstand der Quelle und Widerstand des Verbrauchers einander angepasst werden müssen. Wir wollen nun die dann bei Wechselstrom einzuhaltenden Bedingungen ableiten und Möglichkeiten zu ihrer Verwirklichung kennenlernen.

4.3.1   Zusammenwirken von Sinusstrom-Quellen und -Zweipolen

Wir betrachten mit Abb. 4.18 sofort nebeneinander die beiden möglichen Schaltungen mit Einspeisung durch Spannungs- und Stromquelle, wobei wir in der Reihenschaltung wieder mit Widerständen und in der Parallelschaltung mit Leitwerten arbeiten. Beide Schaltungen sind dual, so dass die Gleichungen der Reihenschaltung in die der Parallelschaltung und umgekehrt durch Vertauschen von Widerständen und Leitwerten bzw. Spannungen und Strömen übergehen.

Die **Quellen** (Index i) haben den inneren Widerstand bzw. inneren Leitwert

$$\underline{Z}_i = R_i + j\,X_i = \frac{1}{\underline{Y}_i} \qquad\qquad \underline{Y}_i = G_i + j\,B_i = \frac{1}{\underline{Z}_i} \qquad (4.55)$$

die **Verbraucher** (Index a) den komplexen Widerstand bzw. Leitwert

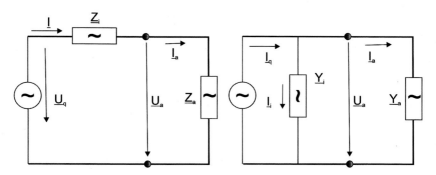

Abb. 4.18 Einfacher Wechselstromkreis mit Spannungsquelle (**a**) bzw. **Stromquelle (b)**

$$\underline{Z}_a = R_a + j\,X_a = \frac{1}{\underline{Y}_a} \qquad\qquad \underline{Y}_a = G_a + j\,B_a = \frac{1}{\underline{Z}_a} \qquad (4.56)$$

Daher fließt der <u>Strom</u>   bzw. herrscht die <u>Spannung</u>

$$\underline{I}_a = \frac{U_q}{\underline{Z}_i + \underline{Z}_a} \qquad\qquad \underline{U}_a = \frac{I_q}{\underline{Y}_i + \underline{Y}_a} \qquad (4.57)$$

und es wird verursacht nach
der Spannungsteilerregel die Spannung bzw. nach der Stromteilerregel der Strom

$$\underline{U}_a = \underline{U}_q\,\frac{\underline{Z}_a}{\underline{Z}_i + \underline{Z}_a} \qquad\qquad \underline{I}_a = \underline{I}_q\,\frac{\underline{Y}_a}{\underline{Y}_i + \underline{Y}_a}$$
$$(4.58)$$

Nach Gl. 2.44 und 2.45 werden daher im Verbraucher umgesetzt die Wirkleistungen

$$
\begin{aligned}
P_a &= Re\,(\underline{U}_a\,\underline{I}_a) \\[4pt]
&= Re\,\frac{U_q\,\underline{Z}_a}{(\underline{Z}_i + \underline{Z}_a)} \cdot \frac{U_q^*}{(\underline{Z}_i + \underline{Z}_a)^*} \\[4pt]
&= \frac{U_q^2\,R_a}{\left|\underline{Z}_i + \underline{Z}_a\right|^2}
\end{aligned}
\qquad
\begin{aligned}
P_a &= Re\,(\underline{U}_a\,\underline{I}_a^*) \\[4pt]
&= Re\,\frac{I_q}{(\underline{Y}_i + \underline{Y}_a)} \cdot \frac{I_q^*\,\underline{Y}_a^*}{(\underline{Y}_i + \underline{Y}_a)^*} \\[4pt]
&= \frac{I_q^2\,G_a}{\left|\underline{Y}_i + \underline{Y}_a\right|^2}
\end{aligned}
$$
$$(4.59)$$

4.3.2 Anpassungsbedingungen

Für den Wechselstromkreis mit Spannungsquelle kann man Gl. 4.59 umformen in

$$P_a = \frac{U_q^2\,R_a}{(R_i + R_a)^2 + (X_i + X_a)^2} \qquad (4.60)$$

Wenn komplexer Innenwiderstand $\underline{Z}_i = R_i + j\,X_i$ und Quellenspannung U_q vorgegeben sind, hängt die Verbraucher-Wirkleistung P_a demnach von Wirkwiderstand R_a und Blindwiderstand X_a ab. Sie erreicht offensichtlich für die 1. Anpassungsbedingung

$$X_{amax} = -X_i \qquad\text{bzw.}\qquad B_{amax} = -B_i \qquad (4.61)$$

ein Optimum. Es muss also in der Schaltung von Abb. 4.18a **Reihenresonanz** oder analog in der Schaltung von Abb. 4.18b **Parallelresonanz** vorliegen. Hiermit gilt für die **Nutzleistung**

$$P_a = U_q\,R_a / (R_i + R_a)^2 \qquad (4.62)$$

Um den zu einer optimalen Nutzleistung gehörenden Verbraucher-Wirkwiderstand R_{amax} bestimmen zu können, bilden wir den Differentialquotienten

$$\frac{d\,P_a}{d\,R_a} = U_q^2\,\frac{(R_i + R_a)^2 - 2\,R_a(R_i + R_a)}{(R_i + R_a)^4}$$

und setzen ihn gleich Null. Mit $(R_i + R_a)^2 - 2\,R_a(R_i + R_a) = 0$ erhalten wir so die 2. Anpassungsbedingung

$$R_{amax} = R_i \qquad \text{bzw.} \qquad G_{amax} = G_i \qquad (4.63)$$

die nach [14] auch für Gleichstrom gilt. Da konjugiert komplexe Größen durch * gekennzeichnet werden und Reihenschaltungen und Parallelschaltungen sich dual verhalten, können wir Gl. 4.61 und 4.63 zusammenfassen zu der allgemeinen Anpassungsbedingung

$$\underline{Z}_a = \underline{Z}_i^* \qquad \text{bzw.} \qquad \underline{Y}_a = \underline{Y}_i^* \qquad (4.64)$$

Die **verfügbare** (d. h. maximal abgebbare) **Leistung** der Quellen ist daher

$$P_{amax} = \frac{U_q^2}{4\,R_i} \qquad \text{bzw.} \qquad P_{amax} = \frac{I_q^2}{4\,G_i} \qquad (4.65)$$

Beispiel 129 Die Schaltung in Abb. 4.19 enthält Wirkwiderstand R = 40 Ω, Induktivität L = 50 mH und Kapazität C = 10 μF. Der Generator liefert bei der Kreisfrequenz $\omega = 1000\,s^{-1}$ die Quellenspannung $\underline{U}_q = 50\,V$. Man bestimme den komplexen Verbraucherwiderstand $\underline{Z}_a$ für maximale Leistungsaufnahme P_{amax}, diese Leistungsaufnahme P_{amax} und die zugehörige Klemmenspannung $\underline{U}_a$.

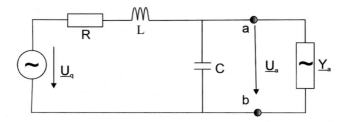

Abb. 4.19 Wechselstromkreis

Wir müssen zunächst die Schaltung in Abb. 4.19 bezüglich der Klemmen a und b in eine Ersatzspannungsquelle umwandeln. Mit dem induktiven Blindwiderstand $X_L = \omega\,L = 1000\,s^{-1} \cdot 50\,mH = 50\,\Omega$ und dem kapazitiven Blindwiderstand $X_C = -1/(\omega\,C) = -1/(1000s^{-1} \cdot 10\,\mu F) = -100\,\Omega$ hat die Ersatzspannungsquelle unter Anwendung der Spannungsteilerregel (Abb. 3.1 die Quellenspannung

$$\underline{U}_{qi} = \underline{U}_q\,\frac{j\,X_C}{R + j\,X_L + j\,X_C} = \frac{50\,V\,(-j\,100\,\Omega)}{40\,\Omega + j\,50\,\Omega - j\,100\,\Omega}$$
$$= 78,1\,V\angle -38,7°$$

und den komplexen Innenwiderstand

$$\underline{Z}_{ii} = \frac{j\,X_C(R + X_L)}{R + j\,X_L + j\,X_C} = \frac{-j\,100\,\Omega\,(40\,\Omega + j\,50\,\Omega)}{40\,\Omega + j\,50\,\Omega - j\,100\,\Omega}$$
$$= j\,100\,\Omega\,\angle 2\,\arctan(50\,\Omega/40\,\Omega) = 97,6\,\Omega + j\,21,9\,\Omega$$
$$= R_{ii} + j\,X_{ii}$$

Die maximale Leistungsaufnahme tritt daher nach Gl. 4.64 für $\underline{Z}_a = \underline{Z}_{ii}^* = 97,6\,\Omega + j\,21,9\,\Omega = 100\,\Omega\angle -12,7°$ auf. Sie beträgt nach Gl. 4.65
$$P_{amax} = U_{qi}^2/(4\,R_{ii}) = 78,1^2\,V^2/(4 \cdot 97,6\,\Omega) = 15,62\,W$$
bei der Klemmenspannung nach Gl. 4.58

$$\underline{U}_a = \frac{\underline{U}_{qi}\,\underline{Z}_a}{\underline{Z}_{ii} + \underline{Z}_a} = \frac{\underline{U}_{qi}\,\underline{Z}_a}{2\,R_{ii}} = \frac{78,1\,V\angle -38,7° \cdot 100\Omega\angle -12,7°}{2 \cdot 97,6\Omega}$$
$$= 40,0\,V\angle -51,4°$$

Beispiel 130 Die Schaltung in Abb. 4.20 wird durch zwei Stromquellen mit den Quellenströmen $\underline{I}_{q1} = 3\,A$ und $\underline{I}_{q2} = j\,4\,A$ und den komplexen inneren Leitwerten $\underline{Y}_{i1} = 5\,mS\angle 30°$ und $\underline{Y}_{i2} = 10\,mS\angle -60°$ gespeist. Man bestimme die verfügbaren Leistungen der beiden Stromquellen, den komplexen Verbraucherleitwert für Anpassung, die hierbei umgesetzte Verbraucherwirkleistung, die auftretenden Klemmenströme und den Anteil der Quellen an der Wirkleistungserzeugung.

Nach Gl. 4.65 ergeben sich mit $\underline{Y}_{i1} = G_{i1} + j\,B_{i1} = 4,33\,mS + j\,2,5\,mS$ und $\underline{Y}_{i2} = G_{i2} + j\,B_{i2} = 5,0\,mS - j\,8,66mS$ die verfügbaren Leistungen der Quellen

$$P_{1max} = I_{q1}^2/(4\,G_{i1}) = 3^2\,A^2/(4 \cdot 4,33\,mS) \quad = 520\,W$$
$$P_{2max} = I_{q2}^2/(4\,G_{i2}) = 4^2\,A^2/(4 \cdot 5,0\,mS) \quad = 800\,W$$

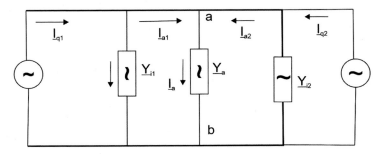

Abb. 4.20 Zweifache Stromeinspeisung

Jetzt müssen wir die Schaltungen in Abb. 4.20 zunächst bezüglich der Klemmen
a und b in eine Ersatzstromquelle umwandeln. Nach Abschn. 3.1.5 erhalten wir
den Quellenstrom $\underline{I}_{qi} = \underline{I}_{q1} + \underline{I}_{q2} = 3\,A + j\,4\,A = 5\,A\angle 53,1°$ und den
komplexen inneren Leitwert $\underline{Y}_{ii} = \underline{Y}_{i1} + \underline{Y}_{i2} = 5\,mS\angle 30° + 10\,mS\angle -60° =
9,33\,mS - j\,6,16\,mS = G_{ii} + j\,B_{ii}$, so dass der Verbraucher für Anpassung der
komplexen Leitwert $\underline{Y}_a = G_a + j\,B_a = G_{ii} - j\,B_{ii} = 9,33\,mS + j\,6,16\,mS$
aufweisen muss. Nach Gl. 4.65 wird hierbei an den Verbraucher die Wirkleistung

$$P_{amax} = I_{qi}^2/(4\,G_{ii}) = 5^2 A^2/(4 \cdot 9,33\,mS) = 670\,W$$

angegeben. Dies ist weniger, als sich aus der Summe der verfügbaren Leistungen
ergeben würde. Am Verbraucher tritt bei Anpassung nach Gl. 4.58 die Klemmenspannung

$$\underline{U}_a = I_{qi}^2/(2\,G_{ii}) = 5\,A\angle 53,1°/(2 \cdot 9,33\,mS) = 268\,V\angle 53,1°$$

auf. Daher liefert die Quelle 1 den Verbraucherstrom $\underline{I}_{a1} = \underline{I}_{q1} - \underline{Y}_{i1}\,\underline{U}_a$, was
wir wieder mit folgendem Schema berechnen

$$\underline{I}_{q1} \qquad\qquad\qquad = 3,0\,A$$
$$\underline{-\underline{Y}_{i1}\,\underline{U}_a = -5\,mS\angle 30° \cdot 268\,V\angle 53,1° = (-0,161 - j\,1,33)A}$$
$$\underline{I}_{a1} \qquad = 3,14\,A\angle -25,1° \qquad = (2,839 - j\,1,33)A$$

Analog findet man den Strom $\underline{I}_{a2} = \underline{I}_{q2} - \underline{Y}_{i2}\,\underline{U}_a = -2,66\,A + j\,4,322\,A =
5,07\,A\angle 121,6°$. Daher liefern nach Gl. 4.59 die Stromquellen die Wirkleistungen

$$P_{a1} = Re\ (\underline{U}_a\ \underline{I}^*_{a1}) = Re\ (268\ V \angle 53,1° \cdot 3,14\ A \angle 25,1°)$$
$$= 268\ V \cdot 3,14\ A\ \cos(53,1°\ 25,1°) = 172,2\ W$$
$$P_{a2} = Re\ (\underline{U}_a\ \underline{I}^*_{a2}) = Re\ (268\ V \angle 53,1° \cdot 5,07\ A \angle -121,6°)$$
$$= 268\ V \cdot 5,07\ A\ \cos(53,1°\ 121,6°) = 498\ W$$

Die Quelle 1 wird daher besonders schlecht ausgenutzt.

4.3.3 Fehlanpassungskreis

Wir wollen nun noch die Leistungsaufnahme P_a des Verbrauchers bei unvollständiger Anpassung und daher mit Gl. 4.59 und 4.65 das Wirkleistungsverhältnis

$$\frac{P_a}{P_{amax}} = \frac{4\ R_a\ R_i}{(R_a + R_i)^2 + (X_a + X_i)^2} = \frac{4R_a/R_i}{(1 + \frac{R_a}{R_i})^2 + (\frac{X_a+X_i}{R_i})^2} \tag{4.66}$$

betrachten. Eine Umformung in

$$\left[\frac{R_a}{R_i} - (2\frac{P_{amax}}{P_a} - 1)\right]^2 + (\frac{X_a + X_i}{R_i})^2 = (2\frac{P_{amax}}{P_a} - 1)^2 - 1$$

zeigt, dass diese Gleichung mit den Koordinaten R_a/R_i und $(X_a + X_i)/R_i$ sowie den Parameter P_{amax}/P_a Kreise mit den Mittelpunktskoordinaten

$$(R_a/R_i)_M = 2(P_{amax}/P_a) - 1 \tag{4.67}$$

und

$$[(X_a + X_i)/R_i]_M = 0 \tag{4.68}$$

und dem Radius

$$r = 2\sqrt{\frac{P_{amax}}{P_a}(\frac{P_{amax}}{P_a} - 1)} \tag{4.69}$$

beschreibt. Sie sind für einige Werte P_a/P_{amax} in Abb. 4.21 dargestellt. Diese Kreise können als Höhenlinien eines Bergkegels gedeutet werden. Die Bergkuppe verläuft ziemlich flach. Daher braucht nicht streng die Anpassung der Wirkwiderstände oder Wirkleitwerte sowie eine Reihen- oder Parallelresonanz eingehalten zu werden, um den Verbraucher die verfügbare Quellenleistung möglichst vollständig zuzuführen.

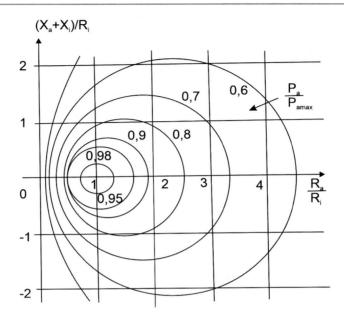

Abb. 4.21 Fehlanpassungskreisse

Beispiel 131 Es ist zu prüfen, mit welcher Leistungsverminderung zu rechnen ist, wenn die in Beispiel 4.3.2 bestimmten Teilwiderstände R_a und X_a nur mit der Toleranz $\pm 0,1$ verwirklicht werden können.

Wir müssen also bei $(2 + 0,1)X_i/R_i = 2,1 \cdot 21,9\ \Omega/97,6\ \Omega = 0,471$ und 0,9 bzw. 1,1 in das Diagramm von von Abb. 4.21 gehen und sehen dann, dass wir innerhalb des Kreises $P_a/P_{amax} = 0,95$ bleiben, die Leistungsverminderung also gering bleibt.

4.3.4 Resonanztransformation

Zur Einhaltung der Anpassungsbedingungen kann man Übertrager einsetzen, die insbesondere den Vorteil haben, eine breitbandige Anpassung zu ermöglichen. In der Hochfrequenztechnik werden auch gern Resonanzschaltungen nach Abb. 4.22 angewandt, die in einem schmalen Frequenzbereich benutzt werden können und

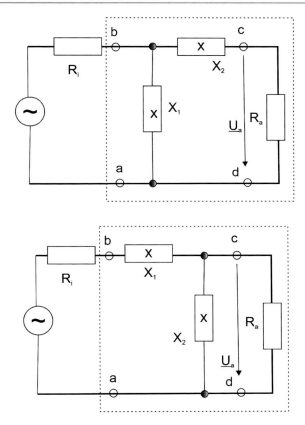

Abb. 4.22 Schaltungen zur Resonanztransformation für obiges Bild $R_i > R_a$ und für unteres Bild $R_a > R_i$

deren Verhalten wir jetzt untersuchen wollen. Der Transformationsvierpol abcd soll aus reinen Blindwiderständen bestehen.

Wir betrachten wieder beide Schaltungen nebeneinander und finden zunächst für den komplexen Leitwert bzw. **Widerstand** die Anpassungsbedingungen

$$\frac{1}{R_i} = \frac{1}{j\,X_1} + \frac{1}{R_a + j\,X_2} \qquad\qquad R_i = j\,X_1 + \frac{1}{\frac{1}{R_a} + \frac{1}{j\,X_2}}$$

$$= \frac{1}{j\,X_1} + \frac{R_a - j\,X_2}{R_a^2 + X_2^2} \qquad\qquad = j\,X_1 + \frac{(1/R_a) + (j/X_2)}{(1/R_a)^2 + (1/X_2)^2}$$

Da Real- und Imaginärteile für sich gleich sein müssen, gilt zunächst

$$\frac{1}{R_i} = \frac{R_a}{R_a^2 + X_2^2} \qquad\qquad R_i = \frac{1/R_a}{(1/R_a)^2 + (1/X_2)^2}$$

und man erhält die Blindwiderstände $\qquad \dfrac{1}{X_2} = \pm\sqrt{\dfrac{1}{R_a\,R_i} - (\dfrac{1}{R_a})^2}$

$$X_2 = \pm\sqrt{R_a(R_i - R_a)} \qquad\qquad X_2 = \pm R_a\sqrt{R_i/(R_a - R_i)}$$
$$\tag{4.70}$$

Ferner ist

$$\frac{1}{j\,X_1} - \frac{j\,X_2}{R_a^2 + X_2^2} \qquad\qquad j\,X_1 + \frac{j/X_2}{(1/R_a)^2 + (1/X_2)^2}$$

also

$$\frac{1}{X_1} = \frac{-X_2}{R_a^2 + X_2^2} \qquad\qquad X_1 = \frac{-1/X_2}{(1/R_a)^2 + (1/X_2)^2}$$

bzw. man findet endgültig die Blindwerte

$$X_1 = -R_a\,R_i/X_2 \qquad\qquad\qquad X_1 = -R_a\,R_i/X_2$$
$$\tag{4.71}$$

Nach Gl. 4.70 ist daher die Schaltung in Abb. 4.22 nur für den Fall $R_i > R_a$ und die Schaltung in Abb. 4.22b nur für $R_a > R_i$ brauchbar. Gleichzeitig haben nach Gl. 4.71 die Blindwiderstände X_1 und X_2 stets entgegengesetzte Vorzeichen. Wenn also für X_1 eine Induktivität gewählt wird, muss X_2 zu einer Kapazität gehören und umgekehrt.

Bei Anpassung wird die in der Spannungsquelle erzeugte Wirkleistung $U_q^2/(2\,R_i)$ zur Hälfte (bei den inneren Verlusten $U_q^2/(4\,R_i)$) und dem Wirkungsgrad $\eta = 0{,}5$) als Wirkleistung $U_a^2/(2\,R_a)$ auf den Verbraucher übertragen, so dass für das Spannungsverhätlnis gilt

$$U_a/U_q = (1/2)\,\sqrt{R_a/R_i} \tag{4.72}$$

Beispiel 132 Eine Spannungsquelle mit der Quellenspannung $U_q = 8\,V$ und dem inneren Wirkwiderstand $\underline{Z}_i = R_i = 100\,\Omega$ soll auf den Wirkwiderstand $R_a = 8\,k\Omega$ bei der Kreisfrequenz $\omega = 4 \cdot 10^5 s^{-1}$ die größtmögliche Wirkleistung übertragen. Induktivität L und die Kapazität C des Transformationsvierpols sollen bestimmt und die Spannung am Verbraucher mit und ohne Transformationsvierpol berechnet werden.

Wir müssen wegen $R_a > R_i$ die Schaltung in Abb. 4.22b benutzen und sehen für X_1 eine Induktivität L und für X_2 eine Kapazität C vor. Daher benötigen wir nach Gl. 4.70 die Kapazität

$$C = \frac{1}{\omega R_a} \sqrt{\frac{R_a - R_i}{R_i}} = \frac{1}{4 \cdot 10^5 s^{-1} \cdot 8\,k\Omega} \sqrt{\frac{8k\Omega - 100\Omega}{100\Omega}}$$

$$= 2,78nF$$

und nach Gl. 4.71 die Induktivität

$$L = -R_a\,R_i/(\omega\,X_2) = R_a\,R_i\,C = 8\,k\Omega \cdot 100\,\Omega \cdot 2,78\,nF$$

$$= 2,22\,mH$$

Die Verbraucherspannung beträgt nach Gl. 4.72 mit dem Transformationsvierpol

$$U_a = (U_q/2)\,\sqrt{R_a/R_i} = (8V/2)\,\sqrt{8\,k\Omega/100\,\Omega} = 35,8V$$

Ohne Transformationsvierpol würde die Verbraucherspannung nur

$$U_a = U_q\,R_a/(R_a + R_i) = 8\,V \cdot 8\,k\Omega/(8\,k\Omega + 100\,\Omega) = 7,9V$$

ausmachen, und daher die Wirkleistung um den Faktor $(7,9\ \text{V}\ /35,8\ \text{V})^2 = 0,0487$ kleiner sein.

Übungsaufgaben zu Abschn. 4.3 (Lösungen im Anhang):

Beispiel 133 Die Brückenschaltung in Abb. 4.23 ist bei den Wirkwiderständen $R_3 = 30\,\Omega$, $R_4 = 360\,\Omega$ und den Kapazitäten $C_2 = 1\,nF$, $C_4 = 20\,nF$ abgeglichen und arbeitet bei der Kreisfrequenz $\omega = 1000\,s^{-1}$. In Welchen Innenwiderstand R_a sollte das Nullgerät aufweisen, damit es möglichst empfindlich ist?

Beispiel 134 Ein Empfänger mit dem Wirkwiderstand $R_a = 1\,k\Omega$ soll aus einem Sender, der den inneren Wirkwiderstand $R_i = 15\,k\Omega$ aufweist, die optimale Wirkleistung beziehen. Es sind die Induktivitäten L und Kapazitäten C der beiden möglichen einfachen Transformationsvierpole für die Kreisfrequenz $\omega = 1000\,s^{-1}$ zu bestimmen.

Abb. 4.23 Brücken-
schaltung

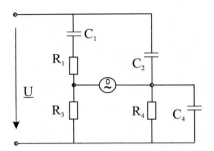

Beispiel 135 Eine Spannungsquelle mit dem inneren Widerstand $\underline{Z}_i = 10\ \Omega +$ $j\ 20\ \Omega$ und der Quellenspannung $\underline{U}_q = 6\ V$ arbeite nach Abb. 4.24 auf den Verbraucherleitwert $\underline{Y}_a = 0,1\ S + j\ 0,05\ S$. Welche Wirkleistung P_a wird im Verbraucher umgesetzt, und wie stark weicht sie von der verfügbaren Leistung P_{amax} ab? Welche Ströme $\underline{I}_R$ und $\underline{I}_X$ fließen im Verbraucher an welcher Verbraucherspannung $\underline{U}_a$?

Beispiel 136 Eine Stromquelle mit dem inneren Widerstand $R_i = 50\,\Omega$ und dem Quellenstrom $\underline{I}_q = 15\ mA\angle 30°$ soll nach Abb. 4.25 auf den Widerstand $R_a = 5\ k\Omega$ die verfügbare Leistung übertragen. Der Transformationsvierpol ist zu dimensionieren. Welche Wirkleistung wird auf den Verbraucher übertragen?

Beispiel 137 Zwei Spannungsquellen mit den Quellenspannungen $\underline{U}_{q1} = 100\ V$, $= \underline{U}_{q2}80\ V\angle 30°$ und den inneren Widerständen $\underline{Z}_{i1} = 200\ \Omega\angle -30°$ und $\underline{Z}_{i2} = 300\ \Omega\angle 60°$ liegen nach Abb. 4.26 in Reihe. Man bestimme den Verbraucherwiderstand $\underline{Z}_a$ für Anpassung, die dann auf ihn übertragene Leistung, die verfügbaren Leistungen der Spannungsquellen und alle auftretenden Spannungen.

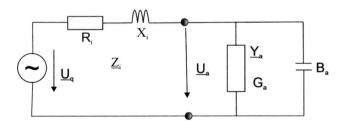

Abb. 4.24 Spannungsquelle und Verbraucher

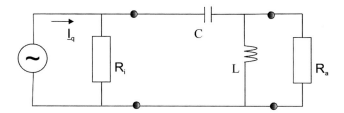

Abb. 4.25 Transformationsvierpol mit Quelle und Verbraucher

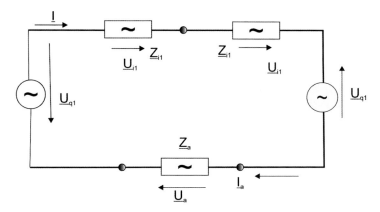

Abb. 4.26 Netzwerk

Beispiel 138 Die Schaltung in Abb. 4.27 enthält einen Spannungsteiler, der aus den Wirkwiderständen $R_1 = 150\ \Omega$, $R_2 = 120\ \Omega$ und der Induktivität L = 30 mH besteht und der Spannung $\underline{U}$ = 240 V bei der Frequenz f = 1,2 kHz liegt. Für welche Werte von Wirkwiderstand R_a und Kapazität C_a ergibt sich die maximale übertragbare Wirkleistung P_{amax}?

Hinweis Die hier betrachteten Frequenzgänge werden noch ausführlicher in [1] behandelt – z. B. mit Bodediagrammen.

Ferner kann man zur Bestimmung der Frequenzgänge auch Rechenprogramme entwickeln, die die in diesem Buch eingeführten Berechnungsverfahren, wie Ersatzquellen sowie Maschenstrom- und und Knotenpunktpotential-Verfahren, einsetzen. Solche Programme werden z. B. zusammen mit vielen Beispielen in mitgeteilt.

Abb. 4.27 Belasteter
Spannungsteiler

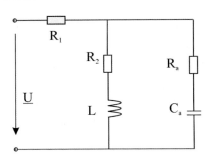

4.4   Zusammenfassung

Ein elektrischer Schwingkreis (Resonanzkreis) ist eine resonanzfähige elektrische
Schaltung bestehend aus einer Induktivität L und einer Kapazität C, die elektrische
Schwingungen ausführen können. Bei diesem LC-Schwingkreis wird die Energie
zwischen dem magnetischen Feld der Induktivität (magnetische Energie) und dem
elektrischen Feld der Kapazität (elektrische Energie) periodisch ausgetauscht. Dabei
werden zuerst Schaltungen ohne Wirkwiderstand (verlustlos) und anschließend ver-
lustbehaftete Schwingkreise betrachtet.

In diesem Teil des Buches sind viele Beispiele, die Fragestellungen, die Lösungen
und die Berechnungsmethodik für das Selbststudium aufgezeigt und zusammengestellt. Die Aufgaben sollten zuerst selbstständig gelöst werden. Nur bei Schwierigkeiten ist der Lösungsweg heranzuziehen.

Literatur

1. Moeller, F.; Fricke, H.; Frohne, H.; Vaske, P.: Grundlagen der Elektrotechnik, ISBN
    978-3834808981 Stuttgart 2011
2. M. Marinescu, Elektrische und magnetische Felder, Springer Vieweg Verlag, 2012
3. A. Fuhrer, K. Heidemann, W. Nerreter, Grundgebiete der Elektrotechnik, Band 3 (Auf-
    gaben), Carl Hanser Verlag, 2008
4. Bosse, G.: Grundlagen der Elektrotechnik, Bände 1–4, 1997
5. Nelles, Dieter; Nelles Oliver: Grundlagen der Elektrotechnik zum Selbststudium (Set),
    Set bestehend aus: Band 1: Gleichstromkreise, 2., neu bearbeitete Auflage 2022, 280
    Seiten, Din A5, Festeinband ISBN 978-3-8007-5640-7, E-Book: ISBN 978-3-8007-
    5641-4, Band 2: Elektrische Felder,2., neu bearbeitete Auflage 2022, 299 Seiten, Din
    A5, Festeinband ISBN 978-3-8007-5799-2, E-Book: ISBN 978-3-8007-5800-5, Band 3:
    Magnetische Felder, 2., neu bearbeitete Auflage 2023, 329 Seiten, Din A5, Festeinband,

ISBN 978-3-8007-5802-9, E-Book: ISBN 978-3-8007-5803-6 und Band 4: Wechselstromkreise , 2., neu bearbeitete Auflage 2023, 341 Seiten, Din A5, Festeinband, ISBN
978-3-8007-5805-0, E-Book: ISBN 978-3-8007-5806-7, 2023, 4 Bände

6. W. Weißgerber: Elektrotechnik für Ingenieure, Band 1, Vieweg+Teubner Verlag, 2009

7. W. Nerreter, K. Heidemann, A. Fuhrer: Grundgebiete der Elektrotechnik, Band 1, Carl
    Hanser Verlag, 2011

8. H. Frohne, K.-H. Löcherer, H. Müller, T. Harriehausen, D. Schwarzenau, Moeller Grund-
    lagen der Elektrotechnik,Vieweg+Teubner Verlag, 2011

9. D. Zastrow, Elektrotechnik, Ein Grundlagen Lehrbuch, Vieweg+Teubner Verlag 2012

10. M. Albach, Elektrotechnik, Pearson Studium, 2011

11. M. Vömel, D. Zastrow, Aufgabensammlung Elektrotechnik 1, Vieweg+Teubner Verlag
    2010

12. W. Weißgerber, Elektrotechnik für Ingenieure – Klausurenrechnen, Vieweg+Teubner
    Verlag, 2008 ISBN 3-8022-0650-9, 2001

13. Vaske, P.: Elektrotechnik mit BASIC-Rechnern (SHARP), Stuttgart 1984

14. I. Kasikci, Gleichstromschaltungen, Analyse und Berechnung mit vielen Beispielen 6.
    Auflage, 2025, ISBN 978-3-662-70036-5

Anhang

A.1 Komplexe Rechnug

Komplexe Größen Mit der **imaginären Einheit,** dem Operator

$$j = \sqrt{-1} \qquad (A.1)$$

erhält man die **komplexe Größe** in der **Komponentenform**

$$\underline{r} = a + j\,b \qquad (A.2)$$

wobei die **Formelzeichen** komplexer Größen in diesem Buch grundsätzlich unterstrichen sind. Eine komplexe Größen besteht aus dem **Realteil**

$$a = Re\,\underline{r} = r\,\cos\,\alpha \qquad (A.3)$$

und dem **Imaginärteil**

$$b = Im\,\underline{r} = r\,\sin\,\alpha \qquad (A.4)$$

Sie wird dann zweckmäßig in der Gaußschen Zahlenebene (Abb. A.1a) mit kartesichen Koordinaten dargestellt, stellt also die **Summe** von Real- und Imaginärteil dar. Der Punkt P ist somit durch die Koordinaten P festgelegt. Da physikalische Größen das Produkt von Maßzahl und Einheit darstellen und die Maßzahl i.allg. positive und negative Werte annehmen kann, wird die Lage in den Quadranten I bis IV druch das Vorzeichen der Komponenten a und b nach Abb. A.2 bestimmt.

Mit dem **Satz von Moivre** [3] erhält man auch die **trigonometrische Form** einer komplexen Größe

$$\underline{r} = r(\cos\alpha + j\,\sin\alpha) \qquad (A.5)$$

I. Kasikci, *Wechselstromschaltungen*,
https://doi.org/10.1007/978-3-662-70035-8

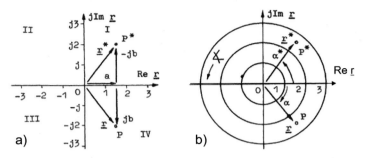

Abb. A.1 Gaußsche Zahlenebene mit kartesichen (**a**) und Polarkoordinaten (**b**) sowie Darstellung der komplexen Größe $\underline{r} = a + j\,b = r\,\angle\alpha$ und der konjugiert komplexen Größe $\underline{r} = a - j\,b = r\angle -\alpha$

Qadrant	I	II	IIII	IV
Realteil a	positiv	negativ	negativ	positiv
Imaginärteil b	positiv	negativ	negativ	negativ
Winkel	$0° < \alpha < 90°$	$90° < \alpha < 180°$	$-180° < \alpha < -90°$	$-90° < \alpha < 0°$

Abb. A.2 Vorzeichen der Komponenten und des Winkels

die mit Gl. A.3 und A.4 in die Komponentenform von Gl. A.2 überführt werden kann. Die trigonometrische Form schafft die Verbindung zum **Einheitskreis** in Abb. A.3, der den Radius r= 1 hat, so dass die Projektion dieses Einheitszeigers auf die reelle Achse dem $\cos\alpha$ und die Projektion auch die Imaginärachse dem $\sin\alpha$ entspricht. Auf diese Weise kann man auch zu bestimmten Werten $\sin\alpha$ und $\cos\alpha$ ohne Rechnung die Phasenlage α finden.

Schließlich ergibt sich mit der **Euler-Gleichung** $e^{j\,\alpha} = \cos\alpha + j\,\sin\alpha$ die **Exponentialform**

$$e^{j\,\alpha} = r\,\angle\alpha = r\,exp\,\alpha \qquad (A.6)$$

Hier wird bei dem **Winkelfaktor**

$$e^{j\,\alpha} = \angle\alpha = exp\,\alpha \qquad (A.7)$$

gern mit dem **Versorzeichen** $\angle$ (sprich: r Versor α) oder bei längeren Argumenten mit der Abkürzung "exp"gearbeitet. Für den **Betrag** gilt dann mit Gl. A.2 bis A.5 und Abb. A.1

Abb. A.3 Komplexe
Zahlenebene mit
Einheitskreis

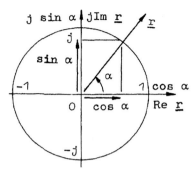

$$r = |\underline{r}| = \sqrt{a^2 + b^2} = \frac{a}{|\cos\alpha|} = \frac{b}{|\sin\alpha|} \tag{A.8}$$

und für den **Winkel**

$$\alpha = \arctan(b/a) = \arccos(a/r) = \arcsin(b/r) \tag{A.9}$$

Die Exponentialform eignet sich nach Abb. A.1b gut für eine Darstellung in Polarko-ordinaten, wobei die komplexe Größen als gerichtete Strecke $\overline{OP}$ mit dem Ursprung im Koordinaten-Nullpunkt O und dem Ende im Punkt P aufgefasst wird. Das Ende in P kennzeichnet man durch eine Pfeilspitze und nennt diese Größe dann **Zeiger**. Ein Zeiger $\underline{r}$ ist eine gerichtete Größe (gekennzeichnet durch den Unterstrich) mit Betrag r und Winkel α. Die Betragsstriche setzen wir hier nicht bei einfachen For-melzeichen, sondern nur dort, wo sonst Missverständnisse entstehen könnten, z. B. in $r_S = |\underline{r}_1 + \underline{r}_2|$.

Die Winkel α werden stets von den reellen Achse aus gemessen und positive Werte linksherum angegeben; es können auch negative (rechtsherum gezählte) Win-kelwerte auftreten. Während beim Betrag r nur positive Werte vorkommen, ist der Winkel wieder eine gerichtete Größe, also durch einen Einfachpfeil zu kennzeich-nen. Die in Abb. A.1a eingetragenen Komponenten a und j b sind ebenfalls gerichtete Größen. (Man beachte, dass in Abb. A.1a beispielsweise j b = −j 2, also der Imagi-närteil b = −2 ist.)

Neben der komplexen Größe $\underline{r}$ = a+j b gibt es noch die konjugiert komplexe Größe

$$\underline{r}^* = a - j\,b = r\,e^{-j\alpha} = r\angle - \alpha \tag{A.10}$$

die die **Differenz** von Realteil und Imaginärteil darstellt. Gegenüber der komplexen Größe $\underline{r}$ hat also die konjugiert komplexe Größe $\underline{r}^*$ im Imaginärteil und im Winkel **entgegengesetzte** Vorzeichen. Mit dem Winkelfaktor $e^{j\alpha} = \angle\alpha$ nach Gl. A.7 wird die Lage des **Festzeigers** $\underline{r}$ vom Betrag r bestimmt. Mit dem **Drehfaktor**

$$e^{j\omega t} = \angle\omega t \tag{A.11}$$

kann man außerdem einen bestimmten Punkt P_t mit der **Winkelgeschwindigkeit** ω in der Gaußschen Zahlenebene (Abb. A.4) drehen, also eine Kreis beschreiben lassen oder, wenn man wieder die Strecke $\overline{OP_t}$ als Zeiger auffasst, den **Drehzeiger**

$$\underline{r}_t = r \, e^{j\omega t} \, e^{j\alpha} = r\angle\omega t + \alpha \tag{A.12}$$

definieren. Er hat den **Betrag** r und den **Nullphasenwinkel** α, der zur Zeit t = 0 die Lage des Zeigers bestimmt. Mit der Frequenz $f = \omega/2\pi$ hat er sich in der **Periodendauer** $T = 1/f = 2\pi/\omega$ einmal um $2\pi = 360°$ gedreht. Dabei gilt für den **Realteil** des Drehzeiger

$$Re\,(\underline{r}_t) = r \, \cos(\omega t + \alpha) \tag{A.13}$$

bzw. den **Imaginärteil**

$$Im\,(\underline{r}_t) = r \, \sin(\omega t + \alpha) \tag{A.14}$$

Hiermit wird der Zusammenhang zu den **Zeitwerten einer Sinusschwingung** hergestellt. Bei diesen Schwingungen bestimmt wieder der Nullphasenwinkel den Zeitwert zur Zeit t = 0.

Abb. A.4 Drehzeiger

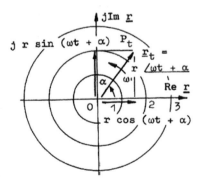

Umrechnung von Komponenten- in Exponentialform Mit Gl. A.3 und A.4 kann man aus der Exponentialform leicht die Komponentenform gewinnen. Das Umrechnen der Komponentenform in die Exponentialform mit Gl. A.7 und A.8 ist auf den ersten Blick etwas umständlicher, bereitet aber mit Taschenrechnern ebenfalls keine Schwierigkeiten.

Die meisten technisch-wissenschaftlichen Taschenrechner haben Tastenfunktionen zum Umwandeln von kartesichen in Polarkoordinaten und umgekehrt. Mit ihnen kann man ebenso gut die Komponentenform von Gl. A.2 in die Exponential- oder Polarform von Gl. A.6 umrechnen. Es wird empfohlen, Beispiel 139 und 140 auf diese Weise durchzurechnen.

Bei einigen (offenbar weniger für das Lösen technischer Aufgaben entwickelten) programmierbaren Taschenrechnern fehlt die Tastenfunktion zur Koordinatentransformation. Daher werden hier zwei kurze **BASIC-Programme** mitgeteilt, die diese Umrechnung ermöglichen. (Sie sind hier für den SHARP-Taschencomputer PC-1500 realisiert, ohne alle Möglichkeiten dieses Rechners auszuschöpfen.)

Sie werden über die Befehle RUN „K-P" bzw. RUN „P-K" gestartet, teilen anschließend nochmals in der Anzeige ihre Aufgabe mit, fordern die benötigten Daten im Dialog an und liefern die Ergebnisse mit den zugehörigen Hinweisen auf die bestimmte Größe – also RE für Realteil, IM für Imaginärteil, A für Betrag und PHI für Phasenwinkel. Diese Programme können leicht auf die besonderen Eigenschaften der üblichen BASIC-programmierbaren Taschenrechner zugeschnitten werden, und man kann die angegeben Marken und Zeichen natürlich auch durch andere ersetzen. Im Normalfall ist es zweckmäßig noch eine Rundungsroutine einzubinden.

Beispiel 139 Die komplexe Größe $\underline{r} = 1{,}5 - j\,2$ und die zugehörige konjugiert komplexe Größe $\underline{r}^*$ sind in der Gaußschen Zahlenebene darzustellen. Die Komponenten a und b sowie Betrag r und Winkel α sollen bestimmt werden.

Abb. A.1 zeigt die komplexen Größen $\underline{r}$ und $\underline{r}^*$. Sie haben den Realteil a = 1,5 und den Imaginärteil b = -2 sowie nach Gl. A.7 den Betrag

$$r = \sqrt{a^2 + b^2} = \sqrt{1{,}5^2 + 2^2} = 2{,}5$$

und nach Gl. A.8 den Winkel

$$\alpha = \arctan(b/a) = \arctan(-2/1{,}5) = -53{,}1°$$

Beispiel 140 Man forme in die Exponentialform um

$a)\ 4 + j = 4{,}2\angle14{,}1°$ $\qquad$ $b)\ 2 - j\,2 = 2{,}82\angle - 45°$

$c)\ -2{,}5 + j = 2{,}69\angle158{,}2°$ $d)\ -0{,}5 - j\,2 = 2{,}1\angle - 104{,}1°$

Man bilde die Komponentenform

$$e)\ \sqrt{2}\angle45° = 1 + j$$

$$f)\ 2\angle - 60° = 1 - j\,\sqrt{3} = 1 - j\,1{,}73$$

$$g)\ 2\angle150° = -\sqrt{3} + j = -1{,}73 + j$$

$$h)\ 6\angle339° = 6\angle - 30° = 3\,\sqrt{3} - j\,3 = 5{,}2 - j\,3$$

Addition und Subtraktion Hierfür benutzt man zweckmäßig die Komponenten-form von Gl. A.2. Die Zeiger $\underline{r}_1 = a_1 + j\,b_1 = r_1\angle\alpha_1$ und $\underline{r}_2 = a_2 + j\,b_2 = r_2\angle\alpha_2$ bilden den **Summenzeiger**

$$\underline{r}_S = \underline{r}_1 + \underline{r}_2 = (a_1 + a_2) + j(b_1 + b_2) \tag{A.15}$$

mit dem Betrag (Kosinussatz)

$$r_S = \sqrt{r_1^2 + r_2^2 + 2r_1\,r_2\,\cos(\alpha_1 - \alpha_2)} \tag{A.16}$$

und den **Differenzzeiger**

$$\underline{r}_D = \underline{r}_1 - \underline{R}_2 = (a_1 - a_2) + j(b_1 - b_2) \tag{A.17}$$

mit dem Betrag

$$r_D = \sqrt{r_1^2 + r_2^2 - 2r_1\,r_2\,\cos(\alpha_1 - \alpha_2)} \tag{A.18}$$

Analog gilt für den Betrag von Summe $\underline{r} = \underline{r}_1 + \underline{r}_2 + \underline{r}_3$ bzw. Differenz $\underline{r} = \underline{r}_1 + \underline{r}_2 - \underline{r}_3$ der drei Zeiger $\underline{r}_1 = \underline{r}_1\angle\alpha_1, \underline{r}_2 = \underline{r}_2\angle\alpha_2, \underline{r}_3 = \underline{r}_3\angle\alpha_3$

$$r^2 = |\underline{r}_1 + \underline{r}_2 + \underline{r}_3|^2 = r_1^2 + r_2^2 + r_3^2 + 2\,r_1\,r_2\,\cos(\alpha_1 - \alpha_2) \pm 2\,r_2\,r_3\,\cos(\alpha_2 - \alpha_3)$$
$$\pm 2\,r_3\,r_1\,\cos(\alpha_3 - \alpha_1)$$

$$\tag{A.19}$$

Gelegentlich sind folgende Summen oder Differenzen zu Bilden

$$|\underline{r}_1 + \underline{r}_2|^2 - |\underline{r}_1 - \underline{r}_2|^2 = 4\,r_1\,r_2\,\cos(\alpha_1 - \alpha_2) \tag{A.20}$$

$$|\underline{r}_1 + \underline{r}_2 + \underline{r}_3|^2 - |\underline{r}_1 - \underline{r}_2 - \underline{r}_3|^2 = 4\,r_1\,r_2\,\cos(\alpha_1 - \alpha_2) + r_1\,r_3\,\cos(\alpha_1 - \alpha_3) \tag{A.21}$$

$$|\underline{r}_1 + \underline{r}_2 + \underline{r}_3|^2 - |\underline{r}_1 - \underline{r}_2 - \underline{r}_3|^2 = 4\,r_1\,r_3\,\cos(\alpha_1 - \alpha_3) + r_2\,r_3\,\cos(\alpha_2 - \alpha_3) \quad \text{(A.22)}$$

$$|\underline{r}_1 + \underline{r}_2|^2 - |\underline{r}_1 - \underline{r}_2|^2 = 2\,|\underline{r}_1 + \underline{r}_2|^2 \quad \text{(A.23)}$$

Beispiel 141 Für die komplexen Zahlen $\underline{r}_1 = 2 + j\,3{,}5$ und $\underline{r}_2 = 2{,}5 - j\,1$ sind die Summen und Differenzen zu bilden.
Entsprechend Abb. A.5 erhält man

$$a)\ \underline{r}_1 + \underline{r}_2 = (2 + 2{,}5) + j(3{,}5 - 1) = 4{,}5 + j\,2{,}5$$
$$= 5{,}18\angle 29{,}05°$$
$$b)\ \underline{r}_1 - \underline{r}_2 = (2 - 2{,}5) + j(3{,}5 + 1) = -0{,}5 + j\,4{,}5$$
$$= 4{,}53\angle 96{,}3°$$
$$c)\ \underline{r}_2 - \underline{r}_1 = (2{,}5 - 2) + j(-1 - 3{,}5) = 0{,}5 - j\,4{,}5$$
$$= 4{,}54\angle -83{,}7°$$

Beispiel 142 Für die komplexen Zahlen $\underline{r}_1 = 3\angle 60°$ und $\underline{r}_2 = 5\angle -30°$, $\underline{r}_3 = 2\angle 120°$ sind zu bilden

Abb. A.5 Summe und Differenzen komplexer Zahlen

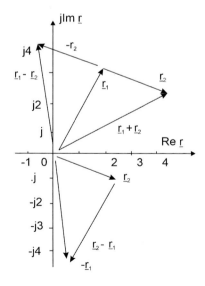

$$a)\ r = |\underline{r}_1 + \underline{r}_2 + \underline{r}_3|$$
$$b)\ A = |\underline{r}_1 + \underline{r}_2 + \underline{r}_3|^2 - |\underline{r}_1 + \underline{r}_2 - \underline{r}_3|^2$$

Zu a) Es ist nach Gl. A.19

$$r^2 = r_1^2 + r_2^2 + r_3^2 + 2\,r_1\,r_2\,\cos(\alpha_1 - \alpha_2) + 2\,r_2\,r_3\,\cos(\alpha_2 - \alpha_3)$$
$$+\,2\,r_3\,r_1\,\cos(\alpha_3 - \alpha_1)$$
$$= 3^2 + 5^2 + 2^2 + 2 \cdot 3 \cdot 5\,\cos(60° + 30°) + 2 \cdot 5 \cdot 1\,\cos(-30° - 120°)$$
$$+\,2 \cdot 2 \cdot 3\,\cos(120° - 60°)$$
$$= 26{,}68 \text{ also } r = 5{,}165$$

Zu b) Es ist nach Gl. A.22

$$A = 4\,r_1\,r_3\,\cos(\alpha_1 - \alpha_3) + r_2\,r_3\,\cos(\alpha_2 - \alpha_3)$$
$$= 4\,3 \cdot 2\,\cos(60° - 120° + 5 \cdot 2\,\cos(-30° - 120°)$$
$$= 22{,}64$$

Beispiel 143 Summe und Differenzen der komplexen und konjugiert komplexen Zahlen $\underline{r} = a + j\,b$ und $\underline{r}^* = a - j\,b$ sind zu bilden.
Nach Gl. A.15 ist
$$\underline{r} + \underline{r}^* = (a + b) + j\,(b - b) = 2\,a$$

und nach Gl. A.17

$$\underline{r} - \underline{r}^* = (a - b) + j\,(b + b) = j\,2\,b$$

Daher ergibt sich als Summe von komplexer und konjugiert komplexer Größe stet eine reelle Größe mit dem doppelten Wert des ursprünglichen Realteils und entsprechend als Differenz der doppelte ursprüngliche Imaginärteil.

Beispiel 144 Man bilde mit Gl. A.16 und A.18

$$a)\ \left| \frac{1 - \underline{r}^*}{1 - \underline{r}} \right| = \frac{1 + r^2 - 2\,r\,\cos\alpha}{1 + r^2 - 2\,r\,\cos\alpha} = 1$$

$$b)\ \left| \frac{1 + \underline{r}}{1 - \underline{r}} \right|^2 = \frac{1 + r^2 + 2\,r\,\cos\alpha}{1 + r^2 - 2\,r\,\cos\alpha} = 1 + \frac{4\,r\,\cos\alpha}{1 + r^2 - 2\,r\,\cos\alpha}$$

$$c)\ \left| \frac{A + \underline{r}}{A - \underline{r}^*} \right| = 1$$

Multiplikation und Division Außer für Addition und Subtraktion eignet sich für alle anderen Rechenoperationen am besten die Exponentialform.

Die Zeiger $\underline{r}_1 = r_1\angle\alpha_1 = a_1 + j\,b_1$ und $\underline{r}_2 = r_2\angle\alpha_2 = a_1 + j\,b_2$ bilden den **Produktzeiger**

$$\underline{r}_p = \underline{r}_1\,\underline{r}_2 = r_1\,r_2\angle\alpha_1 + \alpha_2 \tag{A.24}$$

und den **Quotientenzeiger**

$$\underline{r}_Q = \underline{r}_1/\underline{r}_2 = r_1/r_2\angle\alpha_1 - \alpha_2 = \underline{r}_1\,\underline{r}_2^*/\underline{r}_2^2 \tag{A.25}$$

$$= \frac{a_1 + j\,b_1}{a_2 + j\,b_2} = \frac{(a_1a_2 + b_1b_2) + j(a_2b_1 - a_1b_2)}{a_2^2 + b_2^2} \tag{A.26}$$

Die Multiplikation mit $j = \angle 90°$ bedeutet eine Drehung um $\pi/2 = 90°$ (also mathematisch positiv,d. h. linksherum), die Multiplikation mit $-j = \angle -90°$ eine solche um $-\pi/2 = -90°$ (also rechtsherum)m das Vorzeichen – (Minus) vor einer komplexen Größe dagegen eine Drehung um $\pm\pi = \pm 180°$.

Beispiel 145 Man berechne in Exponential- und Komponentenform

$$a)\ (1 - j\,4\sqrt{2})(-3 + j\,4) = 28{,}7\angle 46{,}9° = 19{,}6 + j\,20{,}97$$

$$b)\ \frac{-1 + j\,\sqrt{3}}{-3 + j\,4} = 0{,}4\angle -0{,}7° = 0{,}397 - j\,0{,}048$$

$$c)\ \frac{1}{1 - j} = \frac{1 + j}{2} = 0{,}5 + j\,0{,}5 = 0{,}707\angle 45°$$

$$d)\ \underline{r}\,\underline{r}^* = r^2 = a^2 + b^2$$

$$e)\ A\,\underline{r}_1/\underline{r}_2 = (A\,r_1/r_2)\angle\alpha_1 - \alpha_2$$

$$f)\ \text{Mit } \underline{r}_1 = r_1\angle\alpha \text{ und } \underline{r}_2 = r_2\angle\pi - \alpha \text{ wird } \underline{r}_1\,\underline{r}_2 = -r_1\,r_2.$$

Potenzieren und Radizieren Für den Zeiger $\underline{r} = r\angle\alpha$ erhält man die **Potenz**

$$\underline{r}^n = (r\,e^{j\,\alpha})^n = r^n\,e^{j\,n\,\alpha} = r^n\angle n\alpha \tag{A.27}$$

und die **Wurzeln**

$$\sqrt[n]{\underline{r}} = \sqrt[n]{r}\,e^{j(\alpha + 2\,k\,\pi)/n} = \sqrt[n]{r}\ \angle(\alpha + 2\,k\,\pi)/n \tag{A.28}$$

mit $k = 0, 1, 2, \cdots (n-1)$

Beispiel 146 Man bilde

$$a)\sqrt{j} = \sqrt{\angle 90°} = \pm\angle 45°$$

$$= \begin{cases} \angle 45° = \frac{1}{\sqrt{2}}(1+j) \\ \angle -135° = -\frac{1}{\sqrt{2}}(1+j) \end{cases}$$

$$b)\sqrt{-j} = \sqrt{\angle -90°} = \pm 45°$$

$$= \begin{cases} -\angle 45° = \frac{1}{\sqrt{2}}(1-j) \\ \angle 135° = \frac{1}{\sqrt{2}} \end{cases}$$

$$c)\sqrt{1-j} = \sqrt{\sqrt{2} - \angle 45°} = \pm 1,19\angle -22,5°$$

$$= \begin{cases} 1,19\angle -22,5° \\ 1,19\angle 157,5° \end{cases}$$

$$d)\sqrt[3]{1} = \begin{cases} \angle 0° = 1 \\ \angle 90° = j \\ \angle 120° = -0,5 + j\, 0,866 \\ \angle -120° = -0,5 - j\, 0,866 \end{cases}$$

$$e)\sqrt[4]{1} = \begin{cases} \angle 0° = 1 \\ \angle 90° = j \\ \angle 180° = -1 \\ \angle -90° = -j \end{cases}$$

$$f)\sqrt[5]{1} = \angle 0°; \angle 72°; \angle 144°; \angle -144°; \angle -72°$$

Beispiel 147 Für komplexe Zahl $\underline{r} = 0,576 \angle -60°$ bilde man die 3. Wurzeln. Es ergeben sich nach Abb. A.6

$$\underline{r}_1 = \sqrt[3]{r}\ \angle\alpha/3 = \sqrt[3]{0,576}\ \angle -60°/3 = 0,8\ \angle -20°$$

$$\underline{r}_2 = \sqrt[3]{r}\ \angle(\alpha + 2\pi)/3 = 0,8\ \angle(-60° + 360°)/3 = 0,8\ \angle 100°$$

$$\underline{r}_3 = \sqrt[3]{r}\ \angle(\alpha + 4\pi)/3 = 0,8\ \angle(-60° + 720°)/3 = 0,8\ \angle -140°$$

Abb. A.6 Wurzeln des
Zeigers $\underline{r}$

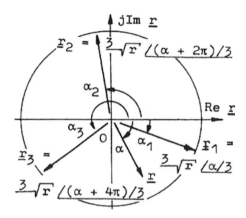

Die Zeiger $\underline{r}_1$ bis $\underline{r}_3$ sind also um jeweils $2\pi/3 = 120°$ gegeneinander phasenverschoben.

Differenzieren und Integrieren Der Richtungswinkel $\omega\,t + \alpha$ eines Zeitzeigers
$\underline{r}_t = r\angle\omega\,t + \alpha$ ist eine lineare Funktion der Zeit t. In diesem Fall ist der **Differentialquotient**

$$d\,\underline{r}_t/dt = d(r\,e^{j(\omega t+\alpha)})/dt == j\,\omega\,r\,e^{j(\omega\,t+\alpha)} = j\,\omega\,\underline{r}_t \qquad (A.29)$$

und entsprechend das **Integral**

$$\underline{r}_t\,dt = \int r\,e^{j(\omega\,t+\alpha)} = \frac{1}{j\,\omega}\,r\,e^{j(\omega\,t+\alpha)} + K$$
$$= \underline{r}_t/(j\,\omega) + K \qquad (A.30)$$

Bei reinen Sinusgrößen wird die Integrationskonstante K = 0. Durch Differenzieren wird der Zeitzeiger $\underline{r}_t$ also um den Winkel $j = \angle\pi/2 = \angle90°$ vorgedreht
und um den Faktor ω gestreckt - durch die Integration dagegen um den Winkel
$1/j = -j = \angle-\pi/2 = \angle-90°$ zurückgedreht und um den Faktor $1/\omega$ gestreckt.

Komplexe Gleichungssysteme Für das allgemeine komplexe Gleichungssystem

$$\underline{A}_{11}\,\underline{X} + \underline{A}_{12}\,\underline{Y} = \underline{B}_1 \qquad (A.31)$$

$$\underline{A}_{21}\,\underline{X} + \underline{A}_{22}\,\underline{Y} = \underline{B}_2 \tag{A.32}$$

mit den komplexen Koeffizienten $\underline{A}$, den komplexen Unbekannten $\underline{X}$ und $\underline{Y}$ und den komplexen rechten Seiten $\underline{B}$ gelten alle Rechenregeln der Algebra [3]. Komplexe Gleichungssysteme können daher mit diesen Regeln gelöst werden. Wenn wir die Realteile der Größen von Gl. A.31 mit den Index w (für Wirkkomponente) und die Imaginärteile mit b (für Blindkomponente) kennzeichnen, also $\underline{A} = A_w + j\,A_b$, $\underline{X} = X_w + j\,X_b$, $\underline{Y} = Y_w + j\,Y_b$ und $\underline{B} = B_w + j\,B_b$ setzen und berücksichtigen, dass Realteile und Imaginärteile für sich gleich sein müssen, können wir Gl. A.31 auch umformen in

$$A_{11w}X_w - A_{11b}X_b + A_{12w}Y_w - A_{12b}Y_b = B_{1w} \tag{A.33}$$

$$A_{11b}X_w - A_{11w}X_b + A_{12b}Y_w - A_{12w}Y_b = B_{1b} \tag{A.34}$$

Man kann also ein komplexes Gleichungssystem durch ein rein reelles Gleichungssystem, allerdings doppelter Ordnung, ersetzen.

Mit den Exponentialformen $\underline{r}_1 = r_1\angle\alpha_1$ bis $\underline{r}_4 = r_4\angle\alpha_4$ kann die komplexe Gleichung

$$\underline{r}_1\underline{r}_2 = \underline{r}_3\underline{r}_4 \text{ bzw. } r_1r_2\angle\alpha_1 + \alpha_2 = r_3r_4\angle\alpha_3 + \alpha_4 \tag{A.35}$$

auch zerlegen in die Bedingung für die **Beträge**

$$r_1r_2 = r_3r_4 \tag{A.36}$$

und die **Winkel**

$$\alpha_1 + \alpha_2 = \alpha_3 + \alpha_4 \tag{A.37}$$

Matrix Gl. A.31 und A.32 schreibt man auch gern in abkürzender Schreibweise als Matrizengleichung

$$\begin{bmatrix} \underline{A}_{11} & \underline{A}_{12} \\ \underline{A}_{21} & \underline{A}_{22} \end{bmatrix} \cdot \begin{bmatrix} \underline{X} \\ \underline{Y} \end{bmatrix} = \begin{bmatrix} \underline{B}_1 \\ \underline{B}_2 \end{bmatrix} \tag{A.38}$$

Komplexe Determinanten Das Gleichungssystem von Gl. A.31 und A.32 bzw. A.38 löst man am einfachsten mit Determinanten [3]. Man bildet die komplexe Koeffizienten-Determinante

$$\underline{D} = \begin{vmatrix} \underline{A}_{11} & \underline{A}_{12} \\ \underline{A}_{21} & \underline{A}_{22} \end{vmatrix} = \underline{A}_{11}\underline{A}_{22} - \underline{A}_{12}\underline{A}_{21} \tag{A.39}$$

Die **Cramersche Regel** [1] besagt, dass man die komplexe Unbekannte

$$\underline{X} = \underline{D}_X / \underline{D} \qquad (\text{A.40})$$

erhält, wenn man in der Koeffizienten-Determinante die zugehörige Spalte durch die rechte Seite ersetzt, also die komplexe Zähler-Determinate

$$\underline{D}_X = \begin{vmatrix} \underline{B}_1 & \underline{A}_{12} \\ \underline{B}_2 & \underline{A}_{22} \end{vmatrix} = \underline{B}_1 \underline{A}_{22} - \underline{B}_2 \underline{A}_{21} \qquad (\text{A.41})$$

bildet. Mit Gl. A.39 findet man somit für die Matrix A.38 ganz allgemein die Unbekannte

$$\underline{X} = \frac{\underline{B}_1 \underline{A}_{22} - \underline{B}_2 \underline{A}_{21}}{\underline{A}_{11} \underline{A}_{22} - \underline{A}_{12} \underline{A}_{21}} \qquad (\text{A.42})$$

$$\underline{Y} = \frac{\underline{B}_2 \underline{A}_{11} - \underline{B}_1 \underline{A}_{21}}{\underline{A}_{11} \underline{A}_{22} - \underline{A}_{12} \underline{A}_{21}} \qquad (\text{A.43})$$

Dreireihige komplexe Determinanten kann man mit der Regel von **Sarrus** [3] in der folgenden Weise bestimmen

$$\underline{D} = \begin{vmatrix} \underline{A}_{11} & \underline{A}_{12} & \underline{A}_{13} \\ \underline{A}_{21} & \underline{A}_{22} & \underline{A}_{23} \\ \underline{A}_{31} & \underline{A}_{32} & \underline{A}_{33} \end{vmatrix} \begin{matrix} \underline{A}_{11} & \underline{A}_{12} \\ \underline{A}_{21} & \underline{A}_{22} \\ \underline{A}_{31} & \underline{A}_{32} \end{matrix} \qquad (\text{A.44})$$

$$= \underline{A}_{11}\underline{A}_{22}\underline{A}_{33} + \underline{A}_{12}\underline{A}_{23}\underline{A}_{31} + \underline{A}_{13}\underline{A}_{21}\underline{A}_{32} -$$
$$- \underline{A}_{31}\underline{A}_{22}\underline{A}_{13} - \underline{A}_{32}\underline{A}_{23}\underline{A}_{11} - \underline{A}_{33}\underline{A}_{21}\underline{A}_{12}$$

Man setzt also zweckmäßig 1. und 2. Spalte nochmals rechts neben die Determinante, bildet in Richtung der Pfeile 6 Produkte aus je 3 Faktoren und addiert diese Produkte unter Beachtung der eingetragenen Vorzeichen.

Für die Bestimmung der Unbekannten gilt wieder Gl. A.40, wobei die Determinanten $\underline{D}_x$, $\underline{D}_y$ und $\underline{D}_z$ analog zu Gl. A.41 gefunden werden.

Komplexe Taschenrechnerprogramme Alle hier erklärten mathematischen Berechnungsverfahren lassen sich unmittelbar in Rechnerprogramme übersetzen. Man braucht dann nur noch die vorgegebenen Größen einzugeben, überlässt die u. U. umfangreichen komplexen Rechnungen dem Programm und erhält in sehr kurzer Zeit das Ergebnis. Auf diese Weise lassen sich auch sonst leicht mögliche Fehler vermeiden und Rechenzeiten erheblich abkürzen. In [13] wird beispielsweise ein Programm ‚Komplexe Arithmetik' für BASIC-programmierbare Taschenrechner mitgeteilt, mit dem man nicht nur komplex addieren, subtrahieren, multiplizieren, dividieren und quadrieren, sondern mit dem man auch komplexe Reihen-, Parallel- und Kettenschaltungen berechnen kann. Außerdem werden dort Programme zum Lösen komplexer Gleichungssysteme sowie zum Anwenden von Maschenstrom- und Knotenpunktpotential-Verfahren auf komplexe Netzwerke und Frequenzgänge angegeben.

A.2 Ortskurven

Definition In Abb. A.7 zeigt die allgemeine komplexe Funktion

$$\underline{r}_p = f(\underline{A}, \underline{B}, \underline{C}, \cdots, p) = a(p) + j\,b(p) = r(p)\,\angle\alpha(p) \qquad \text{(A.45)}$$

die im allgemeinen Fall von den **konstanten komplexen Größen** $\underline{A}$, $\underline{B}$, $\underline{C}$ …und dem **reellen Parameter** p abhängt. Zu jedem Wert diese Parameters gehört ein bestimmter komplexer Funktionswert $\underline{r}_p$, dessen Index p auf diese Abhängigkeit hinweisen soll. Nach Gl. A.45 und Abb. A.7 hängen im allgemeinen Fall sowohl Realteil a als auch Imaginärteil b oder sowohl Betrag r als auch Winkel α vom Parameter p ab. Als **Ortskurve** bezeichnet man nun die Bahn, die die Spitze des Zeigers $\underline{r}_p$ bei Änderung von p beschreibt. Sie ist also der geometrische Ort aller komplexen Größen $\underline{r}_p$ in der Gaußschen Zahleneben, die der Gl. A.45 genügen.

Abb. A.7 Ortskurve

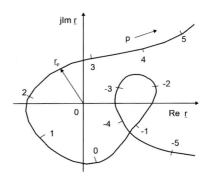

Ortskurven ermöglichen einen schnellen Überblick über die Abhängigkeit komplexer Größen (nach Betrag und Winkel) von einem Parameter, der in der Elektrotechnik z. B. durch Frequenz f oder Kreisfrequenz ω (Frequenzgang) oder Änderung der Belastung (z. B. Stromortskurven) gegeben sein kann. Die Ortskurve wird meist nach den Parameterwerten beschriftet.

Einfache Sonderfälle Nach Abb. A.8a gibt die komplexe Funktion

$$\underline{r}_p = p\,a + j\,b \tag{A.46}$$

eine **Parallele zur reellen Achse** im Abstand b wieder, während die Ortskurve der komplexen Funktion

$$\underline{r}_p = a + j\,p\,b \tag{A.47}$$

nach Abb. A.8b eine **Parallele zur Imaginärachse** im Abstand a darstellt. Mit der Funktion

$$\underline{r}_p = r \angle p\,\alpha \tag{A.48}$$

erhält man nach Abb. A.8c eine konzentrischen **Kreis** vom Radius r **um den Koordinaten-Nullpunkt**. Dagegen ergibt die Funktion

$$\underline{r}_p = p\,r \angle \alpha \tag{A.49}$$

als Ortskurve eine **Gerade durch den Nullpunkt** (Abb. A.8d), die um den konstanten Winkel α gegenüber der reellen Achse verdreht ist.

Die Ortskurven für Gl. A.46 bis A.49 können, wie in Abb. A.8, mit linear untertitelten p-Skalen versehen werden, wobei die positive Zählrichtung durch eine Einfachpfeil gekennzeichnet wird.

Allgemeine Gerade Mit den konstanten komplexen Größen $\underline{r}_1$ und $\underline{r}_2$ und dem Parameter p erhält man die Funktion

$$\underline{r}_p = \underline{r}_1 + p\,\underline{r}_2 \tag{A.50}$$

die nach Abb. A.9 eine Gerade allgemeiner Lage wiedergibt. Diese Ortskurve hat die Richtung des Zeigers $\underline{r}_2$ und geht durch den Endpunkt des Zeigers $\underline{r}_1$. Für den Parameter p findet man wieder eine lineare Teilung auf der Geraden. Gegenüber Gl. A.49 hat also eine Parallelverschiebung stattgefunden.

Die komplexe Funktion

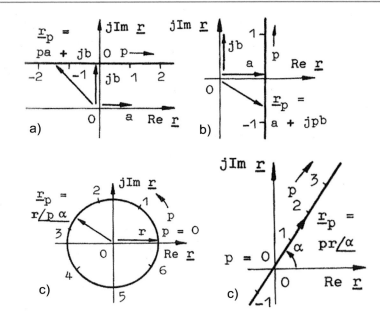

Abb. A.8 Sonderfälle von Ortskurven

Abb. A.9 Allgemeine Gerade

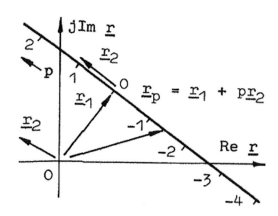

Abb. A.10 Allgemeine
Gerade

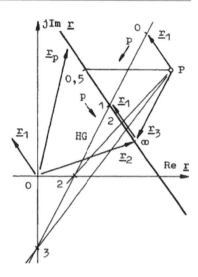

$$r_p = \frac{r_1 + p\,r_2}{p} = \frac{r_1}{p} + r_2 \qquad\qquad (A.51)$$

hat also Ortskurve ebenfalls eine Gerade, jedoch mit **reziproker Beschriftung** für den Parameter p. In diesem Fall gilt mit Abb. A.10 die folgende Beschriftungsvorschrift [3]:

1. Man trage an die Zeigerspitze r_2 den Zeiger r_1 an und erhält so die Richtung der Ortsgeraden. Gleichzeitig findet man auf dieser Ortsgeraden die Punkte für $p = \infty$ und $p = 1$.
2. Man wähle einen Pol P außerhalb dieser Ortsgeraden und findet so den Zeiger r_3 mit dem Ursprung in P und der Zeigerspitze an r_2.
3. Im Pol P trage man dann die Zeigersumme $r_1 + r_3$ an und findet so eine Hilfsgerade HG in Richtung von r_3 die linear nach dem Parameter p beziffert werden kann.
4. Die vom Pol P ausgehende Zeigersumme $r_1 + r_3$ schneidet die Ortsgerade bei $p = 1$.
5. Strahlen vom Pol P schneiden die lineare Skala auf der Hilfsgeraden HG bei den gleichen Werten wie die reziproke Skala auf der Ortsgeraden, so dass diese jetzt beschriftet werden kann.

Wenn in der komplexen Funktion

$$\underline{r}_p = \underline{r}_1 + g(p)\,\underline{r}_2 \tag{A.52}$$

eine reelle nichtlineare Funktion g(p) des Parameter p vorkommt, erhält man wieder eine Ortsgerade - jedoch mit **nicht-linearen Beschriftung**, die z. B. mit einer Wertetafel festgelegt werden könnte.

Auch die komplexe Funktion

$$\underline{r}_p = \frac{\underline{r}_1 + p\,\underline{r}_2}{\underline{r}_3} = \frac{\underline{r}_1}{\underline{r}_3} + p\,\frac{\underline{r}_2}{\underline{r}_3} = \underline{r}_4 + p\,\underline{r}_5 \tag{A.53}$$

ergibt mit den festen komplexen Größen $\underline{r}_4 = \underline{r}_1/\underline{r}_3$ und $\underline{r}_5 = \underline{r}_2/\underline{r}_3$ eine Gerade als Ortskurve.

Beispiel 148 Für die komplexe Funktion $\underline{r}_p = p^3 \cdot +j\,4$ ist die Ortskurve darzustellen.

Die Ortskurve ist nach Abb. A.11 eine Parallele im Abstand j 4 zur reellen Achse mit dem Wert $\underline{r}_p = j\,4$ für p = 0. Die übrige Beschriftung findet man leicht mit einer Wertetabelle (Tab. A.1).

Inversion Eine komplexe Größe $\underline{r} = a + j\,b = r \angle\alpha$ hat die **inverse komplexe Größe**

$$\underline{W} = W\angle\varphi = \frac{1}{r}\angle-\alpha = \frac{1}{a+j\,b} = \frac{a - j\,b}{a^2 + b^2} \tag{A.54}$$

Die Inversion stellt also den Sonderfall einer Division dar.

In Abb. A.12 sind die beiden inversen Größen $\underline{W}$ und $\underline{r}$ dargestellt. Hiernach erhält man die inverse Größe $\underline{W}$ einfach mit dem **Spiegelkreis S**, der in diesem Fall den Radius 1 hat. Man bildet zunächst durch die Spiegelung an der reellen Achse

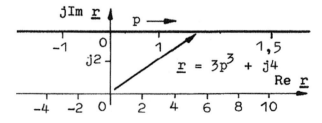

Abb. A.11 Ortskurve

Tab. A.1 Wertetabelle

p	p^3	$p^3 \cdot 3$
-1	-1	-3
0,5	0,125	0,375
1	1	3
1,5	3,35	10,03

Abb. A.12 Inversion

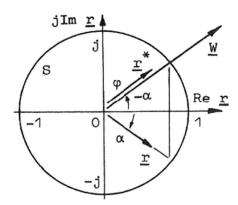

für die zu invertierende Größe $\underline{r}$ die konjugiert komplexe Größe $\underline{r}^*$ und findet so den **Winkel** $\varphi = -\alpha$. Der **Betrag** der invertierten Größe ist W = 1/r.

Meist haben die beiden inversen Größen verschiedene Einheiten und bewegen sich in unterschiedlichen Größenordnungen. Man kann dann auch für den Spiegelungskreis einen anderen Radius ρ wählen, so dass für die **Inversionspotenz**

$$\rho^2 = \underline{r}\,\underline{W} \tag{A.55}$$

gilt. Für eine hiermit mögliche graphische Inversion s. [3, 8].

Kreis durch den Nullpunkt Nach [3, 8] ergibt die **Inversion der Geraden** $\underline{W}_p = \underline{r}_1 + p\,\underline{r}_2$ mit der Funktion

$$\underline{r}_p = \frac{1}{\underline{W}_p} = \frac{1}{\underline{r}_1 + p\,\underline{r}_2} \tag{A.56}$$

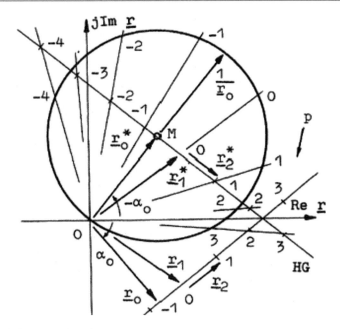

Abb. A.13 Inversion einer Geraden

als Ortskurve einen **Kreis** durch den Nullpunkt. Den nach dem Parameter p beschrifteten Ortskreis von Abb. A.13 findet man einfach durch das folgende Vorgehen:

1. Man zeichne die **Nennergerade** $\underline{r}_1 + p\,\underline{r}_2$ mit der linearen Bezifferung nach dem Parameter p.
2. Man spiegele diese Nennergerade an der reellen Achse und erhält so die **Bezifferungsgerade** $\underline{r}_1^* + p\,\underline{r}_2^*$ mit ebenfalls linearer Teilung.
3. Man zeichne zur Nennergeraden $\underline{r}_1 + p\,\underline{r}_2$ die **Normale** $\underline{r}_o$ (also die senkrecht auf der Nennergeraden steht). Ihre Zeigerspitze stellt den kleinsten Abstand der Nennergeraden vom Koordinaten-Nullpunkt dar und ihr Kehrwert $1/\underline{r}_o$ daher den **Durchmesser** des gesuchten Ortskreises.
4. Der Kreismittelpunkt M ist daher unter Beachtung eines frei wählbaren Maßstabs m_r festgelegt durch den **Radius**

$$\overline{OM} = m_r/(2\,r_o) \tag{A.57}$$

und den **Winkel** $-\alpha_o$. Hiermit kann man den Ortskreis zeichnen.
5. Strahlen vom Koordinaten-Nullpunkt O durch die Bezifferungsgerade HG bezeichnen auf dem Ortskreis die Werte für den Parameter p.

Kreis allgemeiner Lage Die gebrochene, rationale komplexe Funktion 1. Grades

$$
\underline{r}_p = \frac{\underline{r}_1 + p\,\underline{r}_2}{\underline{r}_3 + p\,\underline{r}_4} = \frac{\underline{r}_2}{\underline{r}_4} + \frac{\underline{r}_1 - (\underline{r}_2\,\underline{r}_3/\underline{r}_4)}{\underline{r}_3 + p\,\underline{r}_4}
$$
$$
= \underline{r}_5 + \frac{\underline{r}_6}{\underline{r}_3 + p\,\underline{r}_4} \tag{A.58}
$$

kann man in der angegeben Weise umformen, so dass sie schließlich einen Ortskreis $1/(\underline{r}_3 + p\,\underline{r}_4)$ darstellt, dessen Mittelpunkt durch den Zeiger $\underline{r}_5 = \underline{r}_2/\underline{r}_4$ aus dem Koordinaten-Nullpunkt O herausgerückt ist und der nochmals mit der komplexen Größe $\underline{r}_6 = \underline{r}_1 - (\underline{r}_2\,\underline{r}_3/\underline{r}_4)$ drehgestreckt wurde. Gl. A.58 beschreibt also einen Kreis allgemeiner Lage und kann auch als Konstruktionsvorschrift benutzt werden.

Mit $\underline{r}_1 = a_1 + j\,b_1, \underline{r}_2 = a_2 + j\,b_2$ usw. gilt ganz allgemein mit dem **Nenner**

$$
N = 2(a_3\,b_4 - a_4\,b_3) \tag{A.59}
$$

Abb. A.14 Inversion des allgemeinen Kreises

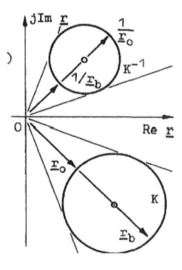

für den **Kreismittelpunkt**

$$\underline{M} = \frac{1}{N}[a_1\,b_4 - a_4\,b_1 + a_3\,b_2 - a_2\,b_3 + j(a_1\,a_4 + b_1\,b_4$$
$$- a_2\,a_3 - b_2\,b_3)] \qquad\qquad (A.60)$$

und den **Kreisradius**

$$r = \frac{1}{N}\sqrt{(a_2a_3 - a_1a_4 - b_2b_3 + b_1b_4)^2 + (a_2b_3 + a_3b_2 - a_1b_4 - a_4b_1)^2}$$
$$\qquad\qquad (A.61)$$

Meist bestimmt man den Ortskreis jedoch in folgender Weise:

1. Man berechnet dei 3 **Kreispunkte**

$$\text{L für p = 0:} \quad \underline{r}_p = \underline{r}_1/\underline{r}_3 \qquad\qquad (A.62)$$

$$\text{A für p = 1:} \quad \underline{r}_p = \frac{\underline{r}_1 + \underline{r}_2}{\underline{r}_3 + \underline{r}_4} \qquad\qquad (A.63)$$

$$\text{U für p =∞:} \quad \underline{r}_p = \underline{r}_2/\underline{r}_4 \qquad\qquad (A.64)$$

2. Die Mittelsenkrechten der Verbindungsstrecken $\overline{LA}, \overline{LU}$ und $\overline{UA}$ schneiden sich im **Kreismittelpunkt** M, so dass mit dem **Radius** $\overline{ML} = \overline{MA} = \overline{MU}$ der Kreis gezeichnet werden kann.
3. Man wähle einen beliebigen **Hilfspunkt** H auf dem Kreis (A.15) und ziehe zu HU eine Parallele als **Parametrierungsgerade** HG. Strahlen vom Hilfspunkt H zu den Kreispunkten L und A teilen auf der Parametrierungsgerade die Einheit 1 ab, nach der nun die Parametrierungsgerade in Abb. A.15 linear unterteil werden kann.
4. Strahlen vom Hilfspunkt H über die Parametrierungsgerade und den dort abzulesenden Parameterwert p bezeichnen auch auf dem Kreis diesen Parameterwert.

Ein Blick auf Gl. A.58 zeigt, dass das **inverse Bild eines** Kreises allgemeiner Lage wieder ein **Kreis** allgemeiner Lage ist. Man findet ihn am einfachsten, wenn man nach Abb. A.14 die Kehrwerte $1/\underline{r}_a$ und $1/\underline{r}_b$ der Kreiszeiger $\underline{r}_a$ und $\underline{r}_b$ bildet, die zu dem Kreisdurchmesser gehören, der durch den Koordinaten=Nullpunkt O geht (Abb. A.15).

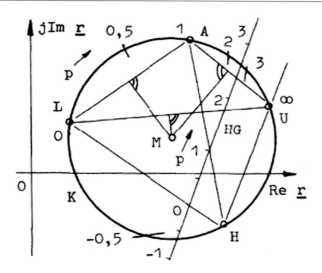

Abb. A.15 Kreis allgemeiner Lage mit Parametrierungsgerade HG

Beispiel 149 Man untersuche, zu welchen Ortskurven Gl. A.58 entartet, wenn nacheinander $\underline{r}_1$ bis $\underline{r}_4$ Null gesetzt werden.

a) $\underline{r}_1 = 0: \underline{r}_p = \frac{p\,\underline{r}_2}{\underline{r}_3 + p\,\underline{r}_4} = \frac{\underline{r}_2}{(\underline{r}_3/p)+\underline{r}_4}$

Dies ist ein Kreis durch den Nullpunkt mit reziproker Beschriftung der Parametrierungsgeraden.

b) $\underline{r}_2 = 0: \underline{r}_p = \underline{r}_1/(\underline{r}_3 + p\,\underline{r}_4)$ Kreis durch den Nullpunkt.

c) $\underline{r}_3 = 0: \underline{r}_p = \frac{\underline{r}_1 + p\,\underline{r}_2}{p\,\underline{r}_4} = \frac{1}{p} \cdot \frac{\underline{r}_1}{\underline{r}_4} + \frac{\underline{r}_2}{\underline{r}_4} = \underline{r}_6 + \frac{\underline{r}_5}{p}$

Dies ist eine Gerade allgemeiner Lage mit reziproker Bezifferung.

d) $\underline{r}_4 = 0: \underline{r}_p = \frac{\underline{r}_1 + p\,\underline{r}_2}{\underline{r}_3} = \frac{\underline{r}_1}{\underline{r}_3} + p\,\frac{\underline{r}_2}{\underline{r}_3} = \underline{r}_6 + p\,\underline{r}_5$

Gerade allgemeiner Lage mit linearer Bezifferung.

Parabel Die einfachste Ortskurve höherer Ordnung ist die Parabel durch den Nullpunkt, die der komplexen Funktion

$$\underline{r}_p = p\,\underline{r}_1 + p^2\,\underline{r}_2 \qquad (A.65)$$

folgt. Wenn zu der Funktion in Gl. A.65 noch die feste komplexe Größe $\underline{r}_o$ hinzugefügt wird, erhält man eine **Parabel allgemeiner Lage**

$$\underline{r}_p = \underline{r}_o + p\,\underline{r}_1 + p^2\,\underline{r}_2 \tag{A.66}$$

Die Konstruktionsvorschrift kann Abb. A.16 unmittelbar entnommen werden. Allgemein empfiehlt sich die Bestimmung bestimmter Ortskurvenpunkte mit einer Wertetabelle.

Ortskurven höherer Ordnung Die allgemeine komplexe Funktion n-ter (bzw. m-ter) Ordnung

$$\underline{r}_p = \frac{\underline{r}_1 + p\,\underline{r}_2 + p^2\,\underline{r}_3 \cdots p^n\,\underline{r}_{n+1}}{\underline{r}_{m1} + p\,\underline{r}_{m2} + p^2\,\underline{r}_{m3} \cdots p^m\,\underline{r}_{m+1}} \tag{A.67}$$

ergibt auch eine Ortskurve entsprechender Ordnung, wie sie z. B. in Abb. A.7 dargestellt ist. Solche Ortskurven lassen sich genau durch Wertetabellen oder mit einem Digitalrechner bestimmen.

Für die meisten Betrachtungen genügt es jedoch, einige Sonderwerte zu berechnen und hiermit die Ortskurve in Annäherung zu zeichnen. Hierfür sind folgende Regeln nützlich:

Abb. A.16 Parabel
allgemeiner Lage

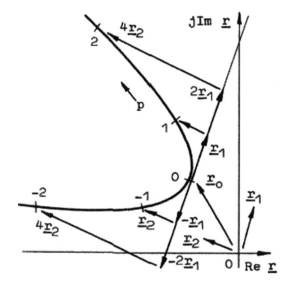

1. Wenn die komplexe Funktion von Gl. A.67 einen für die Variable p echten Bruch darstellt, also $m > n$ ist, d. h., der Nenner für p eine höhere Ordnung aufweist als der Zähler, ist es häufig einfacher, zunächst die Ortskurve für die inverse Funktion $\underline{W}_p = 1/\underline{r}_p$ zu suchen und erst anschließend hieraus durch eine erneute Inversion die gesuchte Ortskurve für $\underline{r}_p$ abzuleiten.

2. Zunächst sollte dann versucht werden, die Funktion höherer Ordnung in eine Summe von Funktionen niederer Ordnung, deren Ortskurven bekannt sind, zu zerlegen.

Beispiel 150 Die komplexe Funktion

$$\underline{r}_p = \frac{\underline{r}_1 + p\,\underline{r}_2}{\underline{r}_3 + p\,\underline{r}_4 + p^2\,\underline{r}_5}$$

ist in eine Reihe einfacher komplexer Funktionen zu zerlegen.
Wir bilden nach Regel 1. zunächst die inverse Funktion

$$\underline{W}_p = \frac{1}{\underline{r}_p} = \frac{\underline{r}_3 + p\,\underline{r}_4 + p^2\,\underline{r}_5}{\underline{r}_1 + p\,\underline{r}_2}$$

Die nach Regel 2. verlangte Zerlegung in eine Reihe erzielen wir mit der folgenden Division

$$p^2\underline{r}_5 + p\underline{r}_4 + \underline{r}_3 : (p\underline{r}_2 + \underline{r}_1) \qquad = p\frac{\underline{r}_5}{\underline{r}_2} + \frac{1}{\underline{r}_2}(\underline{r}_4 - \underline{r}_1\frac{\underline{r}_5}{\underline{r}_2}) +$$

$$\underline{\underline{p^2\underline{r}_5 + p\underline{r}_1\underline{r}_5/\underline{r}_2}}$$

$$p(\underline{r}_4 - \underline{r}_1\frac{\underline{r}_5}{\underline{r}_2}) + \underline{r}_3 \qquad + \underline{r}_3 - \frac{\underline{r}_1}{\underline{r}_2}(\underline{r}_4 - \underline{r}_1\frac{\underline{r}_5}{\underline{r}_2})\frac{1}{\underline{r}_1 + p\underline{r}_2}$$

$$= \underline{r}_{p1} + \underline{r}_{p2} + \underline{r}_{p3}$$

$$\underline{\underline{p(\underline{r}_4 - \underline{r}_1\frac{\underline{r}_5}{\underline{r}_2}) + \frac{\underline{r}_1}{\underline{r}_2}(\underline{r}_4 - \underline{r}_1\frac{\underline{r}_5}{\underline{r}_2})}}$$

$$\underline{r}_3 - \frac{\underline{r}_1}{\underline{r}_2}(\underline{r}_4 - \underline{r}_1\frac{\underline{r}_5}{\underline{r}_2})$$

und wir erkennen, dass $\underline{r}_{p3} = \underline{r}_3 - \frac{\underline{r}_1}{\underline{r}_2}(\underline{r}_4 - \underline{r}_1\frac{\underline{r}_5}{\underline{r}_2})\frac{1}{\underline{r}_1 + p\underline{r}_2}$ einen Kreis durch den Nullpunkt als Ortskurve hat, das mit der Geraden durch Null

$$\underline{r}_{p1} = p\,\underline{r}_5/\underline{r}_2$$

dieser Kreis überlagert und verform und diese Kurve schließlich mit dem Zeiger

$$\underline{r}_{p2} = \frac{1}{\underline{r}_2}(\underline{r}_4 - \underline{r}_1 \frac{\underline{r}_5}{\underline{r}_2})$$

zusätzlich um einen festen Wert verschoben wird.

3. Meist kann man in Gl. A.67 leicht die **Grenzwerte** p = 0 und p = ∞ einsetzen und erhält dann z. B.
   für p = 0: $\underline{r}_p = \underline{r}_1/\underline{r}_{m1}$
   für p = ∞ bei n > m: $\underline{r}_p = \infty$
   bei n < m: $\underline{r}_p = 0$.
4. Wenn man Realteil oder Imaginärteil von Gl. A.67 Null setzt, erhält man Bestimmungsgleichungen für die Parameterwerte p, die auf der imaginären oder reellen Achse liegen und kann hiermit auch die Funktionswerte $\underline{r}_p$ berechnen. Erhält man für p einen imaginären Wert, so kann kein Schnittpunkt mit der imaginären bzw. reellen Achse auftreten, denn der Parameter p ist stets reell.
5. Wenn man Realteil oder Imaginärteil gleich oder ihre Summe gleich Null setzt, erhält man Bestimmungsgleichungen für die Parameterwerte p, die zu Funktionswinkel $\alpha = \pm 45°$ bzw. $\pm 135°$ gehören.
6. Gelegentlich kann es nützlich sein, für die unter 3. bis 5. bestimmten Sonderwerte den Differentialquotienten zu bilden, so die Kurvensteigung zu ermitteln und dann leichter den Kurvenverlauf zeichnen zu können.
7. Schließlich kann man sich in einer Wertetabelle in dem interessierenden Parameterbereich einige geeignete Parameterwerte p vorgeben und hierfür die komplexen Funktionswerte berechnen.

A.3 Lösungen zu den Übungsaufgaben

Zu Beispiel 3

$$u = \sqrt{2} \cdot 100\ V\ \sin(2\pi \cdot 150\ s^{-1} \cdot 11,5\ ms + 25°)$$
$$= -135,9\ V$$

Zu Beispiel 4 $u_m = \sqrt{2} \cdot 380\ kV = 537,4\ kV$

Zu Beispiel 5 $i_m = 8\ A, \varphi = 16°$ und Abb. A.17.

Zu Beispiel 9 U_{max} erhält man nach Abb. A.18a für dei Phasenwinkel $\varphi_1 = 0°$ und $\varphi_3 = 180°$, $U_{min} = 0$ nach Abb. A.18b für $\varphi_1 = \pm138,8°$ und $\varphi_3 = \pm27,5°$.

Zu Beispiel 10 Das Zeigerdiagramm in Abb. A.19 liefert $i_{3m} = i_{4m} = 6,29$ A, $I_3 = I_4 = i_{3m}\sqrt{2} = 4,45$ A, $\varphi_3 = 97,1°$ und $\varphi_4 = -82,9°$.

Zu Beispiel 21 R = 881,66 Ω

Zu Beispiel 22 L = 488 mH

Zu Beispiel 23 und 24 Man stellt das Ergebnis zweckmäßig wie in Abb. A.20 mit doppeltlogarithmischen Achsen dar, da sich dann Geraden ergeben, die durch 2 Punklte festgelegt sind.

Zu Beispiel 25 U = 3,98 V, $W_{em} = 3,167\mu Ws$.

Zu Beispiel 26 I = 83 mA, $\varphi = 56,31°$, S = 12,5 VA, p = 6,9 W, Q = 10,4 var.

Zu Beispiel 34 Bei dem Leistugsfaktor $\cos\varphi = P/(U\ I) = 0,63$ kann nach dem Zeigerdiagramm in Abb. A.21 ein Blindleitwert $B_C = 6,24\,\mu S$ nur für die Kapazität C = I $\sin\varphi/(\omega\ U) = 19,87\,nF$ die Stromaufnahme vergrößern.

Abb. A.17 Stromverlauf $i = i_1 + i_2$

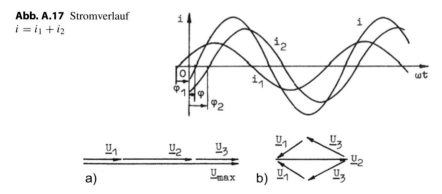

Abb. A.18 Zeigerdiagramme für U_{max} (**a**) und $U_{min} = 0$ (**b**)

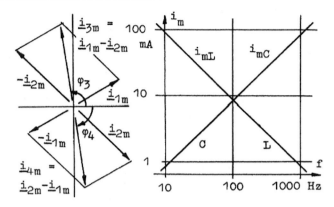

Abb. A.19 Zeigerdiagramm für i_{3m} und i_{4m}

Abb. A.20 Stromverlauf
für Beispiel 23 und 24

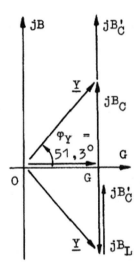

Beispiel 35 E fließt der Strom I = S/U = 10 mA, so dass insgesamt der Leitwert Y = I/U = 20 mS vorhanden ist. Mit den Leitwerten G = 10 ms und $B_L = -1/(\omega\,L) = -10\,mS$ erhält man das Zeigerdiagramm in Abb. A.22. Es muss also der Blindleitwert B = 17,82 mS auftreten. Man kann ihn verwirklichen mit der zusätzlichen Induktivität $L' = -1/(B'_L\,\omega) = -1/(B - B_L)\omega = 136\,mH$ oder der Kapazität

Abb. A.21 Zeiger-
diagramm zu Beispiel 34a

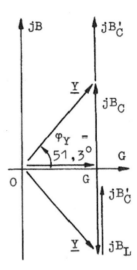

Abb. A.22 Zeiger-
diagramm zu Beispiel 35

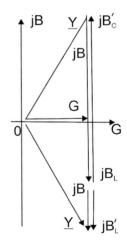

$C = B'_C/\omega = (B - B_L)/\omega = 27{,}32\,\mu F.$

Zu Beispiel 36 Es muss gelten $Y^2 = G^2 + (\omega\,C - \frac{1}{\omega\,L}{}^2)$. Die Auflösung dieser Gleichung liefert die Kreisfrequenzen $\omega_1 = 587\,s^{-1}$ und $\omega_2 = 8520\,s^{-1}$.

Zu Beispiel 37 Bei G = 0 fließt der Strom $\underline{I} = j\,B_L\,U = -j\,1\,A$, und es lässt sich die Stromortskurve von Abb. A.23 zeichnen.

Zu Beispiel 38 Es ergibt sich eine Stromortskurve analog zu Abb. 2.20b, die in Abb. A.24b ausgewertet ist.

Zu Beispiel 45 Die Glühlampe führt den Strom I = 0,364 A und wirkt wie ein Widerstand R = 302,5 Ω. Wenn bei der Spannung U = 230 V der gleiche Strom fließen soll, muss der Widerstand Z = 2 R = 605 Ω vorhanden sein und der kapazitive Blindwiderstand $X_C = -524$ Ω bzw. die Kapazität C = 6,07 μF vorgeschaltet werden (Abb. A.25a).

Zu Beispiel 46 Bei $\cos\varphi_{Dr} = 0{,}15$ ergibt sich der Phasenwinkel $\varphi_{Dr} = 81{,}4°$ und das Zeigerdiagramm von Abb. A.25b. Mit $R_{Dr} = X_{LDr}\,ctg\,81{,}4° = 0{,}15\,X_{LDr}$ gilt jetzt $Z^2 = (R + 0{,}15\,X_{LDr})^2 + X^2_{LDr}$. Die Lösung dieser quadratischen Gleichung ergibt $X_{LDr} = 475{,}6$ Ω und somit die Induktivität L = 1,51 H.

Zu Beispiel 47 Die Reihenschaltung hat bei $\cos\varphi = P/(U\,I) = 0{,}341$ und $|\varphi| = 70{,}07°$ die Widerstände Z = U/I = 1,1 kΩ, R = Z $\cos\varphi$ = 375 Ω. Diese Widerstände erfüllen die Zeigerdiagramme in Abb. A.26a; der Strom wird aber nur

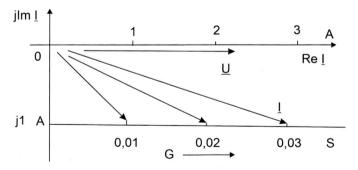

Abb. A.23 Stromortskurve für Beispiel 37

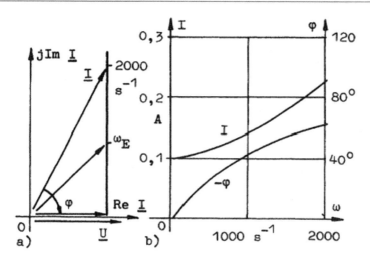

Abb. A.24 Stromortskurve (**a**) und Amplituden- und Phasengang (**b**) zu Beispiel 38

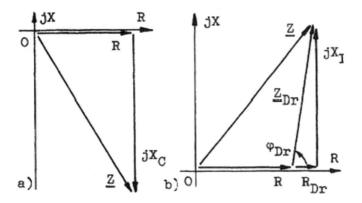

Abb. A.25 Zeigerdiagramm der Widerstände für Beispiel 45 (**a**) und 46 (**b**)

Abb. A.26 Zeiger-
diagramm für Beispiel 47
(**a**) und 48 (**b**)

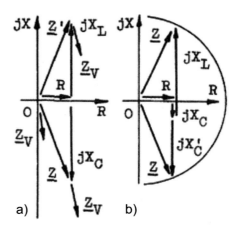

a)   b)

kleiner, wenn der Blindwiderstand aus der Kapazität $C = 1/(\omega|X|) = 3{,}08\ \mu F$ besteht.

Zu Beispiel 48 Wirksam sind Scheinwiderstand $Z = U/I = 5\ k\Omega$, Blindwiderstand $X_C = -1/(\omega\,C) = -500\ \Omega$ sowie $X = 4{,}9\ k\Omega$, und es gilt das Zeigerdiagramm in Abb. A.26b. Es liefert die Blindwiderstände $X'_C = 4{,}4\ k\Omega$ und $X_L = 5{,}4\ k\Omega$ mit Kapazität $C = 455$ nF und Induktivität $L = 10{,}8$ H.

Zu Beispiel 49 Mit $Z^2 = R^2 + (\omega\,L - \frac{1}{\omega\,C})^2$ erhält man eine Bestimmungsgleichung für die Kreisfrequenz, die die Lösung $\omega_1 = 803\,s^{-1}$ und $\omega_2 = 6253\,s^{-1}$ liefert.

Zu Beispiel 50 Die Stromortskurve ist ein Halbkreis mit dem Durchmesserstrom $j\,I_b = U_e/(j\,X_C) = j\,1$ A (Abb. A.27a). Für $R = |X_C|$ ist $|\varphi| = 45°$, so dass die waagerechte Hilfsgerade HG entsprechend linear unterteilt werden kann. Mit dem aus Abb. A.27a entnommenen Strombeträgen findet man die Spannungen $U_a = R\,I$ für Abb. A.27b.

Zu Beispiel 51 Man kann mit $I = \sqrt{P/R}$ die zu den beiden Leistungen gehörenden Ströme, hiermit die zugehörigen Scheinwiderstände $Z = U/I$ und aus ihnen über $X_L^2 = Z^2 - R^2$ die erforderlichen Blindwiderstände bestimmen, so dass sich mit $f = \omega/(2\pi) = X_L/(2\,\pi\,L)$ die Grenzfrequenzen $f_1 = 45{,}6$ Hz und $f_2 = 90{,}6$ Hz ergeben.

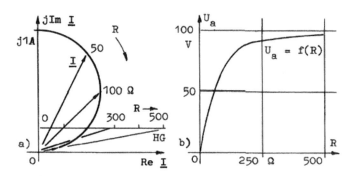

Abb. A.27 Stromortskurve (**a**) und Spannungsverlauf $U_a = f(R)$ zu Beispiel 50

Zu Beispiel 58 Man berechnet zunächst Scheinwiderstand $Z = U/I = 24{,}44\ \Omega$ und Leistungsfaktor $\cos\varphi = P/(U\ I) = 0{,}11$ und findet dann Wirkwiderstand $R = Z \cos\varphi = 2{,}72\ \Omega$ und Induktivität $L = Z \sin\varphi/\omega = 77{,}3$ mH.

Zu Beispiel 59 Mit dem Scheinleitwert $Y = U/I = 1{,}67$ ms erhält man den Wirkleitwert $G = Y \cos\varphi = 145\ \mu S$ und die Kapazität $C = Y \sin|\varphi|/(2\ \pi\ f) = 52{,}85\ nF$.

Zu Beispiel 60 Mit dem Blindwiderstand $X_L = 2\ \varphi\ f\ L = 1{,}885\ k\Omega$ darf man die Näherungsgleichungen von Tab. 2.3 anwenden und findet für die Umformung der Parallelschaltung bei $G \gg B$ in die Reihenschaltung $R = 1/G = R_2 = 50\ \Omega$ und $X = -B/G^2 = R_2^2/X_L = 1{,}33\ \Omega$, also den Gesamtwiderstand $\underline{Z} = 70\ \Omega + j\ 1{,}33\ \Omega = 70\ \Omega\ \angle 1° $ und die erforderliche Spannung $U = I\ Z = 245$ V.

Zu Beispiel 61 Die graphische Lösung mit dem Zeigerdiagramm in Abb. A.28 geht von der angenommenen Spannung $\underline{U}'_2 = 100\ V$ aus; diese verursacht die Teilströme $I'_{2w} = 2\ A$ und $I'_{2b} = 3{,}33\ A$ bzw. den Gesamtstrom $I = 3{,}89\ A$. Mit $\tan\varphi_1 = R_1/X_L$ eilt die Spannung $\underline{U}_1$ dem Strom $\underline{I}_1$ um $\varphi_1 = 56{,}3°$ voraus, und es ergeben sich die Teilströme $I'_{1w} = I'\ \cos\varphi_1 = 2{,}16\ A$ und $I'_{1b} = I'\ \sin\varphi_1 = 3{,}24\ A$. Sie verursachen die Teilspannung $U'_1 = I'_{1w}R_1 = I'_{1b}X_L = 64{,}7\ V$. Das Zeigerdiagramm liefert dann die Spannung U' = 93 V, die mit dem gewünschten Strom I = 5 A auf die wahre Spannung $U = U'\ I/I' = 119{,}5\ V$ umgerechnet werden kann.

Die komplexe Lösung erhält man mit den Leitwerten $G_1 = 1/R_1 = 33{,}33\ ms$, $G_2 = 1/R_2 = 20\ ms$, $B_L = -1/X_L = -50\ ms$ und $B_C = -1/X_C = 33{,}33\ ms$

Abb. A.28 Zeiger-
diagramm für Beispiel 61

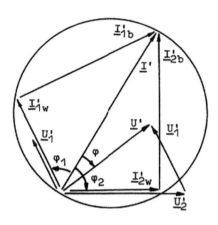

und Anwendung von Gl. 2.139 und 2.140. Der Gesamtwiderstand ist dann $\underline{Z}$ = $\underline{Z}_1 + \underline{Z}_2 = 22{,}47\ \Omega - j\ 8{,}21\ \Omega = 23{,}92\ \Omega\ \angle - 20{,}07°$, so dass die Spannung U = Z I = 119,6 V in Übereinstimmung mit der graphischen Lösung gefunden wird.

Zu Beispiel 62 Man findet für die Reihen-Ersatzschaltung R = 312,5 Ω, L = 1,44 H und für die Parallel-Ersatzschaltung G = 1,03 ms, L = 2,12 H. Die zugehörigen Stromortskurven zeigt Abb. A.29. Während für f = 50 Hz natürlich gleiche Ströme auftreten müssen, führt die Reihen-Ersatzschaltung bei f = 10 Hz (bzw. 100 Hz) die Ströme $\underline{I}_{10} = 0{,}68\ A\ \angle - 16{,}15°$ und $\underline{I}_{100} = 0{,}234\ A\ \angle - 70{,}95°$, die Parallel-Ersatzschaltung dagegen $\underline{I}_{10} = 1{,}665\ A\ \angle -82{,}18°$ und $\underline{I}_{100} = 0{,}28\ A\ \angle -36{,}06°$. Das frequenzabhängige Verhalten der Ersatzschaltungen ist also sehr unterschiedlich.

Zu Beispiel 63 Man rechnet zweckmäßig den Widerstand $\underline{Z}_1 = R_1 + j\ X_L$ in den Leitwert $\underline{Y}_1 = 3{,}6\ ms\ - j\ 15{,}07\ ms$ um und bildet hiermit den Gesamtleitwert $\underline{Y} = 19{,}67\ ms\ \angle - 35{,}06°$. Dann sind I = 4,327 A, S = 952 VA, P = 779 W und Q = 547 var.

Zu Beispiel 64 Die komplexe Lösung verlangt ein mehrfaches Umwandeln von Widerstand in Leitwert und umgekehrt und liefert den Strom I = 97 mA.

Zu Beispiel 82 Nach der Sappnugsteilerregel ist

Abb. A.29 Stromorts-
kurven für Reihen (**a**) und
Parallel-Ersatzschaltungen
(**b**) von Beispiel 62

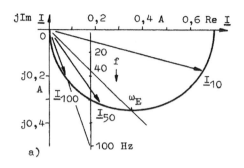

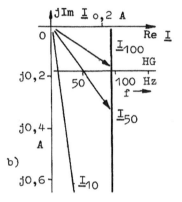

$$\frac{\underline{U}_a}{\underline{U}_e} = \frac{-j/(\omega C)}{R + j\,\omega\,L - (j/\omega\,C)} = \frac{1}{1 + j\,\omega\,C\,R - \omega^2\,L\,C}$$

Zu Beispiel 83 Die Stromteilerregel ergibt den Strom

$$I_a = \frac{(R_i + j\,\omega\,L_i)\underline{I}_q}{R_i + R_a + j\,\omega\,L_i - j/(\omega\,C_a)} = 0{,}94\ A$$

also die Wirkleistung $P_a = R_a\,I_a^2 = 177{,}8\ W$.

Zu Beispiel 84 Gleiche Wirkleistung bedeutet $R_1\,I_1^2 = R_2\,I_2^2$. Daher gilt bei
Anwendung der Stromteilerregel

$$I_1/I_2 = \sqrt{R_2/R_1} = \sqrt{(R_2^2 + X_C^2)}/R_1$$

und man findet $X_C = 19,6\ \Omega$.

Zu Beispiel 85 Die Lösung nach dem Überlagerungsverfahren liefert zunächst die Teilströme $\underline{I}'_1 = 0{,}21\ A\ \angle 13{,}7°, \underline{I}'_2 = 0{,}139\ A\ \angle 178{,}9°, \underline{I}'_3 = 0{,}0835\ A\ \angle 38{,}9°$ und $\underline{I}''_1 = 0{,}5561\ A\ \angle -131{,}1°, \underline{I}''_2 = 0{,}633\ A\ \angle 34{,}6°, \underline{I}''_3 = 0{,}1668\ A\ \angle -21{,}1°$ und schließlich die tatsächlichen Ströme $\underline{I}_1 = 0{,}403\ A\ \angle -113°, \underline{I}_2 = 0{,}523\ A\ \angle 43°, \underline{I}_3 = 0{,}221\ A\ \angle -2°$ mit den Teilspannungen $\underline{U}_1 = 12{,}1\ V\ \angle 177°,$ $\underline{U}_2 = 31{,}4\ V\ \angle 83°$ und $\underline{U}_3 = 22{,}1\ V\ \angle -2°$, die das Zeigerdiagramm von Abb. A.30 ergeben. Es zeigt, dass die Kirchhoffschen Gesetze erfüllt sind. Man hätte diese Aufgabe auch durch Aufstellen der Knotenpunkt- und Maschengleichungen lösen können.

Zu Beispiel 86 Die Stromteilerregel liefert den Strom

$$I_2 = \left| \frac{j\ X_L\ \underline{I}_q}{R_2 + j\ X_L + j\ X_C} \right| = I_q$$

Daher wird mit $P = (R_1 + R_2)\ I_q^2$ der Strom $I_q = 30$ mA.

Zu Beispiel 87: Man findet die ideelle Quellenspannung $\underline{U}_{qi} = \underline{U}_{ab1} = R_2\ \underline{I}_2 = j\ R_2\ I_q = j\ 30\ V$ und den ideellen Innenwiderstand

Abb. A.30 Zeiger-
diagramm für Beispiel 85

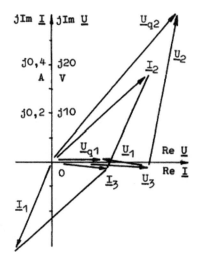

$$\underline{Z}_{ii} = \frac{R_2(j\,X_L + j\,X_C)}{R_2 + j\,X_L + j\,X_C} = 0$$

also den ideellen Quellenstrom $\underline{I}_{qi} = \underline{U}_{qi}/\underline{Z}_{ii} = \infty$.

Zu Beispiel 88 Nach Aufstellen der Abgleichbedigung- analog zu Gl. 3.11 – liefert der Realteil die Widerstandsbedigung $R_2/R_4 = 2$; der Imaginärteil ergibt die Bestimmungsgleichung $f = 1/(2\,\pi\,C\,R)$.

Zu Beispiel 93 Man kann das Maschenstrom-Verfahren anwenden und findet dann die Ströme $\underline{I}_R = 38{,}1\ A\ \angle 160°$, $\underline{I}_L = 26{,}2\ A\ \angle - 10°$, $\underline{I}_C = 13{,}15\ A\ \angle - 40°$.

Zu Beispiel 94 Die Anwendung des Maschenstrom-Verfahrens liefert die komplexe Stromgleichung

$$\underline{I} = \frac{\underline{U}_{q1}\underline{Z}_3 - \underline{U}_{q3}\underline{Z}_2}{\underline{Z}_1\underline{Z}_2 + \underline{Z}_2\underline{Z}_3 + \underline{Z}_3\underline{Z}_1} = \underline{U}_{q1}\,\underline{Y}\,\frac{\underline{Y}_2 + \underline{Y}_3\ \angle - 60°}{\underline{Y}_1 + \underline{Y}_2 + \underline{Y}_3}$$

In den Gleichungen für die übrigen Ströme sind die Indizes zyklisch vertauscht.

Zu Beispiel 95 Die Lösung steht schon bei Beispiel 85.

Zu Beispiel 96 Diese Aufgabe eignet sich für die Anwendung des Knotenpunktpotential-Verfahrens. Man erhält die Matrix

$$\begin{bmatrix} G + jB_L & -jB_L & 0 \\ -jB_L & G + j(B_L + B_C) & -G \\ 0 & -G & G + jB_L \end{bmatrix} \cdot \begin{bmatrix} \underline{U}'_{ab} \\ \underline{U}'_{ac} \\ \underline{U}'_{ad} \end{bmatrix} = \begin{bmatrix} \underline{I}_b \\ -\underline{I}_c \\ \underline{I}_d \end{bmatrix}$$

findet die Spannung $\underline{U}'_{ac} = 9{,}4\ V\ \angle - 165{,}6°$ und somit den Strom $\underline{I}_3 = j\,B_C\,\underline{U}'_{ac} = 46{,}97\ A\ \angle - 75{,}63°$.

Zu Beispiel 97 Nach Umwandlung der Spannungsquelle in eine Stromquelle mit dem Quellenstrom $\underline{I}_q = \underline{U}_q/R_2 = j\,1\ A$ kann man das Netzwerk von Abb. 3.32 mit den Leitwerten $B_L = -0{,}1\ S$, $B_C = 0{,}05\ S$, $G = (1/R_1) + (1/R_2) = 0{,}15\ S$ und den Einströmungen $\underline{I}_a = -3\ A - j\,1\ A$, $\underline{I}_b = 3\ A - j\,4\ A$, $\underline{I}_c = j\,5\ A$ in die Schaltung von Abb. A.31 vereinfachen. Hierfür gilt die Matrizengleichung

$$\begin{bmatrix} -j\,0{,}05\ S & j\,0{,}05\ S \\ j\,0{,}05\ S & (0{,}15 + j\,0{,}05)\ S) \end{bmatrix} \cdot \begin{bmatrix} \underline{U}'_{ab} \\ \underline{U}'_{ac} \end{bmatrix} = \begin{bmatrix} -3\ A + j\,4\ A \\ -j\,5\ A \end{bmatrix}$$

Abb. A.31 Vereinfachte
Schaltung zu für Beispiel 97

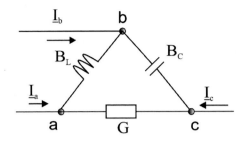

Sie ergibt die Spannung $\underline{U}'_{ac} = 52{,}6\ V\ \angle - 105{,}3°$ und daher den Strom
$\underline{I}_1 = -\underline{U}'_{ac}/R_1 = 5{,}26\ A\ \angle 74{,}7°$.

Zu Beispiel 106 Wegen $\underline{U} = \underline{Z}\ \underline{I}$ braucht man nur die Ortskurve des Widerstand

$$\underline{Z} = R_1 + \frac{-j\ R_2/(\omega\ C)}{R_2 - j/(\omega\ C)} = R_1 + \frac{R_2}{1 + j\ \omega\ C\ R_2}$$

zu bestimmen. Die inverse Ortskurve des 2. Terms ist offensichtlich eine Gerade,
so dass die gesucht Ortskurve einen um die Spannung $I\ R_1$ (für $\omega = \infty$) aus
dem Koordinaten-Nullpunkt verschobenen Halbkreis mit dem Durchmesser $I\ R_2$
darstellt. Zur Bezifferung berechnen wir die Kreisfrequenz $\omega_{45} = 1/(C\ R_2) =$
$1000\ s^{-1}$ bzw. $f_{45} = \omega_{45}/(2\pi) = 158{,}8$ Hz und ziehen die linear geteilte Hilfsgerade HG in Abb. A.32.

Abb. A.32 Ortskurve für
Beispiel 106

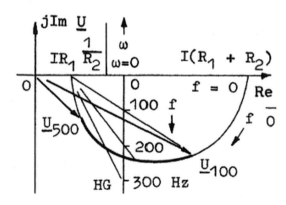

Zu Beispiel 107 Das Netzwerk hat den komplexen Widerstand

$$\underline{Z} = \frac{R_1(1 + j\,\omega\,R_2\,C)}{1 + j\,\omega\,C(R_1 + R_2)} = \frac{1}{\underline{Y}}$$

und daher die Frequenzgänge von Abb. A.33.

Zu Beispiel 108 Es gilt $\underline{I} = \underline{Y}\,\underline{U}_e = (j\,\omega\,C + \frac{1}{R+j\,\omega\,L})\underline{U}_e$. In Abb. A.34 sind die beiden Teile des Frequenzgangs als Gerade $j\,\omega\,C\,\underline{U}_e$ und Halbkreis $\underline{U}_e/(R+j\,\omega\,L)$ dargestellt und für Punkte gleicher Frequenz addiert.

Zu Beispiel 109 Das Netzwerk in Abb. 3.44 ist aus der Schaltung in Abb. 3.40 durch das Vorschalten des Wirkwiderstands R_1 hervorgegangen. Man braucht daher nur die Werte der Ortskurve in Abb. A.34 durch die Spannung $\underline{U}_e$ zu dividieren, zu invertieren und wie in Abb. A.35 zum Wirkwiderstand R_1 zu addieren.

Zu Beispiel 110 Man findet für die Ausgangsspannung

$$\underline{U}_a = \underline{U}_e\,\frac{R - j\,X_C}{R + j\,X_C} = \underline{U}_e\,\angle\varphi$$

mit $\varphi = -2\arctan(X_C/R)$ und daher die Ortskurve in Abb. A.36.

Zu Beispiel 116 Eine Betrachtung von Tab. 4.3 zeigt, dass mit den Schaltungen A und C die geforderten Bedingungen zu erfüllen sind. Mit den Gleichungen für die Kennkreisfrequenzen findet man die erforderlichen Kennwerte der übrigen Zweipole, nämlich für Schaltung A:
$L_1 = 0{,}5\ H, L_2 = 2{,}625\ H, C = 9{,}52\ \mu F$ oder $L_2 = 0{,}5\ H, L_1 =$

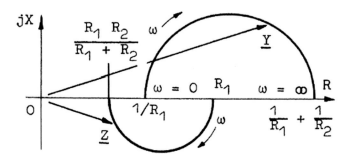

Abb. A.33 Ortskurven zu Beispiel 107

Abb. A.34 Frequenzgang
zu Beispiel 108

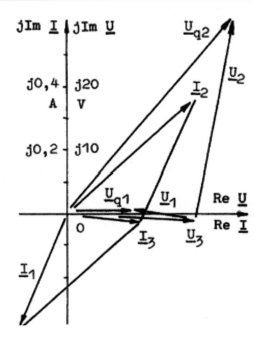

Abb. A.35 Frequenzgang
zu Beispiel 109

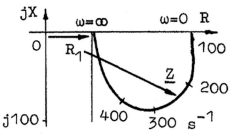

$95,2\ mH, C = 50\ \mu F$ und die Schaltung C: $L_1 = 0,5\ H, L_2 = 95,2\ mH, C = 42\ \mu F$ oder $L_1 = 2,625\ H, C = 8\ \mu F$.

Abb. A.36 Ortskurve zu
Beispiel 110

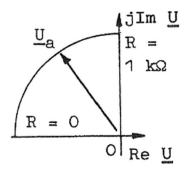

Zu Beispiel 117 Eine analoge Betrachtung zu Beispiel 115 führt zu ähnlichen Zusammenhängen wie in Gl. 4.17 bis 4.19, wobei jeweils L und C gegeneinander ausgewechselt und die Indizes D gegen A und B gegen C ausgetauscht sind. Gl. 4.23 und 4.24 ändern sich somit auch in

$$L_{1A} = L_{2C}\frac{L_{1C}}{L_{1C}+L_{2C}} \qquad C_A = C_C(\frac{L_{1C}+L_{2C}}{L_{1C}})^2$$

Hier ist daher die Schaltung A günstiger.

Zu Beispiel 118 Man findet (am einfachsten zunächst mit dem Blindleitwert) für den Amplitudengang des Blindwiderstand

$$X = \omega L_2 \frac{\omega^2 L_1 C_1 - 1}{(\omega^2 L_1 C_1 - 1) + (\omega^2 L_2 C_2 - 1) + \omega^2 L_2 C_1}$$

dessen Verlauf in Abb. A.37 dargestellt ist, und für die Kennkreisfrequenzen

$$\omega_r = 1/\sqrt{L_1 C_1}$$

$$\omega_{p1,2}^2 = \frac{C_1(L_1 - L_2) + L_2C_2 \pm \sqrt{C_1(L_1 - L_2) + L_2C_2^2 - 4 L_1C_1L_2C_2}}{2 L_1 C_1 L_2 C_2}$$

Zu Beispiel 119 Man leitet zunächst ab

$$\frac{U_a}{U} = \frac{1 - \omega^2 L C}{2 - 3 \omega^2 L C}$$

und man findet hierfür bei

Abb. A.37 Amplituden-
gang für Beispiel 118

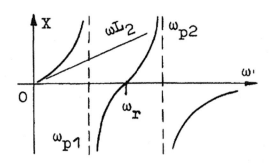

$$U_a/U_e = 0 : \omega = 1/\sqrt{L\,C}$$
$$U_a/U_e = 1 : \omega_1 = 1/\sqrt{2\,L\,C}$$
$$\omega_2 = \tfrac{1}{2}\sqrt{\tfrac{3}{L\,C}}$$

Zu Beispiel 120 Man findet

$$\omega_{p1} = 1/\sqrt{L_1 C_1} \qquad\qquad = 17{,}54 \cdot 10^{-3} s^{-1}$$
$$\omega_{p2} = 1/\sqrt{L_2 C_2} \qquad\qquad = 91{,}3 \cdot 10^{-3} s^{-1}$$
$$\omega_r = \sqrt{\frac{L_1 + L_2}{L_1 L_2 (C_2 + C_1)}} \qquad = 39{,}5 \cdot 10^{-3} s^{-1}$$

Zu Beispiel 126 Es sind

$$C = \frac{L}{2\,\pi\,f_\rho\,L)^2 + R_L^2} = 203 \; pF$$

$$G_C = (\frac{2\,\pi\,f_\rho}{Q}\,\frac{R_L}{L})\,C = 8{,}69 \; \mu s$$

Zu Beispiel 127 Der Frequenzgang des Leitwerts

$$\underline{Y} = \frac{1}{R_2 + j(\omega\,L - \frac{1}{\omega\,C})} + \frac{1}{R_1}$$
$$= \frac{j\,\omega\,C}{1 + j\,\omega\,C R_2 - \omega^2\,LC} + \frac{1}{R_1}$$

Abb. A.38 Frequenzgang
zu Beispiel 127

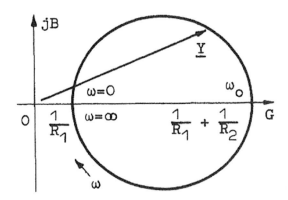

folgt dem in Abb. A.38 dargestellten Kreis.

Zu Beispiel 128 Nach Gl. 4.25 setzt sich die Ortskurve des Leitwerts $\underline{Y}$ aus einer Geraden parallel zur Imaginärachse und einem Halbkreis durch den Koordinaten-Nullpunkt zusammen. Gleiches gilt für den Strom $\underline{I}$, wie Abb. A.39 zeigt.

Abb. A.39 Frequenzgang
zu Beispiel 128

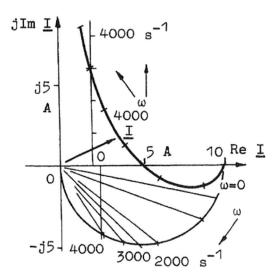

Zu Beispiel 133 Man findet $R_1 = R_3 = C_4/C_2 = 600\ \Omega$ und $C_1 = C_2\, R_4/R_3 = 12\, nF$. Die Schaltung ist am empfindlichsten bei Leistungsanpassung. Für die Klemmen a und b ist daher eine Ersatzquelle zu berechnen. Es gilt dann die Ersatzschaltung von Abb. A.40, für die wegen $1/(\omega\, C_1) >> R_3$ und $1/[\omega(C_2 + C_4)] >> R_4$ der Wirkwiderstand $R_{ii} \approx R_3 + R_4 = 390\ \Omega = R_a$ angegeben werden kann.

Zu Beispiel 134 Anwendbar ist eine Schaltung nach Abb. 4.22a mit $L_1 = 4{,}01\ H$ und $C_2 = 0{,}267\ \mu F$ oder $C_1 = 0{,}249\ \mu F$ und $L_2 = 3{,}74\ H$, wobei die 2. Lösung wirtschaftlicher ist.

Zu Beispiel 135 Es wird der verfügbaren Leistung $P_{amax} = 1{,}125\ W$ nur $P_a = 0{,}497\ W$ umgesetzt. Am Verbraucher treten auf $\underline{U}_a = 2{,}23\ V \angle -68{,}2°$, $\underline{I}_R = 0{,}223\ A \angle -68{,}2°$ und $\underline{I}_X = 0{,}1113\ A \angle 21{,}8°$.

Zu Beispiel 136 Der Transformationsvierpol nach Abb. 4.22b muss die Blindwiderstände $X_1 = -497{,}5\ \Omega$ und $X_2 = 502{,}5\ \Omega$ enthalten. Die Verbraucherleistung beträgt $P_a = 0{,}28\ mW$.

Zu Beispiel 137 $\underline{Z}_a = 361\ \Omega \angle -26{,}3° = 323\ \Omega - j\,160\ \Omega$, $P_a = 23{,}4\ W$, $\underline{U}_a = 97\ V \angle -13°$, $P_{a1max} = 14{,}43\ W$, $P_{a2max} = 10{,}67\ W$, $\underline{U}_{i1} = 53{,}8\ V \angle -16{,}7°$, $\underline{U}_{i2} = 80{,}7\ V \angle 73{,}3°$.

Zu Beispiel 138 Man wandelt die Schaltung aus den Wirkwiderständen R_1 und R_2 sowie der Induktivität L in eine Ersatzspannungsquelle mit der Quellenspannung $U_{qi} = 194{,}4\ V$ und dem Innenwiderstand $\underline{Z}_{ii} = 101\ \Omega + j\,41{,}1\ \Omega$ um, so dass für Anpassung der äußere Wirkwiderstand $R_a = 101\ \Omega$ und die Kapazität $C_a = 3{,}23\ \mu F$ verwirklicht werden müssen.

Abb. A.40 Ersatzschaltung
für Beispiel 133

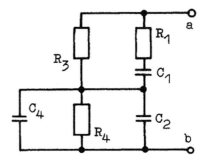

Stichwortverzeichnis

Printed in the United States
by Baker & Taylor Publisher Services